高等职业教育机电类专业系列教材

电工电子技术应用

主　编　牛海霞　李满亮
副主编　张松宇　阮娟娟　李晓琴
　　　　康俊峰　温玉春
参　编　王荣华　王　京　王景学
　　　　董正茂
主　审　刘敏丽　关玉琴

U0218669

机械工业出版社

本书包含电工篇和电子篇两部分，共分为 12 个任务。电工篇内容包括安全用电基本知识、常用电工工具和仪表的使用、电路常用元件的识别与检测、荧光灯电路的接线与测量、三相负载的连接与功率的测量、变压器的认知与运行控制、三相异步电动机的认知与运行控制 7 个任务。电子篇内容包括直流稳压电源的制作与调试、扩音机电路的组装与调试、收音机电路的组装与调试、数码显示器的制作与调试、智力竞赛抢答器的制作与调试 5 个任务。书后附有附录 A 维修电工职业资格标准、附录 B 中级维修电工考证试题、附录 C 高级维修电工考证试题。

为方便师生学习及线上线下互动，将相关的动画、视频、微课等资源以二维码的形式植入书中。为提高阅读效果，本书采用双色印刷。

本书可作为高职高专院校机电一体化技术、机械制造与自动化、数控技术、机电设备维修与管理等专业的教材。

本书配有电子课件，凡使用本书作教材的教师可登录机械工业出版社教育服务网（http://www.cmpedu.com），注册后免费下载。咨询电话：010-88379375。

图书在版编目（CIP）数据

电工电子技术应用/牛海霞，李满亮主编. —北京：机械工业出版社，2019.5（2021.2 重印）
高等职业教育机电类专业系列教材
ISBN 978-7-111-62320-5

Ⅰ.①电… Ⅱ.①牛… ②李… Ⅲ.①电工技术-高等职业教育-教材②电子技术-高等职业教育-教材 Ⅳ.①TM②TN

中国版本图书馆 CIP 数据核字（2019）第 051612 号

机械工业出版社（北京市百万庄大街 22 号 邮政编码 100037）
策划编辑：王英杰 责任编辑：王英杰
责任校对：肖 琳 封面设计：张 静
责任印制：郜 敏
北京圣夫亚美印刷有限公司印刷
2021 年 2 月第 1 版第 2 次印刷
184mm×260mm·18 印张·441 千字
1901—3800 册
标准书号：ISBN 978-7-111-62320-5
定价：49.00 元

电话服务

客服电话：010-88361066
　　　　　010-88379833
　　　　　010-68326294

封底无防伪标均为盗版

网络服务

机 工 官 网：www.cmpbook.com
机 工 官 博：weibo.com/cmp1952
金 书 网：www.golden-book.com
机工教育服务网：www.cmpedu.com

前 言

"电工电子技术应用"课程是机电类专业的一门专业基础课，要求学生学习和掌握电工电子基本理论和基本技能，并为相关的后续课程和今后从事专业技术工作奠定一定的基础。本书是高职高专教改项目成果教材，不仅具有一定的理论性和系统性，而且实践性和应用性也很强。

本课程的特点是以项目为导向，注重任务驱动，在教学过程中积极推行任务教学，精心选用典型的、有实用价值的、学生感兴趣的任务，以该任务的设计和改进中的问题为切入点，步步深入。在每个任务中都设有任务描述、能力目标、相关知识，以及任务实施、任务巩固等版块，将理论与实践巧妙结合，实践教学与理论教学同步进行。学生在完成每个任务的学习之后，不仅能掌握理论知识，而且实际操作和设计能力也将得到很大的提高。

本书借助现代信息技术，对于文字内容过于抽象、无法直观理解的知识点，用二维码内容中的动画、视频、微课进行完善，方便师生学习及线上线下互动。同时，书中增加维修电工中、高级考证试题，职业资格标准等拓展教学内容，为学生考取职业资格证书奠定基础。

全书包含电工篇和电子篇两部分，共分为 12 个任务。电工篇内容包括安全用电基本知识、常用电工工具和仪表的使用、电路常用元件的识别与检测、荧光灯电路的接线与测量、三相负载的连接与功率的测量、变压器的认知与运行控制、三相异步电动机的认知与运行控制 7 个任务。电子篇内容包括直流稳压电源的制作与调试、扩音机电路的组装与调试、收音机电路的组装与调试、数码显示器的制作与调试、智力竞赛抢答器的制作与调试 5 个任务。书后附有附录 A 维修电工职业资格标准、附录 B 中级维修电工考证试题、附录 C 高级维修电工考证试题。

本书由内蒙古机电职业技术学院牛海霞、李满亮任主编，内蒙古机电职业技术学院张松宇、阮娟娟、李晓琴、康俊峰、温玉春任副主编，内蒙古机电职业技术学院刘敏丽、关玉琴教授任主审。参加本书编写的还有内蒙古机电职业技术学院王荣华、王京和王景学，华润电力控股有限公司董正茂。具体编写分工如下：前言、任务 1、2、3 和 5 由牛海霞主要编写，任务 4 由温玉春主要编写，任务 6、7 由李满亮、王荣华主要编写，任务 8、9 由张松宇主要编写，任务 10 及中、高级维修电工考证试题由阮娟娟主要编写，任务 11、维修电工职业资格标准由李晓琴主要编写，任务 12 由康俊峰主要编写。全书由牛海霞、李满亮统稿。

本书在编写过程中，得到了呼和浩特市强力煤矿机械有限责任公司尹恩慧等同志的帮助和支持，在此向他们表示衷心的感谢！

由于编者水平有限，书中难免存在疏漏之处，诚望使用本书的教师同仁与同学们提出宝贵的意见和建议。

编 者

目 录

电 工 篇

任务1
安全用电基本知识

任务描述

我们的生产和生活处处离不开电，在用电过程中，如果不注意用电安全，就可能造成人身触电伤亡事故或电气设备损坏事故，或影响电力系统的安全运行。本任务针对安全用电，介绍触电概念、触电形式、触电急救方法等基本知识。

能力目标

1）理解触电概念、触电形式。
2）掌握安全用电常识，能处理一般安全事故。
3）掌握触电急救方法。
4）掌握用电设备的安全技术。

相关知识

1）触电的概念。
2）常见的触电形式。
3）触电的急救措施。
4）保护接地与保护接零。

任务 1.1　触 电 事 故

随着电能应用的不断拓展，家用电器也不断增多，与此同时，用电所带来的事故也不断发生。为了避免因用电的不安全造成触电身亡、电气火灾、电器损坏等意外事故，有必要学习安全用电知识、掌握触电防护措施。

一、触电概念

因人体接触或接近带电体所引起的局部受伤或死亡的现象为触电。触电事故是由电流形式的能量造成的事故，其构成方式和伤害方式有很多不同之处，具体危害程度也不相同。按人体受伤的程度不同，触电可分为电伤和电击两种类型。

1. 电伤

电伤是指在电流的热效应、化学效应、机械效应，以及电流本身作用所造成的人体伤害。电伤会在人体皮肤表面留下明显的伤痕，常见的电伤现象有灼伤、电烙伤和皮肤金属化等现象。电伤虽然一般不会死亡，但能使人遭受痛苦，甚至造成失明、截肢等。

（1）电灼伤

电灼伤有接触灼伤和电弧灼伤两种。接触灼伤发生在高压触电事故时，是在电流通过人体皮肤的进出口处造成的灼伤。一般进口处比出口处灼伤严重。接触灼伤面积虽较小，但深度可达三度。灼伤处皮肤呈黄褐色，可波及皮下组织、肌肉、神经和血管，甚至使骨骼炭化。由于伤及人体组织深层，伤口难以愈合，有的甚至需要几年才能结疤。

电弧灼伤发生在误操作或人体过分接近高压带电体而产生电弧放电时。这时高温电弧将如火焰一样把皮肤烧伤。被烧伤的皮肤将发红、起泡、烧焦、坏死。电弧还会使眼睛受到严重损害。

（2）电烙印

电烙印发生在人体与带电体有良好接触的情况下，在皮肤表面将留下和被接触带电体形状相似的肿块痕迹。有时在触电后并不立即出现，而是相隔一段时间后才出现。电烙印一般不发炎或化脓，但往往造成局部麻木和失去知觉。

（3）皮肤金属化

由于电弧的温度极高（中心温度可达 6000～10000℃），可使其周围的金属熔化、蒸发并飞溅到皮肤表层而使皮肤金属化。金属化后的皮肤表面变得粗糙坚硬，肤色与金属种类有关，或灰黄（铅），或绿（纯铜），或蓝绿（黄铜）。金属化后的皮肤经过一段时间会自行脱落，一般不会留下不良后果。

必须指出，人身触电事故往往伴随着高空坠落或摔跌等机械性创伤。这类创伤虽起因于触电，但不属于电流对人体的直接伤害，可谓之触电引起的二次事故，应列入电气事故的范畴。

2. 电击

电击是指当电流通过人体时，对人体内部组织系统所造成的伤害。电击可使肌肉抽搐，内部组织损伤，造成发热、发麻、神经麻痹等。严重时将引起人昏迷、窒息，甚至心脏停止跳动等现象，直至危及人的生命。

在触电事故中，电击和电伤常会同时发生。

电击又可分为直接电击和间接电击两种。直接电击是指人体直接触及正常运行的带电体所发生的电击。间接电击则是指电气设备发生故障后，人体触及意外带电部分所发生的电击。因此，直接电击也称为正常情况下的电击，间接电击也称为故障情况下的电击。

二、触电方式

人体触电的方式多种多样，触电主要有单相触电、两相触电、跨步电压触电、悬浮电路触电和剩余电荷触电等方式。

1. 单相触电

当人在地面或接触接地导体时，人体的某一部位仅触及一相电压，比如一相电源线或绝缘性能不好的电气外壳，电流由相线经人体流入大地的触电现象，称为单相触电。单相触电又分为中性点直接接地和中性点不直接接地两种运行方式，如图 1-1-1 所示。一般情况下，接地电网里的单相触电比不接地电网里的危险性大。

单相触电演示

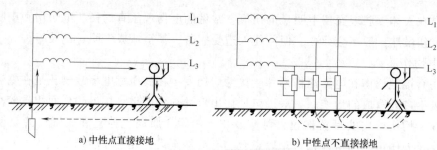

a) 中性点直接接地　　　　　　b) 中性点不直接接地

图 1-1-1　单相触电

（1）中性点直接接地

中性点直接接地触电的后果与人体和大地间的接触状况有关。如果人站在干燥绝缘的地板上，因为人体与大地间有很大的绝缘电阻，通过人体的电流很小，就不会有触电危险，但如果地板潮湿，那就有触电危险了。

（2）中性点不直接接地

中性点不直接接地时，电流将从电源相线经人体、其他两相的对地阻抗回到电源的中性点，从而形成回路，此时，通过人体的电流与线路的绝缘电阻和对地电容的数值有关。正常情况下，设备的绝缘电阻相当大，通过人体的电流很小，一般不至于对人体造成伤害。

要避免单相触电，操作时必须穿绝缘鞋或站在干燥的木板上。

2. 两相触电

人体的不同部位分别接触同一电源的两根不同相线，电流由一根相线流过人体进入另一根相线的触电现象称为两相触电。两相触电时人体承受的电压为线电压 380V，是最危险的触电形式，如图 1-1-2 所示。两相触电加在人体上的电压为线电压，电流将从一相导线经人体流入另一相导线，因此不论电网的中性点接地与否，其触电的危险性都比较大，应立即断开电源。

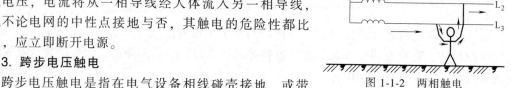

图 1-1-2　两相触电

3. 跨步电压触电

跨步电压触电是指在电气设备相线碰壳接地，或带电导线直接触地时，人体虽然没有直接接触带电体，但是跨步行走在电位分布曲线范围内而造成的触电现象。跨步电压触电时两脚之间的电压，称为跨步电压，如图 1-1-3 所示。离导电体越近越危险。高压故障接地处或有大电流流过的接地装置附近都可能出现较高的跨步电压。离接地点越近、两脚距离越大，跨步电压值就越大。

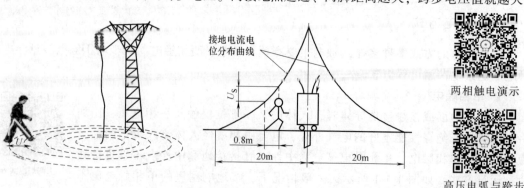

接地电流电位分布曲线

图 1-1-3　跨步电压触电

两相触电演示

高压电弧与跨步电压触电演示

一般来说，10m 以外就没有危险。

4. 悬浮电路触电

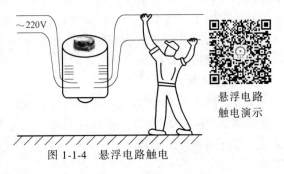

图 1-1-4 悬浮电路触电

220V 的交流电通过变压器的一次绕组时，与一次绕组相隔离的二次绕组将产生感应电动势，且与大地处于悬浮状态。若人接触其中一端，不会构成回路，也就不触电。但若人体接触二次绕组的两端，就会造成触电，称悬浮电路触电，如图 1-1-4所示。另外，一些电子产品的金属底板常常是悬浮电路的公共接地点，维修时，若一手触高电位点、另一手触低电位点，也会造成悬浮电路触电。因此，检修时应单手操作。跨步电压触电与悬浮电路触电又称间接触电。

5. 剩余电荷触电

剩余电荷触电是指当人触及带有剩余电荷的设备时，带有电荷的设备对人体放电造成的触电事故。设备带有剩余电荷，通常是由于检修人员在检修中测量停电后的并联电容器、电力电缆、电力变压器及大容量电动机等设备时，检修前、后没有对其充分放电所造成的。

三、影响触电后果的因素

造成流对人体的危害程度与通过人体的电流、通电持续时间、电流路径、电流频率、人体电阻以及触电者的身体状况等多种因素有关。

1. 电流

通过人体的电流越大，人体的生理反应越强烈，对人体的伤害就越大。按照人体对电流的生理反应强弱和电流对人体的伤害程度，可将电流大致分为感知电流、摆脱电流和致命电流三级。

1）感知电流。它是引起人的感觉的最小电流。对于不同的人，感知电流也不相同：成年男性的平均感知电流约为 1.1mA，成年女性约为 0.7mA。

2）摆脱电流。它是人触电后能自主摆脱电源的最大电流。对于不同的人，摆脱电流也不相同：成年男性的摆脱电流为 16.1mA，成年女性约为 10mA。

3）致命电流。它是在较短时间内危及生命的最小电流。致命电流值与通电时间有关，一般认为是 50mA，通电时间在 1s 以上。

在一般情况下，可取 30mA 为安全电流，即以 30mA 为人体所能忍受而无致命危险的最大电流。但在有高度触电危险的场所，应取 10mA 为安全电流；而在空中或水面触电时，考虑到人受电击后有可能会因痉挛而摔死或淹死，则应取 5mA 作为安全电流。

2. 通电持续时间

人体触电，通过电流的时间越长，越易造成心室颤动，生命危险性就越大。此外，通电时间一长，电流的热效应和化学效应将会使人体出汗和组织电解，从而使人体电阻逐渐降低，流过人体的电流逐渐增大，使触电伤害更加严重。据统计，触电 1~5min 内急救，救生效果最佳；10min 内救生率约为 60%，超过 15min 时，救生希望甚微。

3. 电流路径

电流流过心脏会引起心室颤动，较大的电流会使心脏停止跳动；电流通过中枢神经或相关部位会引起中枢神经系统失调，强烈时会造成窒息甚至导致死亡；电流通过头部会使人昏迷，对脑产生损害严重时还会造成死亡；电流通过脊髓会使人瘫痪；通过呼吸系统会造成窒息。因此，从左手到胸部是最危险的电流路径；从手到手、从手到脚也是很危险的电流路径；从脚到脚是危险性较小的电流路径。

4. 电流频率

实践证明，直流电对血液有分解作用，而高频电流不仅没有危害还可以用于医疗保健。电流频率在 50~60Hz 时对人体的危害最大。电源的频率偏离工频越远，对人体的伤害程度越轻。在直流和高频的情况下，人体可承受的电流大，但高压高频电流对人体依然是十分危险的。

5. 人体电阻

人体电阻因人而异，通常在 10~100kΩ 之间，人体触电时，皮肤与带电体的接触面积越大，人体电阻越小。因此在相同的情况下，不同的人受到的触电伤害也不同，人体电阻越小的人受到的伤害越大。

当人体的电阻一定时，触电电压越高，通过人体的电流越大，就越危险。根据电力部门规定：凡设备对地电压在 1000V 以上的称为高压，对地电压在 1000V 以下的称为低压。

6. 个人因素

电对人体的伤害程度除了与人体电阻有关以外，还与人体状况有着密切的关系：

1）性别。一般女性对电的敏感度比男性要高。资料表明，女性的感知电流和摆脱电流约比男性低三分之一。

2）年龄。遭受电击时，儿童受到的伤害要比成年人严重。

3）体重。引起心室颤动的电流与体重约成正比。

4）健康状况。有心脏病等严重疾病或体弱多病者要比健康人遭受电击时受到的伤害严重。

任务 1.2　触电防护

一、触电原因

发生触电事故的主要原因有以下几种：

1）缺乏电气安全知识，触及带电的导线。

2）违反操作规程，人体直接与带电体部分接触。

3）由于用电设备管理不当，使绝缘损坏，发生漏电，人体碰触漏电设备外壳。

4）设备不合格，安全距离不够；接地线不合格或接地线断开；绝缘破坏，导线裸露在外等。

5）检修中，安全组织措施和安全技术措施不完善，接线错误，造成触电事故。

6）高压线路落地，造成跨步电压引起对人体的伤害。

7）设备失修，大风刮断线路或刮倒电杆未及时修理；开启式开关熔断器组的胶木损坏未及时更换；电动机导线破损，使外壳长期带电；瓷绝缘子破坏，使相线与拉线短接，设备外壳带电。

8）其他偶然原因，夜间行走触碰断落在地面的带电导线，人体受雷击等。

二、触电预防措施

1. 绝缘法

良好的绝缘是保证电气设备和线路正常运行的必要条件，是防止触电事故的重要措施。加强绝缘是对电气设备或线路采取双重绝缘，即保护绝缘体以防止通常绝缘损坏后的触电。

常用绝缘材料有陶瓷、橡胶、塑料、云母、玻璃、木材、矿物油，以及一些高分子合成材料等。绝缘材料的电阻一般在 $10^9\Omega$ 以上。

选用绝缘材料必须与电气设备的工作电压、工作环境和运行条件相适应。不同的设备或电路对绝缘电阻的要求不同。例如：新装或大修后的低压设备和线路，绝缘电阻应不低于 $0.5M\Omega$；运行中的线路和设备，绝缘电阻要求每伏 $1k\Omega$ 以上；高压线路和设备的绝缘电阻不低于每伏 $1000M\Omega$。

2. 屏护法

屏护法是指采用遮栏、绝缘外壳、金属网罩、栅栏等装置把带电体同外界隔离。电器开关的可动部分一般不能使用绝缘，而需要屏护。高压设备不论是否有绝缘，均应采取屏护。凡是金属材料制作的屏护装置，应妥善接地或接零。

3. 电气隔离法

采用隔离变压器或具有同等隔离作用的发电机，使电气线路和设备的带电部分处于悬浮状态。即使线路或设备的工作绝缘损坏，人站在地面上与之接触也不易触电。必须注意，被隔离回路的电压不得超过 500V，其带电部分不能与其他电气回路或大地连接。

4. 其他预防措施

1）加强用电管理，建立健全安全工作规程和制度，并严格执行。

2）使用、维护、检修电气设备，严格遵守有关安全规程和操作规程。

3）尽量不进行带电作业，特别在危险场所（如高温、潮湿地点），严禁带电工作；必须带电工作时，应使用各种安全防护工具，如使用绝缘棒、绝缘钳和必要的仪表，戴绝缘套、穿绝缘靴等，并设专人监护。

4）对各种电气设备按规定进行定期检查，如发现绝缘损坏、漏电和其他故障，应及时处理；对不能修复的设备，不可使其带"病"运行，应予以更换。

5）根据生产现场情况，在不宜使用 380V/220V 电压的场所，应使用 12~36V 的安全电压。

6）禁止非电工人员乱装乱拆电气设备，更不得乱接导线。

7）加强技术培训，普及安全用电知识。

三、安全用电常识

1. 停电检修的安全操作规程

1）停电检修工作的基本要求。停电检修时，对有可能送电到检修设备及线路的断路器和隔离开关应全部断开，并在已断开的断路器和隔离开关的操作手柄上挂上"禁止合闸，有人工作"的标示牌，必要时要加锁，以防止误合闸。

2）停电检修工作的基本操作顺序。首先应根据工作内容，做好全部停电的倒闸操作。

停电后对电力电容器、电缆线等，应装设携带型临时接地线及绝缘棒放电，然后用试电笔对所检修的设备及线路进行验电，在证实确实无电时，才能开始工作。

3）检修完毕后的送电顺序。检修完毕后，应拆除临时携带型接地线，并清理好工具，然后按倒闸操作内容进行送电合闸操作。

2. 带电检修的安全操作规程

如果因特殊情况必须在电气设备上带电工作，应按照带电工作安全规程进行。

1）在低压电气设备和线路上从事带电工作时，应设专人监护，使用合格的有绝缘手柄的工具，穿绝缘鞋，并站在干燥的绝缘物上。

2）将可能碰及的其他带电体及接地物体用绝缘物隔开，防止相间短路及触地短路。

3）带电检修线路时，应分清相线和中性线。断开导线时，应先断开相线，后断开中性线；搭接导线时，应先接中性线，再接相线。接相线时，应先将两个线头搭实后再进行缠接，切不可使人体或手指同时接触两根导线。

任务1.3 触电急救

一、触电急救处理

触电急救要求做到抢救迅速和救护得法。处理步骤如下：

1）立即切断电源，尽快使伤者脱离电源。

2）对神志清醒，但感心慌、乏力、四肢麻木者，应就地休息1～2h，以免加重心脏负担，招致危险。

3）在施工现场发生触电事故后，应将触电者迅速抬到宽敞、空气流通的地方使其平卧在硬板床上，采取相应的抢救方法。

4）心搏呼吸骤停者，应立即进行口对口人工呼吸和胸外心脏按压抢救生命。触电急救要有耐心，要一直抢救到触电者复活为止，或经过医生确定停止抢救方可停止，因为低压触电通常都是假死，进行科学的急救是必要的。

5）经过紧急抢救后迅速送医院。

二、脱离电源方法

人在触电后可能由于失去知觉或超过人的摆脱电流而不能自己脱离电源，此时抢救人员不要惊慌，要在保护自己不触电的情况下使触电者脱离电源。

1. 低压触电时脱离电源的方法

1）立即拉开开关或拔出插头，切断电源。

2）用干木板等绝缘物插入触电者身下，隔断电源。

3）拉开触电者或挑开电线，使触电者脱离电源。在拉开触电者时，可用手抓住触电者的衣服，拉离电源。

2. 高压触电时脱离电源的方法

1）立即通知有关部门停电或报警。

2）戴上绝缘手套，穿上绝缘靴，用相应电压等级的绝缘工具拉开开关。

3）抛掷裸金属线使线路短路接地，迫使保护装置动作，断开电源。抛掷金属线前应注意先将金属线一端可靠接地，然后抛掷另一端；被抛掷的一端切不可触及触电者和其他人。

在抢救触电者脱离电源时应注意的事项：

1）救护人员不得采用金属和其他潮湿的物品作为救护工具。

2）未采取任何绝缘措施，救护人员不得直接触及触电者的皮肤或潮湿衣服。

3）在使触电者脱离电源的过程中，救护人员最好用一只手操作，以防自身触电。

4）当触电者站立或位于高处时，应采取措施防止触电者脱离电源后摔跌。

5）夜晚发生触电事故时，应考虑切断电源后的临时照明，以利救护。

三、触电急救方法

触电现场急救常见方法有口对口人工呼吸法和人工胸外心脏按压法。

触电急救

1. 采用口对口（鼻）人工呼吸法

若触电者伤害较严重，失去知觉，停止呼吸，但心脏微有跳动，就应采用口对口人工呼吸法。具体做法如下：

1）清除口腔阻塞。将触电者仰卧，解开触电者的衣服、裤带和围巾等，不垫枕头，使其胸部能自由扩张，不妨碍呼吸。将其头先侧向一边，清除其口腔内的血块、假牙及其他异物等。

2）鼻孔朝天头后仰。救护人员位于触电者头部的左边或右边，使其鼻孔朝天后仰，用一只手捏紧其鼻孔，不使漏气，另一只手将其下巴拉向前下方，使其嘴巴张开，嘴上可盖一层纱布，准备接受吹气。

3）贴嘴吹气胸扩张。救护人员做深呼吸后，紧贴触电者的嘴巴，连续向肺内吹气。同时观察触电者胸部隆起的程度，一般应以胸部略有起伏为宜。

4）放开嘴鼻好换气。救护人员吹气至需换气时，应立即离开触电者的嘴巴，并放松触电者的鼻子，让气体从触电者肺部排出，如此反复进行，以每5s吹气一次，坚持连续进行。不可间断，直到触电者苏醒为止，如图1-3-1所示。

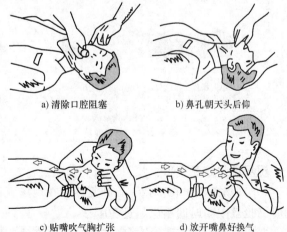

a)清除口腔阻塞　　　　b)鼻孔朝天头后仰

c)贴嘴吹气胸扩张　　　　d)放开嘴鼻好换气

图1-3-1 采用口对口（鼻）人工呼吸法

2. 采用人工胸外心脏按压法

若触电者有呼吸，无心跳，应采用人工胸外心脏按压法。具体操作步骤如下：

1）将触电者仰卧，解开触电者的衣裤，清除口腔内异物，使其胸部能自由扩张。

2）救护人员位于触电者一边，最好是跨跪在触电者的腰部，将一只手的掌根放在心窝稍高一点的地方（掌根放在胸骨的下三分之一部位），中指指尖对准锁骨间凹陷处边缘，如图1-3-2a、b所示，另一只手压在那只手上，呈两手交叠状。

3）救护人员找到触电者的正确按压点，自上而下垂直均衡地用力按压，按压与放松的动作要有节奏，每秒钟进行一次，必须坚持连续进行，不可中断，直到触电者苏醒为止，如图 1-3-2c、d 所示。

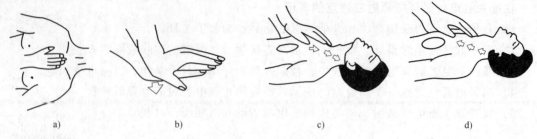

a)　　　　　　b)　　　　　　c)　　　　　　d)

图 1-3-2　采用人工胸外心脏按压法

3. 同时采用口对口人工呼吸法和人工胸外心脏按压法

若触电者伤害得相当严重，心脏和呼吸都已停止，人完全失去知觉，则需同时采用口对口人工呼吸和人工胸外心脏按压两种方法，如图 1-3-3 所示。如果现场仅有一个人抢救，可交替使用这两种方法，先胸外按压心脏 4~6 次，然后口对口呼吸 2~3 次，再按压心脏，反复循环进行操作。具体操作步骤如下：

1）单人抢救法。两种方法应交替进行，即吹气 2~3 次，再按压 10~15 次，且速度都应快些，如图 1-3-3a 所示。

2）双人抢救法。由两人抢救时，一人进行口对口吹气，另一人进行按压。每 5s 吹气一次，每秒钟按压一次，两人同时进行，如图 1-3-3b 所示。

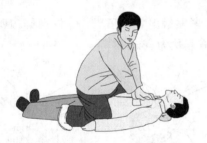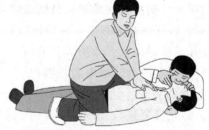

单人操作，每吹气2~3次，再按压10~15次，速度要提高一些。　　　双人操作，每5s吹气一次，每秒钟按压一次，2人同时进行。

a) 单人抢救法　　　　　　　　　b) 双人抢救法

图 1-3-3　同时采用口对口人工呼吸法和人工胸外心脏按压法

现场急救注意事项：

1）现场急救贵在坚持，心肺复苏应在现场就地进行，不要随便移动触电者，如确需移动时，抢救中断时间不应超过 30s。

2）触电者好转后，应严密监护，不能麻痹，要随时准备再次抢救。

3）现场触电急救，没有医务人员的诊断，不得乱用药物。

任务1.4　用电设备的安全技术

常见用电设备的安全技术为保护接地和保护接零。

一、基本概念

1. 保护接地

将电气装置中某一部位经接地线或接地体与大地做良好的电气连接称为接地。根据功能分，接地可分为工作接地和保护接地。工作接地是指为保证电力系统正常运行而设置的接地。如三相四线制低压配电系统中的电源中性点接地、避雷器接地都是工作接地。

保护接地是指将设备外壳通过接地线、接地体与大地紧密连接起来，从而把设备外壳漏电时的故障电压限制在安全范围之内。当电器设备的绝缘损坏时，电流通过接地装置流入大地，从而使接触电压或跨步电压小于相电压值，而且使接触电压可以被限制到对人身没有危害的数值以下。由于绝缘破坏或其他原因而可能呈现危险电压的金属部分，都应采取保护接地措施，如电机、变压器、开关设备、照明器具及其他电气设备的金属外壳都应予以接地。

2. 保护接零

保护接零是指用电设备的不带电的金属部分与供、用电系统（即三相四线制系统）的中性导体（中性线）做良好的金属连接。当用电设备内部由于绝缘损坏而使外壳带电时，该相可以通过机壳和零线形成单相短路，产生很大的短路电流，该短路电流足以使熔断器和断路器等安全装置快速动作，及时断电，消除危险，既保护了设备安全，又避免了人身触电伤亡事故，确保人身安全。保护零线应连接牢固可靠、接触良好。

二、适用范围

保护接地适用于中性点不接地的三相电源系统中；保护接零适用于中性点接地的三相电源系统中（一些民用三相四线中性点接地系统也采用保护接地，但必须是配合带有剩余电流保护的开关使用）。对于以下电气设备的金属部分均应采取保护接零或保护接地措施。

1）电机、变压器、电器、照明器具、携带式及移动式用电器具等的底座和外壳。

2）电气设备的传动装置。

3）电压和电流互感器的二次绕组。

4）配电屏与控制屏的框架。

5）室内外配电装置的金属架、钢筋混凝土的主筋和金属围栏。

6）穿线的钢管、金属接线盒和电缆头、盒的外壳。

7）装有避雷线的电力线路的杆塔和装在配电线路电杆上的开关设备及电容器的外壳。

三、保护原理

接地装置由接地体和接地线组成。埋入地下直接与大地接触的金属导体，称为接地体，连接接地体和电气设备接地螺栓的金属导体称为接地线。接地体的对地电阻和接地线电阻的总和，称为接地装置的接地电阻。图 1-4-1 所示为

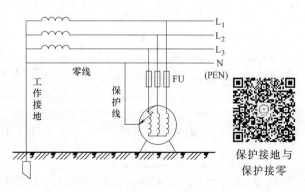

保护接地与保护接零

图 1-4-1 工作接地原理图

工作接地原理图。

　　在中性点不接地的三相电源系统中，当电气设备绝缘损坏，人体触及带电外壳时，由于采用了保护接地，如图 1-4-2b 所示，人体电阻和接地电阻并联，因人体电阻远远大于接地电阻，故流经人体的电流远远小于流经接地体电阻的电流，并在安全范围内，这样就起到了保护人身安全的作用。

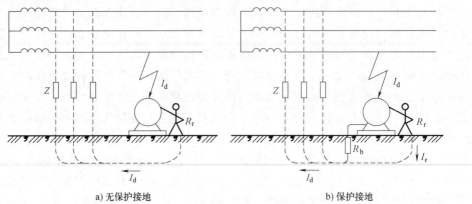

a) 无保护接地　　　　　　　　　　　　　b) 保护接地

图 1-4-2　保护接地原理图

　　在 380V/220V 三相四线制电源中性点直接接地的配电系统中，只能采用保护接零，采用保护接地则不能有效防止人身触电事故的发生。如图 1-4-3 所示，当设备正常工作时，外露部分不带电，人体触及外壳相当于触及零线无危险；当有电气设备发生单相碰壳故障时，由于采用了接零保护，设备外露部分与大地形成一个单相短路回路。由于短路电流极大，所以熔丝快速熔断，从而使保护装置动作，迅速地切断电源，防止了触电事故的发生。

　　在电源中性线做了工作接地的系统中，为确保保护接零的可靠性，还需相隔一定距离将中性线或接地线重新接地，称为重复接地，如图 1-4-4 所示。

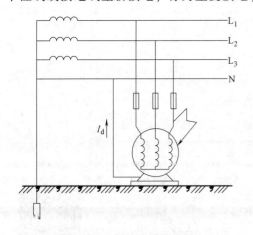

图 1-4-3　保护接零原理图

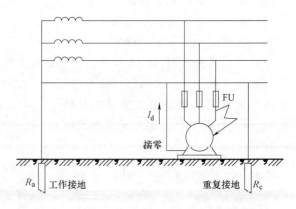

图 1-4-4　工作接地、保护接零、重复接地原理图

保护接地与保护接零的注意事项：

　　1）在中性点直接接地的低压电网中，电力装置宜采用接零保护；在中性点不接地的低压电网中，电力装置应采用接地保护。

　　2）在同一供电系统中，不允许保护接零和保护接地同时采用，以免接地设备一相碰壳短路时，可能由于接地电阻较大，而使保护电器不动作，造成中性点电位升高，使所有接零的设备外壳都带电，反而增加了触电的危险性。

3）在保护接零系统中，零线起着十分重要的作用。一旦出现零线断线，接在断线处后面一段线路上的电气设备，相当于没做保护接零或保护接地。如果在零线断线处后面有的电气设备外壳漏电，则不能构成短路回路，使熔断器熔断，不但这台设备外壳长期带电，而且使接在断线处后面的所有做保护接零设备的外壳都存在接近于电源相电压的对地电压，触电的危险性将被扩大。

4）在采用保护接零的系统中，还要在电源中性点进行工作接地和在零线的一定间隔距离及终端进行重复接地。

5）由低压共用电网供电的电气设备，只能采用保护接地，不能采用保护接零，以免接零的电气设备一相碰壳短路时，造成电网的严重不平衡。

6）为防止触电危险，在低压电网中，严禁利用大地作为相线或零线。

7）用于接零保护的零线上不得装设开关或熔断器，单相开关应装在相线上。

四、剩余电流保护装置

剩余电流保护装置是用来防止人身触电和漏电引起事故的一种接地保护装置。当电路或用电设备剩余电流大于装置的整定值，或人、动物发生触电危险时，它能迅速动作，切断事故电源，避免事故的扩大，保障人身、设备的安全。

1. 剩余电流保护器的定义

剩余电流保护器，简称剩余电流开关，是一种电气安全装置。将剩余电流保护器安装在低压电路中，当发生漏电和触电，且达到保护器所限定的动作电流值时，就立即在限定的时间内动作，自动断开电源进行保护。

2. 剩余电流保护器的分类

剩余电流保护器可以按其保护功能、结构特征、安装方式、运行方式、极数和线数、动作灵敏度等分类，这里主要按其保护功能和用途分类进行叙述，一般可分为剩余电流保护继电器、剩余电流保护开关和剩余电流保护插座三种。

（1）剩余电流保护继电器

剩余电流保护继电器是指具有对剩余电流检测和判断的功能，而不具有切断和接通主电路功能的剩余电流保护装置。剩余电流保护继电器由零序互感器、脱扣器和输出信号的辅助触点组成。它可与大电流的断路器配合，作为低压电网的总保护或主干路的漏电、接地或绝缘监视保护。

当主电路漏电时，由于辅助触点和主电路开关的分离脱扣器串联成一回路，因此辅助触点接通分离脱扣器而断开断路器、交流接触器等，使其掉闸，切断主电路。辅助触点也可以接通声、光信号装置，发出漏电报警信号，反映线路的绝缘状况。

（2）剩余电流保护开关

剩余电流保护开关是指不仅它与其他断路器一样可将主电路接通或断开，而且具有对剩余电流检测和判断的功能，当主电路中发生漏电或绝缘破坏时，剩余电流保护开关可根据判断结果将主电路接通或断开的开关元件。它与熔断器、热继电器配合可构成功能完善的低压开关元件。

目前这种形式的剩余电流保护装置应用最为广泛，市场上的剩余电流保护开关根据功能常用的有以下几种类别：

1）只具有剩余电流保护断电功能的开关，使用时必须与熔断器、热继电器、过电流继电器等保护器件配合。

2）同时具有过载保护功能的开关。

3）同时具有过载、短路保护功能的开关。

4）同时具有短路保护功能的开关。

5）同时具有短路、过载、漏电、过电压、欠电压功能的开关。

（3）剩余电流保护插座

剩余电流保护插座是指具有对剩余电流检测和判断并能切断回路的电源插座，其额定电流一般为 20A 以下，动作电流为 6~30mA，灵敏度较高，常用于手持式电动工具和移动式电气设备的保护及家庭、学校等民用场所。

任务实施

触电急救

1. 目的

理解触电急救的相关知识，学会触电急救的方法。

2. 器材与工具（见表 1-5-1）

表 1-5-1　器材与工具

名　　称	数　　量
模拟低压触电现场	
绝缘与非绝缘工具	若干
体操垫	1 张

3. 内容及步骤

（1）使触电者尽快脱离电源

1）在模拟的低压触电现场，模拟被触电的各种情况，要求两人一组选择正确的绝缘工具，使用安全快捷的方法使触电者脱离电源。

2）将已脱离电源的触电者按急救要求放置在体操垫上，学习"看、听、试"的判断办法。

（2）心肺复苏急救方法

1）要求在工位上练习胸外心脏按压急救手法和口对口人工呼吸法的动作和节奏。

2）用心肺复苏模拟人进行心肺复苏训练，检查急救手法的力度和节奏是否符合要求。

4. 完成实训任务单

任务巩固

1-1　人体触电的类型有哪些？若发生触电应如何紧急处理？

1-2　用手触摸 5V 干电池的两端是触电吗？为什么？

1-3　电击和电伤会同时发生吗？

1-4 人体的电阻确定吗？和什么因素有关？说出不同情况下的阻值范围。

1-5 电流对人身作用的相关因素是什么？

1-6 感知电流、摆脱电流、致命电流分别是什么？

1-7 安全距离和安全电压的规定有哪些？

1-8 在触电急救中如何使触电者迅速脱离电源？

1-9 触电急救中实施心肺复苏，如何正确进行口对口（鼻）人工呼吸？如何正确进行胸外心脏按压？

任务2
常用电工工具和仪表的使用

任务描述

电工工具和仪表是电气操作的基本工具，电气操作人员必须掌握电工常用工具和仪表的结构、性能和正确的使用方法。常用电工工具的使用、导线的连接方法是培养电气操作人员的动手能力和解决实际问题的实践基础。常用电工仪表包括电流表、电压表、万用表、电能表、钳形电流表等。这些仪表在测量时若不正确使用，将会损坏仪表或被测元件，甚至还危及人身安全，因此，掌握常用电工测量仪表的正确使用方法是非常重要的。

能力目标

1）能正确使用电工工具。
2）会正确使用各种电工仪表。
3）能正确连接导线，会修复导线的绝缘。

相关知识

1）常用电工工具的使用方法及注意事项。
2）常用电工仪表的使用与维护。
3）常用导线的连接方法。

任务 2.1 常用电工工具的使用

一、验电笔

验电笔是用来检测电路中的线路是否带电及低压电气设备是否漏电的常用工具。按其外形分为笔形、螺钉旋具形和组合型等。目前，低压验电笔通常有氖管式验电笔和数字式验电笔两种。

1. 氖管式验电笔

氖管式验电笔又称电笔，用来检验导线、电器和电气设备的金属外壳是否带电。氖管式验电笔是一种最常用的验电笔，测试时根据内部的氖管是否发光来确定测试对象是否带电。钢笔氖管式验电笔主要由金属笔挂、弹簧、观察孔、笔身、氖管、电阻及笔尖探头等组成，其结构如图 2-1-1 所示。

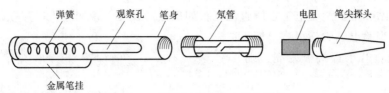

图 2-1-1 钢笔氖管式验电笔的结构

（1）氖管式验电笔的使用方法

氖管式验电笔是利用电容电流经氖管灯泡发光的原理制成的，使用时必须用手指触及笔尾的金属部分，并使氖管小窗背光且朝向自己，以便观测氖管的亮暗程度，防止因光线太强造成误判断，其使用方法如图 2-1-2 所示。

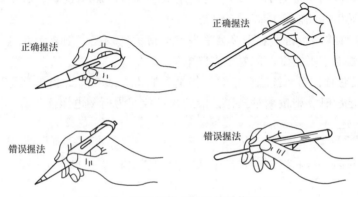

图 2-1-2 钢笔氖管式验电笔的使用方法

当用氖管式验电笔测试带电体时，电流经带电体、电笔、人体及大地形成通电回路，只要带电体与大地之间的电位差超过 60V，电笔中的氖管就会发光。为了安全起见，不要用氖管式验电笔检测高于 500V 的电压。

（2）氖管式验电笔使用注意事项

1）使用前，必须在有电源处对验电笔进行测试，以证明该验电笔确实良好，方可使用。在强光下验电时，应采取遮挡措施，以防误判断。

2）验电时，应使验电笔逐渐靠近被测物体，直至氖管发亮，不可直接接触被测体。

3）验电时，手指必须触及笔尾的金属体，否则带电体也会误判为非带电体。

4）验电时，要防止手指触及笔尖的金属部分，以免造成触电事故。

5）验电笔可区分相线和地线，接触电线时，使氖管发光的线是相线，氖管不亮的线为地线或中性线。

6）验电笔可区分交流电和直流电：使氖管式验电笔氖管两极发光的电是交流电；一极发光的电是直流电。

7）验电笔可判断电压的高低：使氖管灯发亮至黄红色，则电压较高；使氖管发暗微亮至暗红，则电压较低。

8）验电笔可判断交流电的同相和异相。两手各持一支验电笔，站在绝缘体上，将两支验电笔同时接触待测的两条导线：若两个验电笔的氖灯均不太亮，则表明两条导线是同相；若两个氖灯发出很亮的光，说明是异相。

9）验电笔可测试直流电是否接地，并判断是正极还是负极接地。在要求对地绝缘的直流装置中，人站在地上用验电笔接触直流电：如果氖灯发光，说明直流电存在接地现象；反之则不接地。当验电笔尖端极发亮时，说明正极接地；若手握端极发亮，则是负极接地。

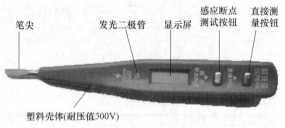

笔尖　发光二极管　显示屏　感应断点测试按钮　直接测量按钮

塑料壳体(耐压值500V)

图 2-1-3　数字式验电笔的结构

2. 数字式验电笔

数字式验电笔主要由笔尖、笔身、发光二极管、显示屏、感应断点测试按钮和直接测量按钮等组成，其结构如图 2-1-3 所示。

数字式验电笔适用于检测 12~220V 交直流电压和各种带电设备。数字式验电笔除了具有氖管式验电笔通用的功能，还有以下特点：

1）右手按断点检测按钮，左手接触笔尖。若指示灯发亮，则表示验电笔正常工作；若指示灯不亮，则验电笔不正常，需要检查验电笔。

2）测试交流电时，切勿按感应按钮。将笔尖插入相线孔时，指示灯发亮，则表示有交流电；需要电压显示时，则按测量按钮，最后显示数字为所测电压值。

二、螺钉旋具

螺钉旋具是紧固或拆卸螺钉的专用工具。螺钉旋具按头部形状可分为一字形和十字形，如图 2-1-4 所示。

1. 螺钉旋具的规格

螺钉旋具的规格一般以柄部以上的杆身长度和杆身直径表示，但习惯上是以柄部以上的杆身长度表示。常用的一字形螺钉旋具的规格有 50mm、100mm、150mm 和 200mm 等。十字形螺钉旋具常用的规格有四种：1 号螺钉旋具，适用于直径为 2~2.5mm 的螺钉；2 号螺钉旋具，适用于直径为 3~5mm 的螺钉；3 号螺钉旋具，适用于直径为 6~8mm 的螺钉；4 号螺钉旋具，适用于直径为 10~12mm 的螺钉。在紧固和拆卸螺钉时，选择合适规格的螺钉旋具是十分必要的。

图 2-1-4　螺钉旋具外形

2. 螺钉旋具的使用方法

1）大螺钉旋具一般用来紧固和拆卸较大螺钉，使用时除大拇指、食指和中指要夹住握柄外，手掌还要顶住柄的末端以防旋转时滑脱。

2）小螺钉旋具一般用来紧固或拆卸小螺钉，使用时用大拇指和中指夹着握柄，同时用食指顶住柄的末端用力旋动。

3）螺钉旋具较长时，用右手压紧手柄并转动，同时左手握住螺钉旋具的中间部分（不可放在螺钉周围，以免将手划伤），以防止螺钉旋具滑脱。

3. 螺钉旋具使用注意事项

1）带电作业时，手不可触及螺钉旋具的金属杆，以免发生触电事故。

2）作为电工工具时，不可使用金属杆直通握柄顶部的螺钉旋具，以免造成触电事故。

3）为防止金属杆触到邻近带电体，金属杆应套上绝缘管。

三、钢丝钳

钢丝钳是一种常用的工具，也称为老虎钳、平口钳或综合钳。通常钢丝钳用于把坚硬的细钢丝夹断。钢丝钳的种类很多，一般可分为铁柄钢丝钳和绝缘柄钢丝钳两种，绝缘柄钢丝钳为电工用钢丝钳，常用的规格有150mm、175mm和200mm三种。

钢丝钳、尖嘴钳的使用

1. 钢丝钳的使用方法

绝缘柄钢丝钳由钳头和钳柄两部分组成。钳头又可分为钳口、齿口、刀口和铡口四部分。钢丝钳的用途广泛，钳口可用来弯绞或钳夹导线线头或钢丝末端；齿口可用来紧固或起松螺母、螺钉或钢钉；刀口可用来剪切导线、钢丝或削导线绝缘层；铡口可用来铡切导线线芯、钢丝等较硬线材。钢丝钳的结构和各种用途的使用方法如图2-1-5所示。

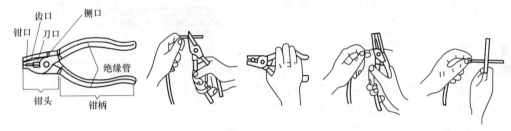

图 2-1-5　钢丝钳的结构和使用方法

2. 钢丝钳使用注意事项

1）使用前，应检查钢丝钳的绝缘是否良好，以免带电作业时造成触电事故。

2）在带电剪切导线时，不可使用刀口同时剪切不同电位的两根线（如相线与零线、相线与相线等），以免发生短路事故。

3）钳头不可代替锤子作为敲击工具使用。

四、剥线钳

剥线钳是专用于剥削细小导线绝缘层的工具，其外形如图2-1-6所示。一般它的绝缘手柄耐压等级为500V。

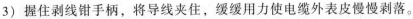

剥线钳的使用

使用剥线钳剥导线绝缘层时，先将剥削的绝缘层长度用标尺定好，然后将导线放入相应的刀口中（比导线直径稍大），再用力将钳柄一握，导线的绝缘层将被剥离。

1. 剥线钳的使用方法

1）根据导线的粗细型号，选择相应的剥线刀口。

2）将准备好的导线放在剥线钳的刀刃中间，选择好要剥线的长度。

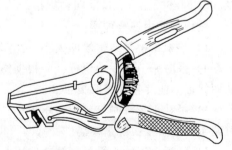

图 2-1-6　剥线钳外形

3）握住剥线钳手柄，将导线夹住，缓缓用力使电缆外表皮慢慢剥落。

4）松开剥线钳手柄，取出导线，导线金属裸露外面，其余绝缘材料完好无损。

2. 剥线钳使用注意事项

1）操作时，应戴好护目镜。

2）为了防止伤及周围的人或物，应确认断片飞溅的方向后，再进行导线的切断。

3）使用完后，应关紧刀刃尖端，防止误伤。

五、电工刀

电工刀是一种常用的切削工具。通常电工刀由刀片、刀刃、刀把、刀挂构成。刀片根部与刀柄相铰接，其上带有刻度线及刻度标识，前端形成有螺钉旋具刀头，两面加工有锉刀面区域，刀刃上具有一段内凹形弯刀口，弯刀口末端形成刀口尖，刀柄上设有防止刀片退弹的保护钮，其外形如图 2-1-7 所示。

电工刀结构简单、使用方便。使用时，需注意以下事项：

1）使用时，应正确使用电工刀，避免造成误伤。

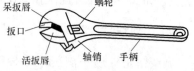

图 2-1-7　电工刀外形

2）传递时，应将刀片折进刀柄，防止误伤。

3）不用时，应将刀片折进刀柄。

4）刀柄无绝缘保护，不能用于带电作业，以免触电。

六、活扳手

活扳手是利用杠杆原理拧转螺栓或螺母的手工工具，也是一种常用的安装与拆卸工具。活扳手由呆扳唇、扳口、活扳唇、轴销、手柄及蜗轮组成，其结构外形如图 2-1-8 所示。活扳手的开口宽度可在一定尺寸范围内进行调节，能拧转不同规格的螺栓或螺母。该扳手的结构特点是固定钳口制成带有细齿的平钳凹，活动钳口一端制成平钳口，向下按动蜗杆，活动钳口可迅速取下，调换钳口位置。电工常用的活扳手有 150mm×19mm（6in）、200mm×24mm（8in）、250mm×30mm（10in）及 300mm×36mm（12in）四种规格。

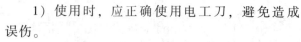

图 2-1-8　活扳手结构

活扳手使用注意事项

1）应根据螺母或螺栓的大小，选用相应规格的活扳手。

2）及时调节扳手的位置，应根据螺母或螺栓的位置和空间，及时调节活扳手的开口，从而保证方便旋转和提取扳手。

3）扳动小螺母时，所用力矩较小，但螺母过小易打滑，故手应握在接近扳头处，可随时调节扳唇紧度，防止打滑。

4）活扳手不能当撬棍或铁锤使用。

七、喷灯

喷灯是利用易燃物做燃料，燃烧后喷射火焰对工件进行加热的一种工具。因喷出的火焰具有很高的温度，通常可达 800～1000℃，常用于焊接铅包电缆的铅包层、大截面导线连接处的搪锡及其他连接表面的防氧化镀锡等。

1. 喷灯的结构

喷灯的种类很多，按照其使用燃料不同，可分为煤油喷灯、汽油喷灯及燃气喷灯。一般喷灯的主要结构由灯壶、泄压阀、手动泵、放气孔、加油盖、进油阀、喷嘴、上油管和预热杯等组成，如图2-1-9所示。

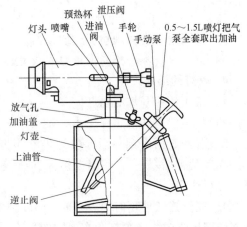

图2-1-9 喷灯结构

2. 燃油喷灯

（1）燃油喷灯的使用方法

1）加油。拧开加油盖，倒入不超过筒体3/4的油液，保留部分空间，以维持必要的空气压力。加完油后，拧紧加油盖，擦干净洒在外部的油液，并检查是否有渗漏现象。

2）预热。先在预热杯内注入适量汽油，点燃汽油，将火焰喷头加热。

3）喷火。当火焰喷头加热后，而燃烧杯内汽油燃完之前，用手动泵打气3~5次，然后再慢慢打开进油阀，喷出油雾，喷灯开始喷火。随后继续打气，直到火焰正常为止。

4）熄火。先关闭进油阀，直到火焰熄灭，然后慢慢拧开放气阀，放出筒体内的压缩空气。

（2）燃油喷灯使用注意事项

1）喷灯在加油、放油及检修过程中，都应在熄火后进行。

2）煤油喷灯筒体内，不能掺加汽油。

3）喷灯使用过程中，需要注意筒体油量。一般筒体内油量不得少于筒体容积的1/4，如果油量太少，会使筒体发热，易发生危险。

4）打气压力不应过高。打完气后，应将打气柄固定好。

5）使用喷灯时，应保持与带电体之间的安全距离。一般距离10kV以下带电体应大于1.5m，10kV以上应大于3m。

6）筒体是个密封储油容器，受到高温烘烤或使用劣质燃料，容易发生爆炸事故。

3. 燃气喷灯

（1）燃气喷灯的特点

1）使用简单、携带方便、不怕强风。

2）倒置或任何角度都可使用，不熄火。

3）气瓶装卸快速，不用时可卸下放置，防止漏气。

（2）燃气喷灯的使用方法

1）确认喷灯气阀处于完全关闭状态。

2）安装气瓶。用气瓶下压底座，将气瓶放入底座内。然后将喷灯体向右方向回旋45°，气瓶便紧扣喷灯，气瓶嘴插入进气口。

3）开动气阀。缓慢拧开气阀，让微量燃料溢出，迅速点火。然后再开火焰，20s后可以使用。

4）停止使用。完全关闭气阀，确保火已熄灭。喷头仍处于高温状态，切勿用手触摸。把气瓶取出，并放置在安全场所。

（3）燃气喷灯使用注意事项

1）安装气瓶后，检查结合处是否有漏气异味或气声，也可放入水中观察。若有漏气现象，请勿点火使用，需重新安装，待无漏气后方可点火。

2）使用通针，清理喷嘴上的污垢。

3）点火时，不准把喷嘴正对人或易燃物品。

4. 喷灯的维护

1）禁止使用开焊的喷灯。

2）禁止使用其他热源加热灯壶。

3）若经过两次预热后，喷灯仍然不能点燃，应暂时停止使用，并检查接口处是否漏气，喷嘴是否堵塞（可用探针进行疏通）和灯芯是否完好（灯芯烧焦，变细应更换），待修好后方可使用。

4）喷灯连续使用时间以 30~40min 为宜。使用时间过长，灯壶的温度逐渐升高，导致灯壶内部压强过大，喷灯会有崩裂的危险。

5）在使用中，如发现灯壶底部凸起时应立刻停止使用，查找原因，并做相应处理后方可使用。

6）喷灯使用完后，应存放在不易受潮的地方。

任务 2.2　常用电工仪表的使用

一、电压表

电压表是测量被测电路电压值的电工仪表。在使用时，电压表要并联在被测电路中。图 2-2-1 所示是一种常用电压表。电压表的种类很多，常用的电压表按不同的分类方法，有不同的名称，其主要分类如下：

按所测电压的性质，可分为直流电压表、交流电压表和交直流两用电压表。

按所测量范围不同，可分为毫伏表和伏特表。

按照动作原理不同，可分为磁电式电压表、电磁式电压表和电动式电压表。

1. 电压表的选择

1）根据类型选择：当被测电压是直流时，应选直流电压表，即磁电系测量机构的仪表。当被测电压是交流时，应注意其波形与频率。若为正弦波，只需测量有效值即可换算为其他值（如最大值、平均值等），采用任意一种交流电压表即可。若为非正弦波，则应区分需测量的是什么值，有效值可选用磁电系或铁磁电动系测量机构的仪表；平均值则选用整流系测量机构的仪表。

图 2-2-1　电压表

2）根据准确度选择：因仪表的准确度越高，价格越贵，维修也比较困难。一般 0.1 级和 0.2 级仪表作为标准选用；0.5 级和 1.0 级仪表作为实验室测量使用；1.5 级以下的仪表一般作为工程测量使用。

3）根据量程选择：正确估计被测电压的范围，合理地选择量程，是非常有必要的。根据被测电压值，被测电压值应大于所选电压表最大量程的 2/3，但不能超过最大量程。

4）根据内阻选择：因电压表内阻的大小，反映其本身功率的消耗大小，所以根据被测阻抗的大小来选择仪表的内阻是有必要的，否则会给测量结果带来较大的测量误差。一般，应选用内阻尽可能大的电压表。

5）量程的扩大：当电路中的被测量电压值超过其仪表的量程时，可采用外附分压器，但注意其准确度等级应与仪表的准确度等级相符。

2. 电压表的使用方法

1）使用电压表测量电压时，电压表必须并联在被测物体的两端。

2）选择的电压表量程应大于被测体的电压值。

3）交流电压表不可用于测量直流电压，直流电压表不可用于测量交流电压。若互换，不仅测量不准，而且可能烧毁仪表。

3. 电压表使用注意事项

1）选择电压表时，电压表内阻越大，测量的结果越接近实际值。为了提高测量的准确度，应尽量采用内阻较大的电压表。

2）使用直流电压表时，除了让电压表与被测电路两端并联外，还应使电压表的正极与被测电路的高电位端相连，负极与被测电路的低电位端相连。

3）使用交流电压表时，不分正负极性，其所测值是交流电压的有效值。

4）当无法确定被测电压的大约数值时，应先用电压表的最大量程测试后，再换成合适的量程。转换量程时，要先切断电源，再转换量程。

5）为安全起见，600V 以上的交流电压，一般不直接接入电压表，而是通过电压互感器将一次侧的高电压变换成二次侧的 100V 后再进行测量。根据串联电阻具有分压作用的原理，扩大电压表量程的方法就是给量程小的电压表串联一只适当的分压电阻，此时，通过测量机构的电流仍为原来的小电流不变，并且与被测电压成正比。因此，可以用仪表指针偏转角的大小来反映被测电压的数值，从而扩大了电压表的量程。

6）电压表的使用环境要符合要求，要远离外磁场。使用前应使指针处于零位，读数时应使视线与标度尺平面垂直。

二、电流表

电流表是用来测量电路中电流的仪表。磁电式电流表是一种常用的电流表，磁电式电流表根据通电导体在磁场中受磁场力的作用而制成，其内部有一个永磁体，在两极之间产生磁场，在磁场中有一个线圈，线圈两端各接一个游丝弹簧，弹簧各连接电流表的一个接线柱，在弹簧与线圈间有一个转轴连接在指针上。当电流通过时，电流沿弹簧、转轴通过磁场，电流切割磁力线，所以受磁场力的作用，使线圈发生偏转，带动转轴、指针偏转。由于磁场力的大小随电流增大而增大，所以就可以通过指针的偏转程度来观察电流的大小。图 2-2-2 所示是一种常用磁电式电流表。

1. 电流表的分类

电流表主要可分为直流电流表和交流电流表两大类。直流电流表主要采用磁电系电表的测量机构。一般可直接测量微安或毫安数量级的电流。为测更大的电流，电流表应连接并联电阻器（又称分流器）。大电流分流器的电阻值很小，为避免引线电阻和接触电阻附加于分流器而引起误差，分流器要制成四端形式，即有两个电流端和两个电压端。

交流电流表主要采用磁电系电表、电动系电表和整流系电表的测量机构。磁电系电表的最低量程约为几十毫安，为提高量程，要按比例减少线圈匝数，并加粗导

图 2-2-2　电流表

线。用电动系测量机构电流表时，动圈与静圈并联，其最低量程约为几十毫安。为提高量程，要减少静圈匝数，并加粗导线，或将两个静圈由串联改为并联，则电流表的量程将增大一倍。用整流系电表测交流电流时，仅当交流电为正弦波形时，电流表读数才正确。

2. 电流表使用注意事项

1）使用电流表测量电路时，电流表是串联在电路中，所以选择内阻小的电流表比较好。

2）电流表要串联在电路中，且电流要从正极接线柱流入，从负极接线柱流出。

3）测量电流时，所选量程应使电流表指针指在刻度标尺的 1/3 以上。

4）严禁不经过其他设备而把电流表直接连到电源的两极上。因电流表内阻很小，若将电流表直接连到电源的两极上，轻则指针打歪，重则烧坏电流表。

5）使用电流表时，注意周围环境要符合要求，要远离外磁场。

三、万用表

万用表又称为多用表、三用表，是电工人员不可缺少的测量仪表。万用表也是一种多功能、多量程的测量仪表，一般万用表可测量直流电流、直流电压、交流电流、交流电压、电阻，有的还可以测量功率、电感、电容及晶体管等。万用表按显示方式分为指针式万用表和数字式万用表，图 2-2-3 所示是数字式万用表。

1. 万用表的结构及原理

万用表主要由指示部分、测量电路和转换装置三部分组成。指示部分通常为磁电式微安表，俗称表头；测量部分是把被测的电量转换为适合表头要求的微小直流电流，通常包含分流电路、分压电路和整流电路；不同种类电量的测量及量程的选择是通过转换装置来实现的。

万用表的基本工作原理主要建立在欧姆定律和电阻串并联规律的基础之上。电压灵敏度是万用表的主要参数之一。对一只万用表来说，当它拨到电压档时，电压量程越高，电压档内阻越大。但是，各量程内阻与相应电压量程的比值却是个常数，该常数就是电压灵敏度。电压灵敏度越高，其电压档的内阻越大，对被测电路的影响越小，测量准确度越高。

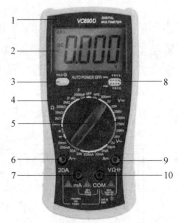

操作面板说明：
1. 型号栏
2. 液晶显示屏：显示仪表测量的数值
3. 背光灯/自动关机开关及数据保持键
4. 发光二极管：检测断时报警用
5. 旋钮开关：用于改变测量功能、量程
   以及控制开关钮
6. 20A电流测试插座
7. 20mA电流测试插座
8. 晶体管测试座：测试晶体管输入口
9. 电压、电阻、二极管、"+"极插座
10. 电容、温度、"−"极插座

图 2-2-3 数字式万用表

2. 数字式万用表的使用方法

（1）正确选择端钮（或插孔）

数字式万用表有红、黑两个表笔，一般红表笔要接到红色端钮上（或标有 "+" 号的插孔内），黑表笔应接到黑色端钮上（或标有 "−" 号的插孔内），有的万用表有交直流 2500V 的测量端钮，使用时黑表笔接黑色端钮（或 "−" 的插孔内），而红表笔要接到 2500V 的端钮上。图 2-2-4 所示为数字式万用表表笔接线。

数字式万用表
使用方法

（2）正确选择转换开关位置

数字式万用表是多功能表，能测量不同的电路参数，故根据测量对象选择合适的转换开关位置，是非常有必要的。如测量电流时，应将转换开关转到相应的电流档；测量电压时，转到相应的电压档。有的万用表面板上有两个转换开关，一个选择测量种类，另一个选择测量量程。使用时应先选择测量种类，然后选择测量量程。

（3）选择合适的量程

根据被测量值的大致范围，将转换开关转至该种类的适当量程上。

（4）正确使用电阻档

用电阻档测量电阻，电阻值变化很大，从毫欧级的接触电阻到兆欧级的绝缘电阻。一般数字式万用表测量电阻

红

黑

图 2-2-4 数字式万用
表的接线

小至 0.1Ω，大到几百兆欧。极大的电阻，数字式万用表会显示 "OL"，表示被测电阻大得超过了量程，故此测量开路时，会显示 "OL"。

必须在关掉电路电源的情况下测量电阻，否则会损坏万用表或电路。某些数字式万用表提供了在电阻方式下误接入电压信号时进行保护的功能，不同型号的数字式万用表有不同的保护能力。

在进行小电阻的精确测量时，必须从测量值中减去测量导线的电阻。典型的测量导线的电阻值在 0.2~0.5Ω 之间，如测量导线的电阻值大于 1Ω，测量导线就要更换了。

（5）通断的测量

通断就是通过快速电阻测量来判断开路或短路，使用带有通断蜂鸣的数字式万用表测量通断时，通断测量非常简单、快速。当测到一个短路电路时，数字式万用表发出蜂鸣，反之则无声，所以在测量时无须看表。不同型号的数字式万用表有不同的触发电阻值。

3. 指针式万用表的使用方法

指针式万用表，又称为磁电式万用表，其结构主要由测量机构（表头）、测量电路和转换开关组成，它的外形可以做成便携式或袖珍式，并将刻度盘、转换开关、调零旋钮以及接线插孔等装在面板上，图 2-2-5 所示是 MF30 型常用万用表的面板图。

MF30 型万用表测量交流电压的灵敏度为 5kΩ/V。使用 MF30 型万用表测量交流电压的步骤如下：

① 首先进行机械调零。

② 将万用表的转换开关置于交流电压档"V"的合适量程上，找到对应的刻度线；面板上第二条刻度尺的左边标有"≈"符号，表示该刻度尺为交、直流共用，因此交流电压的测量也从这条刻度线按比例读取。在面板上另有第三条标有"10V̌"的刻度尺，专供 10V 交流读数用。

③ 把万用表与被测电路并联或负载并联。

④ 读出表头指示的数值。所测电压的读数为

$$实际值 = \frac{指示值 \times 量程}{满偏}$$

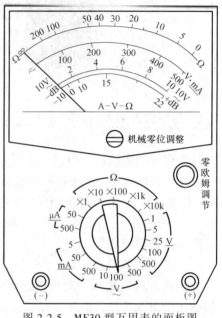

图 2-2-5　MF30 型万用表的面板图

4. 万用表使用注意事项

1）在使用万用表时，手不可触及表笔的金属部分，以保证安全和测量的准确度。

2）在测量较高电压或较大电流时，不能带电转动转换开关，否则有可能烧坏转换开关。

3）万用表用完后，应将转换开关转到交流电压最高量程档，以防下次测量时疏忽而损坏万用表。

4）在表笔接触被测线路前，应再做一次全面的检查，检查各位置是否正确。

5）使用指针式万用表前，进行机械调零。

6）使用指针式万用表测量电阻前，需进行欧姆调零。将两表笔短路，观察指针是否在零位置，可使用欧姆调零器，使指针指向欧姆零位。

四、钳形电流表

钳形电流表是电流表的一种，用来测量电路中的电流值，简称电流钳。使用普通电流表测量电路电流时，需断开被测电路，然后把电流表串接到电路中，而利用钳形电流表测量电路电流，无须断开被测电路。由于钳形电流表的这种独特的优点，故而钳形电流表得到了广泛的应用。

1. 钳形电流表的结构

钳形电流表是由电流互感器和电流表组合而成的。电流互感器的铁心在捏紧扳手时可以张开，被测电流所通过的导线可以不必切断就可穿过铁心张开的缺口，当放开扳手后铁心闭合，其结构外形如图2-2-6所示。

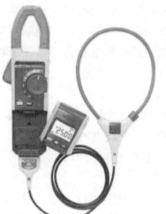

钳形电流表
工作原理

2. 钳形电流表的使用方法

使用钳形电流表时，选择合适的档位、插孔及量程是非常有必要的，具体使用方法如下：

1）正确选择档位。根据被测量，选择交、直流电流，交、直流电压或频率档位。

2）正确选择量程。测量前应估算被测电

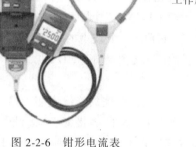

图2-2-6 钳形电流表

流的大小，选择合适的量程。不能用小量程档测量大电流。当无法估算被测电流的大小时，应将量程开关置于最高档，然后根据被测量值的大小，变换合适的量程。

3）正确夹线。用手握住钳形电流表的手柄，并用食指钩住铁心开关，便可打开铁心，将被测线路从铁心缺口放到铁心中间。然后松开铁心开关，铁心被自动闭合。

3. 钳形电流表使用注意事项

1）检查铁心缺口闭合情况。在测量前，用食指勾动铁心开关，检查铁心缺口可否自由闭合，且铁心缺口两边结合面是否紧密。若铁心缺口面上有污垢，用清水或汽油擦拭干净。

2）钳形电流表不用时，应将旋钮旋到最高量程档，以免下次使用时，由于使用疏忽，而造成仪表损坏。

3）不得使用钳形电流表测量高压线路的电流，被测线路的电压不能超过钳形电流表的额定电压，以防击穿绝缘，发生人身触电事故。

4）测量小于5A以下的小电流时，可将被测导线多绕几圈，然后放入铁心中测量，用最终钳形电流表读数除以导线圈数，就得到了实际导线电流值。

兆欧表工
作原理

五、绝缘电阻表

绝缘电阻表习称兆欧表，俗称摇表。绝缘电阻表大多采用手摇发电机供电，它是电工常用的一种测量仪表，主要用来检查电气设备、电缆或线路对地及相间的绝缘电阻，以保证这些设备、电器和线路工作在正常状态，避免发生触电伤亡及设备损坏等事故。它是由交流发电机倍压整流电路、表头等部件组成的。绝缘电阻表摇动时，产生直流电压，其外形结构如图2-2-7所示。它的计量单位是兆欧（MΩ）。

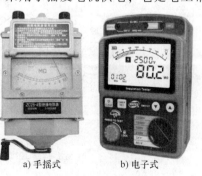

a）手摇式　　b）电子式

图2-2-7 绝缘电阻表

1. 绝缘电阻表选用

绝缘电阻表的额定电压有50～10000共9种。在使用绝缘电阻表测量绝缘电阻时，选用合适电压等级的绝缘电阻表是非常有必要的，在使用绝缘电阻表测量绝缘电阻时，所选绝缘电阻表的电压等级应高于被测物的绝缘电压等级。

如果使用电子式绝缘电阻表测量绝缘电阻，在测量低压电气设备绝缘电阻时，一般选用 $0 \sim 200 \mathrm{M}\Omega$ 量程的绝缘电阻表。

2. 绝缘电阻的测量方法

绝缘电阻表上有三个接线柱，上端两个较大的接线柱上分别标有"接地（E）"和"线路（L）"，在下方一个较小的接线柱上标有"保护环"或"屏蔽（G）"，如图 2-2-8 所示。

（1）测量线路对地的绝缘电阻

把绝缘电阻表的"接地"接线柱（即接线柱 E）可靠地接地（一般接到某一接地线上），然后把"线路"接线柱（即接线柱 L）接到被测线路上，如图 2-2-9a 所示。

按照上述连接后，顺时针摇动绝缘电阻表，转速逐渐加快，当转速达到约 120r/min 后，保持该速度匀速摇动。当

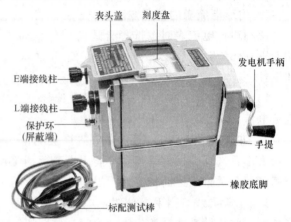

图 2-2-8　绝缘电阻表的接线

转速稳定后，表的指针也稳定下来，指针所指示的数值即为被测物的绝缘电阻值。

实际使用中，E、L 两个接线柱也可以任意连接，即 E 可以与被测物相连接，L 可以与接地体连接（即接地），但接线柱 G 接到屏蔽层上，决不能接错。

（2）测量电动机的绝缘电阻

把绝缘电阻表接线柱 E（即接地）接到电动机外壳，并确保触点无油漆，然后把接线柱 L 接到电动机某一相的绕组上，如图 2-2-9b 所示。

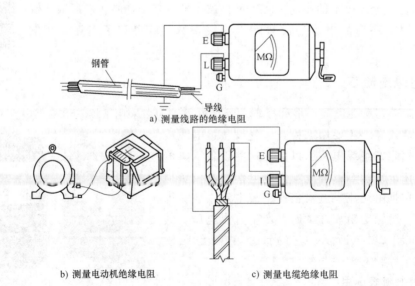

a) 测量线路的绝缘电阻

b) 测量电动机绝缘电阻　　　　c) 测量电缆绝缘电阻

图 2-2-9　绝缘电阻表的使用

按照上述连接后，顺时针摇动绝缘电阻表，转速逐渐加快，当转速达到约 120r/min，保持该速度匀速摇动。当转速稳定后，表的指针也稳定下来，指针所指示的数值即为该相对地的绝缘电阻值。

（3）测量电缆的绝缘电阻

测量电缆的导电线芯与电缆外壳的绝缘电阻时，把接线柱 E 与电缆外壳相连接，如电缆外壳有铠甲，就接在铠甲上。然后把接线柱 L 与线芯连接，同时将接线柱 G 与电缆壳和芯之间的绝缘层相连接，如图 2-2-9c 所示。

3. 绝缘电阻表使用注意事项

1）在使用绝缘电阻表前，应对绝缘电阻表进行开路和短路试验。开路试验是把 L、E 两个接线柱分开，使其处于断开状态，摇动绝缘电阻表，指针应指在"∞"处；短路试验是把 L 和 E 两个接线柱连接起来，使其处于短接状态，摇动绝缘电阻表，指针应指在"0"处。这两项都满足要求，说明绝缘电阻表是完好的。

2）测量电气设备的绝缘电阻时，必须先断电，将设备进行放电，然后才能测量。

3）绝缘电阻表测量时，应放在水平位置，并用力按住绝缘电阻表，防止晃动，摇动的转速约 120r/min。

4）引接线应采用多股软线，且要有良好的绝缘性能，两根引线切忌绞在一起，以免造成测量数据的不准确。

5）测量完后，应立即对被测物放电，在绝缘电阻表未停止转动或被测物未放电前，不可用手触及被测量部分或拆除导线，以防触电。

6）测量含有大电容设备的绝缘电阻时，测量前应先放电，测量后也应及时放电，放电时间应大于 2min，以确保人身安全。读数后不能立即停止摇动，以防电容放电而损坏绝缘电阻表，应降低摇动速度，同时断开 L 接线柱。

7）测量设备的绝缘电阻时，应同时记录环境温度、湿度及设备状态，以便分析测量结果。

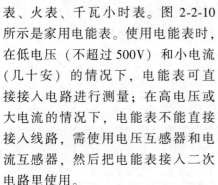

电能表工作原理

六、电能表

电能表是用来测量电能、统计用电单位用电量的计量工具，又称电度表、火表、千瓦小时表。图 2-2-10 所示是家用电能表。使用电能表时，在低电压（不超过 500V）和小电流（几十安）的情况下，电能表可直接接入电路进行测量；在高电压或大电流的情况下，电能表不能直接接入线路，需使用电压互感器和电流互感器，然后把电能表接入二次电路里使用。

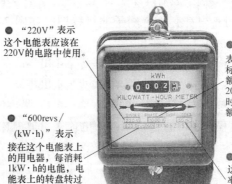

● "220V"表示这个电能表应该在 220V 的电路中使用。

● "600revs/（kW·h）"表示接在这个电能表上的用电器，每消耗 1kW·h 的电能，电能表上的转盘转过 600 转。

● "10(20)A"表示这个电能表的标定电流为 10A，额定最大电流为 20A。电能表工作时的电流不应超过额定最大电流。

● "50～"表示这个电能表在频率为 50Hz 的交流电路中使用。

图 2-2-10　电能表

1. 电能表的分类

电能表的种类较多，按照不同分类方法，有不同的名称，一般电能表的分类情况如下：

1）按结构原理，可分为感应式（机械式）、电子式和机电式三种。

2）按所测电源，可分为直流式和交流式两种。

3）按所测电能，可分为有功和无功两种。

4）按接入线路的方式，可分为直接接入式和经互感器接入式两种。

5）按用途，可分为单相、三相和特殊用途电能表。

6）按使用情况及等级（指数），可分为安装式和携带式（标准表）。

2. 电能表的型号及其含义

电能表型号是用字母和数字的排列来表示的，电能表的型号由类别代号+组别代号+设计序号+派生号组成，其含义如下：

1）类别代号，D—电能表。

2）组别代号，一般由两个字母组成，一个表示相线，另外一个表示用途。

① 表示相线：D—单相；T—三相四线有功；S—三相三线有功；X—三相无功。

② 表示用途：B—标准；D—多功能；M—脉冲；S—全电子式；Z—最大需量；Y—预付费；F—复费率。

3）设计序号：用阿拉伯数字表示。

4）派生号：T—湿热、干燥两用；TH—湿热带用；TA—干热带用；G—高原用；H—船用；F—化工防腐用。

例如：

DD 表示单相电能表，如 DD862 型、DD701 型、DD95 型。

DS 表示三相三线有功电能表，如 DS8 型、DS310 型、DS864 型等。

DT 表示三相四线有功电能表，如 DT862 型、DT864 型。

DX 表示三相无功电能表，如 DX8 型、DX9 型、DX310 型、DX862 型。

DZ 表示最大需量电能表，如 DZ1 型。

DB 表示标准电能表，如 DB2 型、DB3 型。

3. 单相电能表的使用

单相电能表共有 5 个接线端子，其中有两个端子在电能表的内部已用连片短接，所以，单相电能表的外接端子只有 4 个，即 1、2、3、4 号端子。由于电能表的型号不同，各类型的电能表在铅封盖内都有 4 个端子的接线图，如图 2-2-11 所示。单相电能表一般分为两种接线方式：

1）顺入式：1 进火、2 出火、3 进零、4 出零。

2）跳入式：1 进火、2 进零、3 出火、4 出零。

4. 电能表选用和安装注意事项

1）根据规程要求，直接接入式的电能表，其基本电流应根据额定最大电流和过载倍数来确定。其中，额定最大电流应按客户报装负荷容量来确定；过载倍数，对正常运行中的电能表实际负荷电流达到最大额定电流的 30% 以上的，宜选 2 倍表；实际负荷电流低于 30% 的，应选 4 倍表。

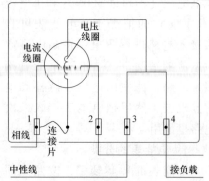

图 2-2-11　单相电能表原理及接线图

2）电能表接线较复杂，接线前必须分清电能表的电压正端和电流正端，然后按照技术说明书对号接入。对于三相电能表，还须注意电路的相序。

3）电能表不宜在小于规定电流的 5% 和大于额定电流的 1.5 倍情况下，长期运行工作。

4）半年以上不用的电能表，重新使用时，需重新校正。

5）电能表安装时，要距热力系统 0.5m 以上，距地面 0.7m 以上，便于读取，并垂直安装。

七、功率表

1. 功率表的结构

电动式功率表的结构如图 2-2-12 所示，它主要由固定线圈（电流线圈）和可动线圈（电压线圈）组成，固定线圈分成两段，平行排列，可以串联或并联连接，从而得到两种电流量程。在可动线圈的转轴上装有指针和空气阻尼器的阻尼片。游丝的作用除了产生反作用力矩外，还起导流的作用。功率表的外形如图 2-2-13 所示。

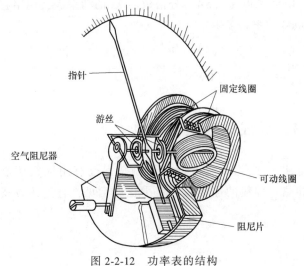

图 2-2-12　功率表的结构

图 2-2-13　功率表的外形

2. 功率表的使用

（1）正确选择功率表的量程

电动式功率表由电动系测量机构和分压电阻构成，其原理电路如图 2-2-14 所示。固定线圈匝数少，导线粗，与负载串联，流过的电流就是负载电流，反映负载电流的大小，作为电流线圈；可动线圈匝数多，导线细，它在表内与一定阻值的分压电阻 R 串联后与负载并联，反映负载的电压，作为电压线圈。

功率表的量程包括电压线圈和电流线圈的量程，并以此为准，选择功率表的量程，即负载的额定电流和电压不超过电流线圈和电压线圈的量程。

（2）正确连接功率表的测量线路

电动式仪表转矩方向与电压线圈和电流线圈中的电

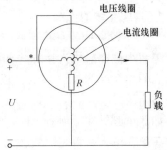

图 2-2-14　功率表测量原理电路

流方向有关。因此，规定功率表接线要遵守"发电机端"守则，即"同名端"守则，"同名端"又称为"电源端""极性端"，通常用符号"＊"或"±"表示，接线时，应使这两个线圈的同名端接在电路的同一极性上，否则会造成功率表指针的反向偏转。功率表的正确接线如图 2-2-15 所示。

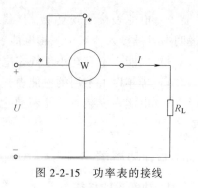

图 2-2-15　功率表的接线

（3）正确读出功率表的示数

常用的功率表都是多量程的。一般在表的标度尺上不直接标注示数，只标出分格数。

在选用不同的电流与电压量程时，每一分格都可以表示不同的功率数。所测功率 P 与电压、电流量程及仪表分格数之间的关系为

$$P = \frac{被选择的电压量程（V）\times 被选择的电流量程（A）}{仪表满刻度的格数} \times 实测格数$$

［例 2-1］　有一只电压量程为 300V，电流量程为 0.5A，分格数为 75 的功率表，现用它来测量负载的功率。当指针偏转 50 格时负载功率为多少？

解：利用公式计算被测功率为

$$P = \frac{300V \times 0.5A}{75} \times 50 = 100W$$

任务 2.3　导线的连接

导线是指电线电缆的材料，工业上也指电线。一般由铜或铝制成，也有用银线所制（导电、热性好），用来疏导电流或者是导热。导线的连接在电工中比较常见，且连接方式也较多。

一、线头与线头的连接

导线连接是电工作业的一项基本工序，也是十分重要的工序。导线连接的质量直接关系到整个线路能否安全可靠地长期运行。对导线连接的基本要求是：牢固可靠、接头电阻小、机械强度高、耐腐蚀、耐氧化及电气绝缘性能好。

根据连接的导线种类和连接形式不同，其连接的方法也不同。常用的连接方法是绞合连接。连接前，应小心剥除导线连接部位的绝缘层，不可损伤芯线。

1. 单股导线的连接

（1）单股导线的直接连接

单股小截面导线连接方法如图 2-3-1 所示。首先把两根导线的芯线线头做 X 形交叉，然后将它们相互缠绕 2~3 圈后，扳直两线头，再将每根线头在另一芯线上紧密缠绕 5~6 圈后，剪去多余线头。

如遇单股导线截面较大时，导线线头的连接方法如图 2-3-2 所示。首先在两根导线的芯线重叠处，填入一根相同直径的芯线，然后用一根线芯截面积约 1.5mm² 的裸导线，在其上紧密缠绕，缠绕长度为导线直径的 10 倍左右，再将被连接导线的芯线线头分别折回，紧密

缠绕5~6圈后，剪去多余线头。

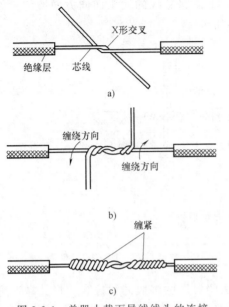

图2-3-1　单股小截面导线线头的连接

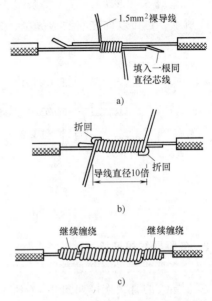

图2-3-2　单股大截面导线线头的连接

　　如遇不同截面单股导线连接，先将细导线的芯线在粗导线的芯线上紧密缠绕5~6圈，然后将粗导线芯线的线头折回，紧压在缠绕层上，再用细导线芯线在其上继续缠绕3~4圈后，剪去多余线头。

　　（2）单股导线的分支连接

　　单股导线的T形连接如图2-3-3和图2-3-4所示。将支路芯线的线头紧密缠绕在干路芯线上，且缠绕5~8圈后，剪去多余线头。对于截面较小的芯线，先将支路芯线的线头在干路芯线上打一个环绕结，再紧密缠绕5~8圈后，剪去多余线头。

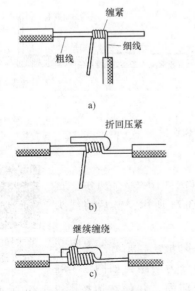

图2-3-3　单股导线T形连接方法一

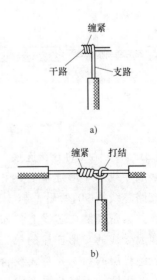

图2-3-4　单股导线T形连接方法二

单股导线的十字分支连接如图 2-3-5 所示。将上、下支路芯线的线头紧密缠绕在干路芯线上，且缠绕 5~8 圈后，剪去多余线头。可将上、下支路芯线的线头向同方向缠绕，如图 2-3-5a 所示；也可以向左右两边缠绕，如图 2-3-5b 所示。

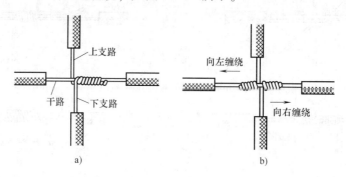

图 2-3-5　单股导线十字形连接

2. 多股导线的连接

（1）多股导线的直接连接

多股导线的直接连接如图 2-3-6 所示。先把剥去绝缘层的多股芯线拉直，将其靠近绝缘层约 1/3 芯线绞合拧紧，而把芯线其余部分做成伞状散开，另一根导线芯线也做同样处理，接着把两伞状芯线相对，互相插入后，压平芯线，然后将每一边的芯线线头分作 3 组，先将某一边的第一组线头翘起，并紧密缠绕在芯线上，再把第二组线头翘起，并紧密缠绕在芯线上，最后把第三组线头翘起，并紧密缠绕在芯线上。以同样方法缠绕另一边的线头。

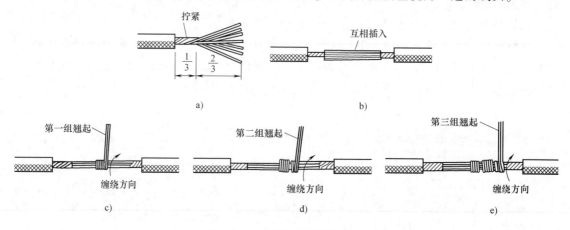

图 2-3-6　多股导线的直接连接

（2）多股导线的分支连接

多股导线的 T 形连接有两种方法，第一种连接方法如图 2-3-7 所示。首先将支路芯线折 90° 弯后，与干路芯线并行，如图 2-3-7a 所示，然后将线头折回，并紧密缠绕在芯线上，如图 2-3-7b 所示。

多股导线的 T 形连接的第二种连接方法如图 2-3-8 所示。首先将支路芯线靠近绝缘层的约 1/8 芯线绞合拧紧，其余 7/8 芯线分为两组，如图 2-3-8a 所示，一组插入干路芯线当中，另一组放在干路芯线前面，并朝右边按图 2-3-8b 所示方向

多股导线的
分支连接

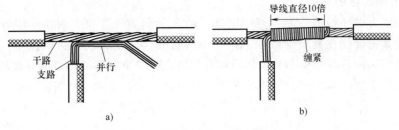

图 2-3-7 多股导线的 T 形连接方法一

缠绕 4~5 圈，再将插入干路芯线当中的那一组朝左边按图 2-3-8c 所示方向缠绕 4~5 圈。

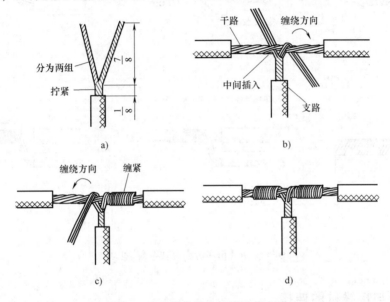

图 2-3-8 多股导线的 T 形连接方法二

（3）单股导线与多股导线的连接

单股导线与多股导线的连接方法如图 2-3-9 所示。先将多股导线的芯线绞合拧紧成单股状，再将其紧密缠绕在单股导线的芯线上 5~8 圈，最后将单股芯线线头折回，并压紧在缠绕部位。

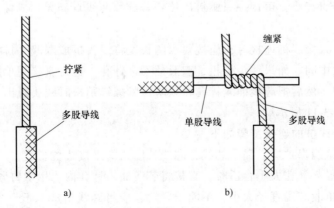

图 2-3-9 单股与多股导线的连接

3. 相同方向导线的连接

当连接相同方向导线线头时，可按图 2-3-10 所示的方法连接。对于单股导线，可将一根导线的芯线紧密缠绕在其他导线的芯线上，再将其他芯线的线头折回压紧；对于多股导线，可将两根导线的芯线互相交叉，然后绞合拧紧；对于单股导线与多股导线的连接，可将多股导线的芯线紧密缠绕在单股导线的芯线上，再将单股芯线的线头折回压紧。

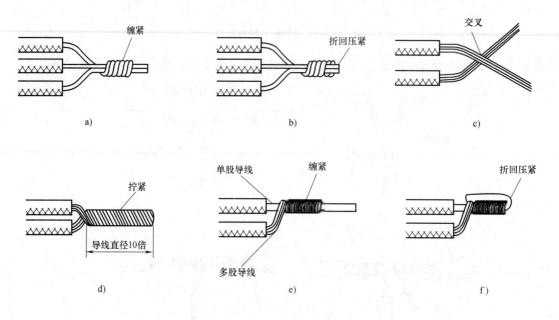

图 2-3-10　相同方向导线的连接

二、线头与接线桩的连接

在各种电器或电气装置上，均有接线桩供连接导线使用，常见的接线桩有针孔式、平压式及瓦形接线桩。

1. 针孔式接线桩

端子排、熔断器及电工仪表的接线部位大多利用针孔式接线柱，利用压接螺钉压住线头完成连接。导线芯线直径小，可用一只螺钉压接；若导线芯线直径大，或接头要求较高，则应使用两只螺钉压接。

单股芯线与针孔式接线桩连接时，应按要求的长度将线头折成双股并排插入针孔，且使螺钉紧压双股芯线的中间。如果线头较粗，双股插不进针孔，也可直接用单股，需把线头稍微朝着针孔上方弯曲，然后把芯线插入针孔，以防压紧螺钉稍松时线头脱出。针孔式接线桩对线头的要求如图 2-3-11 所示。

导线与针孔式接线桩的连接步骤如下：

1）剥去导线的绝缘保护层，漏出芯线，芯线长度约等于接线桩长度。

2）导线芯线直径与针孔大小合适时，直接将芯线插入针孔内，用螺钉紧固。

3）当针孔大，单股芯线直径太小，不能压紧时，应将芯线折成双股，然后把双股芯线插入针孔内，并用螺钉紧固。

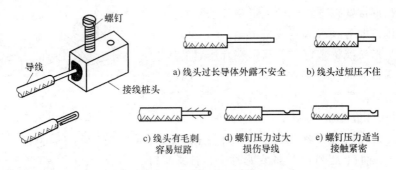

图 2-3-11 针孔式接线桩

4）当针孔大，多股芯线直径太小，不能压紧时，应在多股芯线上密绕一层股线，然后插入针孔内，并用螺钉紧固。

5）当针孔小，多股芯线直径太大，不能插入时，可以剪掉几根股线，然后绞紧芯线后插入针孔内，并用螺钉紧固。

2. 平压式接线桩

导线芯线与平压式接线桩的连接，是把螺钉套上垫片，利用垫片压紧芯线，从而既增加了芯线与螺钉的接触面积，又牢固地固定了芯线，其连接方式如图 2-3-12 所示。

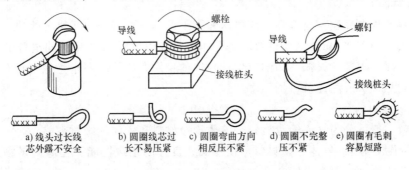

图 2-3-12 平压式接线桩

导线与平压式接线桩的连接步骤如下：

1）剥去导线的绝缘保护层，漏出芯线。

2）把导线芯线插入平压式接线桩垫片下方。

3）把芯线顺时针方向缠绕垫片大半圈，再剪去多余芯线。

4）用尖嘴钳收紧端头，拧紧螺钉。

5）多股软芯线与平压式接线桩连接时，应先将芯线绞紧，然后顺时针绕进垫片一圈，最后沿线头根部绕两圈，剪去多余芯线，拧紧螺钉。

3. 瓦形接线桩

瓦形接线桩的垫片为瓦形，为了防止导线线头从瓦形接线桩内滑落，压接前应把导线芯线去除氧化层和污物，并弯成 U 形，如图 2-3-13 所示。

导线与瓦形接线桩的连接步骤如下：

1）剥去导线的绝缘保护层，漏出芯线，除去氧化层和污物。

2）把单股芯线弯成 U 形，且 U 形直径略大于螺钉直径。

3）松动瓦形接线桩螺钉，使瓦形垫片松动。

4）把制作好的芯线放入接线桩上。

5）拧紧瓦形接线桩螺钉，使瓦形垫片压紧芯线。

6）如遇两根导线同时接在一个瓦形接线桩时，把两根单股芯线的线端都弯成 U 形，然后一起放入接线桩，拧紧螺钉，用瓦形垫片压紧芯线。

7）如遇瓦形接线桩两侧有挡板，则不用把芯线弯成 U 形，只需松开螺钉，芯线直接插入瓦片下，拧紧螺钉。

8）芯线的长度应比接线桩瓦片的长度大 2~3mm，且导线绝缘离接线桩的距离不应大于 2mm。

9）当芯线直径太小，接线桩压不紧时，应将线头折成双股或多股插入。

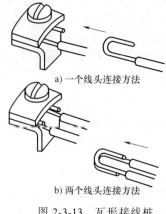

a) 一个线头连接方法

b) 两个线头连接方法

图 2-3-13　瓦形接线桩

三、线头绝缘的恢复

在导线连接过程中，导线连接处的绝缘层已被去除，导线连接完成后，须对裸露导线进行绝缘处理，以恢复导线的绝缘性能，恢复后的绝缘强度应不低于导线原有的绝缘强度。

1. 绝缘材料

绝缘材料又称电介质，是指在直流电压作用下，不导电或导电极微的物质，一般绝缘材料的电阻率大于 $10^{10}\Omega\cdot m$。绝缘材料的主要作用是在电气设备中将不同电位的带电导体隔离开，还起支撑、固定、灭弧、防潮或保护导体的作用。因此，要求绝缘材料有尽可能高的绝缘电阻、耐热性、耐潮性及机械强度。

（1）绝缘材料的分类

绝缘材料一般可分为气体绝缘材料、液体绝缘材料和固体绝缘材料。

1）气体绝缘材料。气体绝缘材料不仅要具有良好的绝缘性能，还应满足物理和化学性能。常用的气体绝缘材料有空气和六氟化硫气体。

六氟化硫（SF_6）气体是一种不易燃烧、不易爆炸、无色无味的气体，它具有远高于空气的绝缘性能和灭弧能力，广泛应用在高压电器中。六氟化硫气体还具有良好的热稳定性和化学稳定性，但在 600℃ 以上的高温作用下，六氟化硫气体会发生分解，将产生有毒物质。因此，在使用六氟化硫气体时，应注意以下几个方面：

① 严格控制含水量，做好除湿和防潮措施。

② 使用适当的吸附剂，吸收其有害物质及水分。

③ 使用在断路器中的六氟化硫气体，其压力不能过高，防止液化。

④ 放置六氟化硫设备的场所，应有良好的通风条件。

2）液体绝缘材料。绝缘油可分为天然矿物油、天然植物油和合成油。天然矿物油是从石油原油精制提炼而得到的电器绝缘油。天然矿物油也是一种中性液体，呈金黄色，具有很好的化学稳定性和电气稳定性，主要用于电力变压器、少油断路器、高压电缆、油浸式电容器等设备。天然植物油有蓖麻油和大豆油。合成油有氧化联苯甲基硅油、苯甲基硅油等，主要用于电力变压器、高压电缆及油浸纸介电容器中。

为了确保充油设备的安全运行，须经常检查油的油温、油位、油的闪点、酸值、击穿强度和介质损耗角正切值，必要时还须进行变压器油的色谱分析。

3）固体绝缘材料。固体绝缘材料的绝缘性能优良，被广泛用于电力系统。固体绝缘材料的种类很多，常用的有绝缘漆、绝缘胶、橡胶、塑料、玻璃、陶瓷、云母及石棉等。

绝缘胶主要用于浇注电缆接头、套管、电流互感器及电压互感器。常用绝缘胶有黄电缆胶、黑电缆胶、环氧电缆胶、环氧树脂胶及环氧聚酯胶。

（2）绝缘材料的性能指标

为防止绝缘材料的绝缘性能损坏而造成事故，须使绝缘材料符合相关的性能指标。绝缘材料的性能指标很多，其主要性能指标有击穿强度、耐热性、绝缘电阻及机械强度等。

1）击穿强度。绝缘材料在一定电场强度的作用下，将失去绝缘性能而损坏，这种现象叫作击穿。绝缘材料被击穿时的电场强度，叫作击穿强度，单位为 kV/mm。

2）耐热性。当温度升高时，绝缘材料的电阻、击穿强度、机械强度等性能一般都会降低。不同绝缘材料的耐热程度也不同，耐热等级可分为 Y（90℃）、A（105℃）、E（120℃）、B（130℃）、F（155℃）、H（180℃）、N（200℃）、R（220℃）及250℃以上等多个等级。

3）绝缘电阻。绝缘材料的电阻值称为绝缘电阻，一般绝缘电阻可达几十兆欧以上。绝缘电阻因温度、厚薄及状况的不同会存在较大差异。

绝缘材料的电阻率虽然很高，但在一定电压作用下，会有微小电流通过，这种电流称为泄漏电流。

4）机械强度。根据各种绝缘材料的具体要求，相应规定的抗张、抗压、抗弯、抗剪、抗撕及抗冲击等各种强度指标，统称为机械强度。

2．线头绝缘包缠方法

导线连接好后，须用绝缘胶带包扎好，恢复后的绝缘强度应不低于原绝缘材料。常用黄蜡带、涤纶薄膜带、黑胶布及塑料来包缠线头，作为恢复绝缘的材料，具体步骤如下：

1）将导线连接好后，先用黄蜡带或涤纶带紧缠两层，然后再用黑胶布带缠两层。缠绕胶布时，应用斜叠法，即每圈压叠带宽二分之一，且第一层缠好后，再向另一斜叠方向缠绕第二层。

2）在缠绕绝缘胶带时，应用力拉紧，且包缠紧密、坚实，并黏结在一起，这样可以防潮。缠好的绝缘胶带不能漏出芯线，以防发生事故。

3）在缠绕低压线路芯线时，如使用黑胶布只作绝缘恢复用，须至少缠绕四层，室外应至少缠绕六层。

（1）一字形接头的绝缘包缠方法

一字形接头是常见的导线连接方法之一，其绝缘处理可按图 2-3-14 所示进行包缠。具体缠绕方法如下：

1）包缠时，先包缠一层黄蜡带，再包缠一层黑胶带。

2）在包缠黄蜡带时，从接头左边绝缘完好的绝缘层上开始包缠，包缠两圈后进入剥除了绝缘层的芯线部分，如图 2-3-14a 所示。

3）在包缠黄蜡带时，还应与导线成55°左右倾斜角，每圈压叠带宽的二分之一，如图 2-3-14b 所示，直至包缠到接头右边两圈距离的完好绝缘层处。

4）然后将黑胶带接在黄蜡带的尾端，按另一斜叠方向从右向左包缠，如图 2-3-14c、d 所示，仍每圈压叠带宽的二分之一，直至将黄蜡带完全包缠住。

5）包缠过程中，应用力拉紧胶带，注意不可稀疏，更不能露出芯线，以保绝缘质量和用电安全。对于 220V 及以下线路，也可不用黄蜡带，只用黑胶带或塑料胶带包缠两层。

（2）T 字形接头的绝缘包缠方法

T 字形接头的绝缘处理方法，基本与一字形接头绝缘包缠法相同。T 字形接头的包缠方向如图 2-3-15 所示，须缠绕一个 T 字形的路线，使每根导线上都包缠两层绝缘胶带，每根导线都应包缠到完好绝缘层的两倍胶带宽度处。

（3）十字形接头的绝缘包缠方法

十字形接头的绝缘处理方法，基本与一字形接头绝缘包缠法相同。对十字形接头进行绝缘处理时，其包缠方向如图 2-3-16 所示，须缠绕一个十字形的路线，使每根导线上都包缠两层绝缘胶带，每根导线都应包缠到完好绝缘层的两倍胶带宽度处。

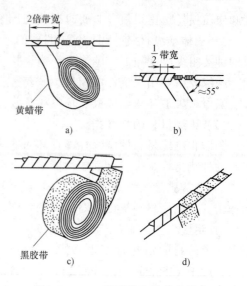

图 2-3-14　一字形接头绝缘包缠法

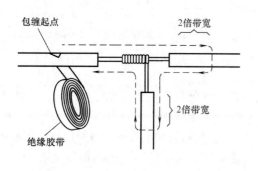

图 2-3-15　T 字形接头绝缘包缠法

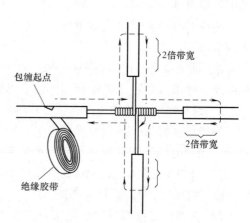

图 2-3-16　十字形接头绝缘包缠法

3. 热缩管

热缩管是一种特制的聚烯烃材质的热收缩套管，常用于包裹导线或设备，图 2-3-17 所示为热缩管外形。热缩管由内外两层复合加工而成，外层采用优质柔软的交联聚烯烃材料，具有绝缘防蚀和耐磨的特点，而内层采用热熔胶材料，具有熔点低、防水密封和高黏结性的优点。

（1）热缩管的分类

根据热缩管的材料不同，可将热缩管分为 PVC、PET 及含胶热缩管。

1）PVC 热缩管。PVC 热缩管具有遇热收缩的特殊功能，把 PVC 热缩管加热到 98℃以上，即可收缩，使用方便。PVC 热缩管按耐温性，可分为 85℃ 和 105℃ 两大系列，规格有 $\phi 2mm \sim \phi 200mm$。PVC 热缩管可用于低压室

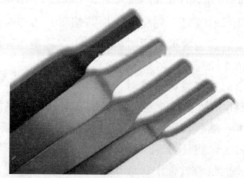

图 2-3-17　热缩管

内母线铜排、接头、线束的标识及绝缘外包裹。

2）PET 热缩管。与 PVC 热缩管对比，PET 热缩管不仅具有较好的耐热性、电绝缘性能及力学性能，而且 PET 热缩管无毒，对人体和环境不会产生毒害影响，更符合环保要求。PET 热缩管可用于电解设备、电子元器件、充电电池、玩具及医疗器械的外包裹。

3）含胶热缩管。含胶热缩管成型后，经电子加速器辐照交联、连续扩张而制成。外层具有柔软、低温收缩、绝缘、防腐、耐磨等优点；内层具有低熔点、黏附力好、防水密封和机械应变缓冲性能等优点。含胶热缩管可用于电子设备的接线密封，多股线束的密封、电线电缆分支处的密封、金属管线的防腐及水泵的接线，用于防水和防漏气。

（2）热缩管的特点

热缩管的使用比较普遍，因为热缩管主要有以下特点：

1）热缩管的耐热性、电绝缘性能及力学性能较好。

2）热缩管具有无毒性，对人体和环境不会产生毒害影响，符合环保要求。

3）热缩管具有优良的阻燃、绝缘性能，且非常柔软有弹性，另外热缩管的收缩温度低、收缩快，被广泛应用。

（3）热缩管的使用

热缩管被广泛应用于各种电池、线束、电感元件、焊点的绝缘保护，伸缩杆及金属管、棒的防锈、防蚀。在使用热缩管时，应注意以下事项：

1）收缩量较少时，可使用酒精灯和热风枪加热热缩管，进行加热收缩。

2）收缩量较多时，可使用水蒸气及烘箱加热热缩管，进行加热收缩。

3）根据被包裹物的大小，选用合适直径的热缩管。

4）管理好加热设备，防止烫伤。

◈ 任务实施

一、常用电工工具的使用

1. 目的
掌握验电笔、螺钉旋具、剥线钳、钢丝钳、电工刀的正确使用方法。

2. 器材与工具（见表 2-4-1）

表 2-4-1　器材与工具

名　称	数　量
验电笔	1 个
螺钉旋具	1 把
剥线钳	1 把
钢丝钳	1 把
电工刀	1 把
导线	若干

3. 内容及步骤
用低压验电器按表 2-4-2 进行测试：

表 2-4-2　测试步骤

序号	内容	步骤	考核标准
1	相线、中性线的区别	在交流电路中,正常情况下,当验电器触及相线时,氖管会发亮;触及中性线时,氖管不会发亮	1. 握笔是否正确 2. 判断是否正确
2	电压高低的区别	氖管发亮的强弱由被测电压高低决定,电压高,氖管亮,反之则暗	判断是否正确
3	直流电、交流电的区别	交流电通过验电笔时,氖管中的两个电极同时发亮;直流电通过验电笔时,氖管中只有一个电极发亮。	判断是否正确
4	确定直流电的正负极	把验电笔连接在直流电的正负极之间,氖管发亮的一端即为直流电的负极	判断是否正确
5	相线碰壳识别	用验电笔触及未接地的用电器金属外壳时,若氖管发亮强烈,则说明该设备有碰壳现象;若氖管发亮不强烈,搭接接地线后亮光消失,则该设备存在感应电	判断是否正确
6	相线接地的识别	在三相三线制星形交流电路中,用验电笔触及相线时,有两根比通常稍亮,另一根稍暗,说明亮度暗的相线有接地现象,但不太严重。如果有一根不亮,则这一相已完全接地。在三相四线制电路中,当单相接地后,中性线用验电笔测量时,也可能发亮	判断是否正确
7	螺钉旋具使用练习	螺钉旋具使用练习	1. 握法是否正确 2. 使用步骤是否正确
8	剥线钳使用练习	用剥线钳对废旧电线做剖削练习	1. 工具选择是否正确 2. 使用步骤是否正确
9	钢丝钳使用练习	钢丝钳使用练习	1. 工具选择是否正确 2. 使用步骤是否正确
10	电工刀使用练习	用电工刀对废旧塑料单芯硬线做剖削练习	1. 方法是否正确 2. 工艺是否合格

4. 完成实训任务单

二、常用电工仪表的使用

1. 目的

掌握电压表、电流表、万用表、钳形电流表、绝缘电阻表、电能表的正确使用方法。

2. 器材与工具（见表 2-4-3）

表 2-4-3　器材与工具

名　称	数　量
交、直流电压表	1 块
交、直流电流表	1 块
数字式万用表	1 块
钳形电流表	1 块
绝缘电阻表	1 块
电能表	1 块
导线	若干

3．内容及步骤

1）用低压验电器按表2-4-4要求进行测试：

表2-4-4 测试步骤

序号	内容	步 骤	考 核 标 准
1	交、直流电压测量	练习用电压表测量交、直流电压	1．接线是否正确 2．读数是否正确
2	交、直流电流测量	练习用电流表测量交、直流电流	1．接线是否正确 2．读数是否正确
3	万用表使用	1．练习用万用表的正确档位测量交、直流电压、电流 2．练习用万用表电阻档测量电阻	1．能否正确使用档位、量程 2．能否正确接线、读数
4	钳形电流表使用	练习用钳形电流表测量交流电流	1．能否正确使用档位、量程 2．握法正确
5	绝缘电阻表使用	练习用绝缘电阻表测量单相变压器、三相异步电动机绕组对外壳的绝缘电阻	能否正确使用绝缘电阻表
6	电能表安装	练习电能表的安装	能否正确使用和安装电能表

2）数字式万用表操作方法：

◇ 电路通断测试

将黑表笔插入"COM"插座，红表笔插入"VΩmA"插座中，将量程开关转至" ·))) "档，将表笔连接到待测线路的两点，如果两点之间的电阻值低于1.5kΩ，则内置蜂鸣器发声，表明这两点电路之间是导通的。

◇ 直流电压测量

① 将黑表笔插入"COM"插座，红表笔插入"VΩmA"插座。

② 将量程开关旋转至相应的直流电压量程上（"DCV"），然后将测试表笔跨接在被测电路上，红表笔所接的该点电压与极性显示在屏幕上。

注意：

① 在测量前应预先估计测量电压值的大小，然后选择合适的量程。如果事先对被测电压范围没有概念，应将量程开关旋转到最高的档位，然后根据显示值转至相应档位上。

② 如屏幕显示"1."，表明已超过量程范围，需将量程开关转至较高档位上。

◇ 交流电压测量

① 将黑表笔插入"COM"插座，红表笔插入"VΩmA"插座。

② 将量程开关旋转至相应的交流电压量程上（"ACV"），然后将测试表笔跨接在被测电路上，红表笔所接的该点电压与极性显示在屏幕上。

注意事项同上。

◇ 直流电流测量

① 将黑表笔插入"COM"插座，当被测电流不超过250mA时，红表笔插入"VΩmA"插座中，如果被测电流在250mA和10A之间，则将或红表笔插入"10A"插座中。

② 将量程开关旋转至相应的直流电流量程上（"DCA"），然后将测试表笔串联接入被测电路上，被测电流值及红色表笔点的电流极性将同时显示在屏幕上。

注意：

① 如果被测电流范围事先不知道，将量程开关置于最大量程，然后逐渐降低直至取得满意的分辨力。

② 在测量 10A 时要注意，连续测量大电流将会使电路发热，影响测量精度甚至损坏仪表。

◇ 电阻测量

① 将黑表笔插入"COM"插座，红表笔插入"VΩmA"插座中。

② 将量程开关旋转至相应的电阻量程上（"Ω"），然后将测试表笔跨接在被测电路上。

注意：如果电阻值超过所选的量程值，则会显示"1."，这时应将开关转至较高档位上；当测量电阻值超过 1MΩ 以上时，读数需几秒才能稳定，这在测量高阻时是正常的。

③ 测量在线电阻时，要确认被测电路所有电源已关断及所有电容都已完全放电，才可进行。

4. 完成实训任务单

任务巩固

2-1　如何正确使用氖管式验电笔？

2-2　钢丝钳的结构和各部分作用是什么？

2-3　如何正确使用燃油喷灯？

2-4　如何正确选用电压表？

2-5　使用电流表时，须注意什么？

2-6　如何使用数字式万用表测量线路的通断？

2-7　相对普通电流表，钳形电流表的优点是什么？

2-8　如何使用绝缘电阻表测量线路对地的绝缘电阻？

2-9　单相电能表的接线方式是怎样的？

2-10　十字形单股导线线头如何连接？

2-11　T 字形多股导线线头如何连接？

2-12　如何把导线与平压式接线桩连接？

2-13　如何包缠一字形接头的绝缘？

2-14　使用热缩管的注意事项有哪些？

任务3
电路常用元件的识别与检测

任务描述

电路是各种电气元件按一定的方式连接起来的总体。在人们的日常生活和生产实践中，电路无处不在，种类繁多，其功能和分类方法也很多，但几乎都是由各种基本电路组成的。本任务针对基本电路中常用元件的识别与检测，介绍直流电路的基本知识。

能力目标

1）能对电阻、电感及电容进行识别与检测。
2）能分析基本电路，判定电位高低。
3）能对直流电路进行分析，正确计算电路中的各物理量。
4）会正确使用各种电工仪表。

相关知识

1）电路模型及基本物理量。
2）电路元件识别与检测。
3）电路中电位图的绘制。
4）基尔霍夫定律验证。

任务3.1 分析电路模型

一、电路组成

电路是电流通过的路径，它是由一些电气设备和元器件按一定方式连接而成的。电路按其用途不同，可分为复杂电路和简单电路。但不管电路有多复杂或有多简单，其作用有两种：一种作用是实现电能的传输和转换；另一种作用是实现信号的传递和处理。

把干电池和灯泡经过开关用导线连接起来，就构成了一个电路，如图3-1-1所示为常见的手电筒电路。电路中的干电池即为电源，灯泡为负载，而把电源和负载连接起来的开关及导线，是中间环节。

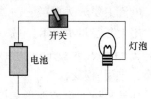

图 3-1-1 手电筒电路

组成电路的基本部件如下：

1）电源。把其他形式的能量转换成电能，是电路中电能的来源。常用的电源有干电池、蓄电池和发电机等，例如干电池将化学能转换成电能，发电机将机械能转换成电能等。电源在电路中起激励作用，在它的作用下产生电流与电压。

2）负载。是电路中的用电设备，它把电能转换成为其他形式的能量。例如白炽灯将电能转换成热能和光能，电动机将电能转换成机械能等。常用的电灯、电动机、电炉、扬声器等都是电路中的负载。

3）中间环节。中间环节在电路中起着传递电能、分配电能和控制整个电路的作用。中间环节即开关和连接导线；一个实用电路的中间环节通常还有一些保护和检测装置，复杂的中间环节可以是由许多电路元件组成的网络系统。

二、电路模型

为了便于研究各类具体的电路，电工技术中，在一定条件下对实际元件加以理想化，只考虑其中起主要作用的电性能，这种电路元件简称为理想电路元件。例如，电阻元件是一种只消耗电能的元件，就是电阻器、电烙铁、电炉等实际电路元件的理想元件，称为模型。因为是在低频电路中，这些实际元件所表现的主要特征是把电能转化为热能，所以可以用"电阻元件"这样一个理想元件来反映消耗电能的特征。同样，电感元件是表示其周围空间存在着磁场而可以存储磁场能量的元件，在一定条件下，"电感元件"是线圈的理想元件；电容元件是表示其周围空间存在着电场而可以存储电场能量的元件，在一定条件下，"电容元件"是电容器的理想元件。

由理想元件构成的电路，称为实际电路的"电路模型"。例如，图 3-1-2 所示为手电筒电路的电路模型，在电路图中，电源部分用电动势 E 和内阻 R_0 表示，而作为负载的灯泡则用一个电阻 R 表示。电动势 E 的方向在电源内部是从低电位（电源负极）指向高电位（电源正极），输出电压 U 的方向是从高电位指向低电位，而电流 I 的方向在外电路是从高电位通过负载流向低电位，在内电路是从低电位流向高电位。

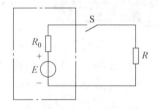

图 3-1-2 手电筒电路的
电路模型

三、电路的基本物理量

研究电路的基本规律，首先应掌握电路中的基本物理量：电流、电压、电位和电功率。

1. 电流

电流是单位时间内通过导体单位横截面的电荷量。电流的单位是安培（A），简称为安。实际应用中，大电流用千安（kA）表示，小电流用毫安（mA）或微安（μA）表示。

电流主要分为两类：一类为大小和方向均不随时间变化的电流，为恒定电流，简称直流，用大写字母 I 表示，另一类为大小和方向均随时间变化的电流，为变化电流，用小写字母 i 或 $i(t)$ 表示。在一个周期内电流的平均值为零的周期性变化电流称为交变电流，简称交流，也用 i 表示。

几种常见的电流波形如图 3-1-3 所示，图 3-1-3a 为直流，图 3-1-3b、c 为交流。

将电流的实际方向规定为正电荷运动的方向。在分析电路时，对于复杂的电路，由于无

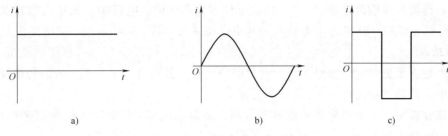

图 3-1-3 几种常见电流的波形

法确定电流的实际方向，或在交流电路中由于电流的方向是随时间变化的，它的实际方向也不能确定，为此，在分析电流时可以先假定一个方向，并称之为参考方向。电流的参考方向通常用带有箭头的线段表示，箭头所指方向表示电流的流动方向。

当电流的实际方向与参考方向一致时，电流的数值就为正值（即 $I>0$），如图 3-1-4a 所示。图中带箭头的实线段为电流的参考方向，虚线段为电流的实际方向（下同）。反之，当电流的实际方向与参考方向相反时，则电流的数值为负值（即 $I<0$），如图 3-1-4b 所示。

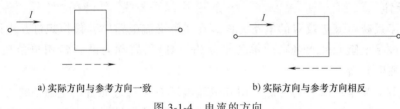

a) 实际方向与参考方向一致　　　　b) 实际方向与参考方向相反

图 3-1-4 电流的方向

2. 电压

电压是电路中既有大小又有方向（极性）的基本物理量。直流电压用大写字母 U 表示，交流电压用小写字母 u 表示。电压的单位是伏特（V），简称为伏。高电压用千伏（kV）表示，低电压可用毫伏（mV）或微伏（μV）表示。

电压的方向规定为从高电位指向低电位，在电路图中可用箭头来表示。在比较复杂的电路中，往往不能事先知道电路中任意两点间的电压，为了分析和计算的方便，也采用任意选定电压参考方向的办法。先按选定的电压参考方向进行分析、计算，再由计算结果中电压值的正负来判断电压的实际方向与任意选定的电压参考方向是否一致，若电压值为正，则实际方向与参考方向相同，电压值为负，则实际方向与参考方向相反。

3. 电位

在电路中任选一点为电位参考点（即零电位点），则某点到电位参考点的电压称为这一点（相对于电位参考点）的电位。如 A 点的电位为 V_A。当选择 O 点为电位参考点时，则

$$V_A = U_{AO} \tag{3-1-1}$$

电压是针对电路中某两点而言的，与路径无关。所以

$$U_{AB} = U_{AO} - U_{BO} = V_A - V_B \tag{3-1-2}$$

这样，A、B 两点间的电压，就等于该两点电位之差。电路中各点电位的高低是相对的，如果没有一个共同的参考点作标准，就无法确定电路中各点的电位，也无从比较各点电位的高低。通常在分析电路时先选定一个参考点，认为参考点的电位为零，电路中其他各点的电位均与参考点（零电位点）相比较而定。在生产实践中，把地球作为零电位点，凡是

机壳接地的设备，接地符号是"⊥"，机壳电位即为零电位。电路中，凡是比参考点电位高的各点电位是正电位，比参考点电位低的各点电位是负电位。

4. 电功率

电功率是指单位时间内电路元件上能量的变化量，是具有大小和正负值的物理量。电功率简称功率，其单位是瓦特（W），简称为瓦。

在电路分析中，采用的多是关联参考方向，通常用电流 i 与电压 u 的乘积来描述功率。则功率的计算公式为

$$p = ui \tag{3-1-3}$$

若 $p>0$，则该元件吸收（或消耗）功率；若 $p<0$，则该元件发出（或供给）功率。

任务 3.2 电路元件的识别

一、电路元件

1. 电阻元件

电阻是用于反映电流热效应的电路元件。在实际交流电路中，像白炽灯、电阻炉和电烙铁等，均可看成是电阻元件。电阻的单位是欧姆（Ω），简称为欧。常用单位还有 kΩ（千欧）或 MΩ（兆欧）等。

电阻元件对电流呈现阻力的性能可用其二端电压 U 与通过元件的电流 I 的关系表示，这种关系称为伏安特性。如图 3-2-1a 所示，当电阻元件上的电压 u 与电流 i 取关联方向时，通过电阻元件的电流与端电压成正比，而与电阻 R 成反比，欧姆定律表示为

$$I = \frac{U}{R} \tag{3-2-1}$$

满足欧姆定律的电阻为线性电阻，它的电压和电流关系在直角坐标系上是一条通过原点的直线。

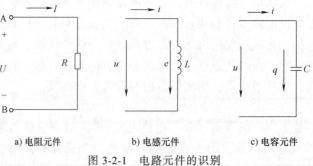

a) 电阻元件　　　　　b) 电感元件　　　　　c) 电容元件

图 3-2-1　电路元件的识别

2. 电感元件

电感是用于反映电流周围存在磁场，能够存储和释放磁场能量的电路元件。典型的电感元件是电阻为零的线圈，若线圈中无铁磁物质（即空心），称为线性线圈，如图 3-2-1b 所示。

$$u = -e_i = L\frac{\mathrm{d}i}{\mathrm{d}t} \tag{3-2-2}$$

式（3-2-2）表明，电感元件上任一瞬间的电压大小，与这一瞬间电流对时间的变化率成正比。若电感元件中通过的是直流电流，因电流的大小值不变化，即 $\dfrac{di}{dt}=0$，那么电感上的电压就为零，所以电感元件对直流电路可视为短路。

电感是一种储能元件。当通过电感的电流增加时，电感元件就将电能转换为磁能并储存在磁场中；当通过电感的电流减小时，电感元件就将储存的磁能转换为电能释放给电源。因此，在电感中的电流发生变化时，它能进行电能与磁能的互换，如果忽略线圈导线中电阻的影响，那么电感本身是不消耗电能量的。

3. 电容元件

电容是用于反映带电导体周围存在电场，能够储存和释放电场能量的电路元件，简称为电容器。电容器种类很多，但从结构上都可看成是由中间夹有绝缘材料的两块金属极板构成的。它的符号及规定的电压和电流参考方向如图 3-2-1c 所示。当电容接上交流电压 u 时，极板上的电荷也随之变化，电路中便出现了电荷的移动，形成电流 i。则有

$$i=\frac{dq}{dt}=C\frac{du}{dt} \tag{3-2-3}$$

式（3-2-3）表明，电容器的电流与电压对时间的变化率成正比。当电压恒定，即 $\dfrac{du}{dt}=0$ 时，电容上的电流为零，故电容器对直流可视为断路，称之为"隔直"作用，即不允许直流电流通过。对于交流，电容器会有电流通过，称之为"通交"作用。

电容器也是一种储能元件。当两端的电压增加时，电容元件就将电能存储在电场中；当电压减小时，电容器就将存储的能量释放给电源。因此，电容器通过加在两端的电压的变化来进行能量转换。

4. 电源元件

用于向电路发出电流（或电压）的装置，称为电源。电源的种类很多，能够向电路独立发出电压或电流的电源，称为独立电源，如化学电池、太阳电池或发电机等。独立电源按其外部特性，分为电压源和电流源两种类型。

（1）电压源

电压源是用于向外电路提供稳定电压的一种电源装置。电压源模型用电动势 E 和内阻 R_0 串联组合表示，如图 3-2-2a 所示的点画线框部分，电动势的参考方向习惯上用"+"和"−"极性表示。电压源两端接上负载 R 后，负载上就有电流 I 和电压 U，分别称为输出电流和电压。在图 3-2-2a 中，电压源的外特性方程为

$$U=E-IR_0 \tag{3-2-4}$$

由此可画出电压源的外部特性曲线，如图 3-2-2b 所示的实线部分，它是一条具有一定斜率的直线段。其中，当负载断路（即 $R=\infty$）时，电路具有断路状态的特点，直线交于纵轴，即 $U=E$，$I=0$；当负载被短路（即 $R=0$）时，电路具有短路状态的特点，直线交于横轴，即短路电流 $I_{SC}=\dfrac{E}{R_0}$，$U=0$；当 R 变化时，输出电压随输出电流的增加而降低，被降掉部分的电压就是内压降 IR_0。

由此可见，若 R_0 越小，U 随 I 的变化就越平坦。当 $R_0=0$ 时，U 不再随 I 的改变而发生

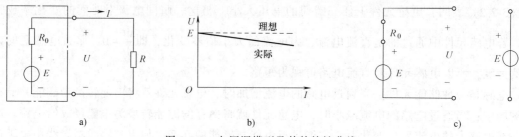

图 3-2-2　电压源模型及其外特性曲线

变化, 恒等于电动势 E, 这种情况的电源称为理想电压源, 简称恒压源。它的外部特性如图 3-2-2b 所示的虚线部分, 为一条平行于横轴的直线。理想电压源的模型如图 3-2-2c 所示, 其内阻 R_0 用短路线替代, 表示 $R_0=0$。理想电压源实际上是不存在的, 只是当实际的电压源内阻 $R_0 \ll R$ (负载电阻) 时, 内压降可忽略不计, 那么这种电压源就视为理想电压源。

（2）电流源

电流源是用于向外电路提供稳定电流的一种电源装置, 用电流 I_S (为恒定值) 和内阻 R_S 并联组合的模型表示, 如图 3-2-3a 所示的点画线框部分。它的外部特性方程可用以下公式计算:

$$I=I_S-\frac{U}{R_S} \text{或} U=I_S R_S-I R_S \tag{3-2-5}$$

由此可画出电流源的外部特性曲线, 如图 3-2-3b 所示的实线部分。当 $R=\infty$ 时, 电路处于断路状态, 曲线交于纵轴, 即 $U=I_S R_S$, $I=0$; 当 $R=0$ 时, 电路处于短路状态, 曲线交于横轴, 即 $I=I_S$, $U=0$; 当 $0<R<\infty$ 变化时, 输出电压同样随着电流的增加而降低。若 $R_S=\infty$ 时, I 不再随 R 的变化而发生改变, 而是恒等于电流值 I_S, 这种情况的电源称为理想电流源, 简称为恒流源, 它的符号如图 3-2-3c 所示。其中内阻 R_S 用开路元件替代, 外部特性是一条平行于纵轴的直线, 如图 3-2-3b 所示的虚线。理想电流源实际也是不存在的, 只是当 $R_S \gg R_\infty$ 而忽略电源内阻的分流作用时, 该电流源才被视为理想电流源。

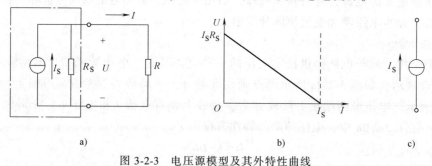

图 3-2-3　电压源模型及其外特性曲线

二、电阻器

电阻器的主要作用是限流、分流、降压、分压、负载、阻抗匹配、阻容滤波等, 电阻器是电路元件中应用最广泛的一种。

1. 电阻器的分类

电阻器有多种分类方式, 按结构可分为固定电阻器、可变电阻器 (电位

数字万用
表测电阻

器）和敏感电阻器。按材料和工艺可分为膜式电阻器、实心电阻器、线绕电阻器等。常用电阻器的外形如图 3-2-4 所示。

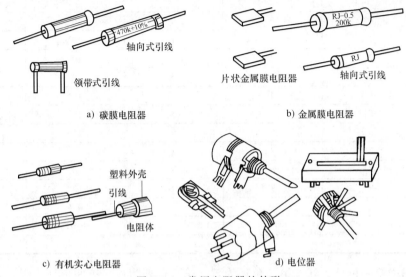

a) 碳膜电阻器   b) 金属膜电阻器

c) 有机实心电阻器   d) 电位器

图 3-2-4　常用电阻器的外形

固定电阻器简称为电阻器。可变电阻器分为滑线式变阻器和电位器，常用于调节电路。敏感电阻器有光敏电阻、热敏电阻、压敏电阻、气敏电阻等，它们均利用材料电阻率随物理量变化的特性制成，多用于控制电路。新型的电阻元件是片状电阻器，也称为表面安装电阻元件，是由陶瓷基片、电阻膜、玻璃釉保护层和端头电极组成的无引线结构电阻元件。这种片状的新型电阻元件具有体积小、重量轻、性能优良、温度系数小、阻值稳定可靠性强等优点，但其功率一般都不大。

2. 电阻器的主要参数

电阻器的主要参数有标称阻值和误差、标称功率、最高工作温度、极限工作电压、稳定性、噪声电动势、高频特性和温度特性等。

当选择在电路使用的电阻器时，它的阻值并不是唯一被考虑的参数。电阻器的误差和功率也同样重要。在简单的电子制作中，我们一般主要考虑标称阻值、误差、标称功率等几个主要参数。电阻器的标称阻值是指在电阻器上面标的电阻值。标称功率是指电阻器在规定的环境温度和湿度下长期连续工作，电阻器所允许消耗的最大功率。

标志电阻器的阻值和误差的方法有两种：①直标法；②色标法（固定电阻用）。直标法是用数字直接标注在电阻上，如图 3-2-5 所示。色标法是用不同颜色的色环来表示电阻的阻值和误差，各色环颜色所代表的含义见表 3-2-1 所示。

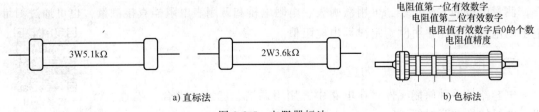

a) 直标法   b) 色标法

图 3-2-5　电阻器标法

表 3-2-1　五色环表

颜色	第一色环 第一位数	第二色环 第二位数	第三色环 倍数	第四色环 误差	第五色环 误差
黑	0	0	0	10^0	
棕	1	1	1	10^1	±1%
红	2	2	2	10^2	±2%
橙	3	3	3	10^3	
黄	4	4	4	10^4	
绿	5	5	5	10^5	±0.5%
蓝	6	6	6	10^6	±0.25%
紫	7	7	7	10^7	±0.1%
灰	8	8	8	10^8	±0.05%
白	9	9	9	10^9	
金			0.1		±5%
银			0.01		±10%
无色					±20%

　　例如，图中第一色环为红、第二色环为黄、第三色环为橙、第四色环为银，则电阻阻值为 $243×0.01kΩ = 2.43kΩ$。

3. 电阻器的选用和测量

　　表 3-2-2 给出几种常见电阻器的结构与特点，可供选用时参考。

表 3-2-2　常见电阻器的结构与特点

电阻器的类别	型号	应 用 特 点
碳膜电阻器	RT 型	性能一般，价格便宜，大量应用于普通电路中
金属膜电阻器	RJ 型	与碳膜电阻相比，体积小，噪声低，稳定性好，但成本较高，多用于要求较高的电路中
金属氧化膜电阻器	RY 型	与金属膜电阻相比，性能可靠，过载能力强，功率大
实心碳质电阻器	RS 型	过载能力强，可靠性较高。但噪声大，精度差，分布电容、电感大，不适宜要求较高的电路
线绕电阻器	RX 型	阻值精确，功率范围大，工作稳定可靠，噪声小，耐热性能好，主要用于精密和大功率场合。但其体积较大，高频性能差，时间常数大，自身电感较大，不适用于高频电路
碳膜电位器	WT 型	阻值变化和中间触头位置的关系有直线式、对数式和指数式三种，有的和开关组成带开关电位器。碳膜电位器应用广泛
线绕电位器	WX 型	用电阻丝在环状骨架上绕制而成。其特点是阻值变化范围小，寿命长，功率大

　　测量电阻的方法很多，可用欧姆表、电阻电桥和万用表电阻档直接测量，也可通过测量电阻的电流和电压再由欧姆定律算出电阻值。

三、电容器

　　电容器是一种储能元件，在电路中，用于调谐、滤波、耦合、隔直、旁路、能量转换和延时等。

数字万用表测电容

1. 电容器的类别

电容器按其电容量是否可调分为固定电容器、半可变电容器、可变电容器三种。按其所用介质分为金属化纸介电容器、钽电解电容器、云母电容器、薄膜介质电容器、瓷介电容器等。几种常见电容器的外形如图 3-2-6 所示。

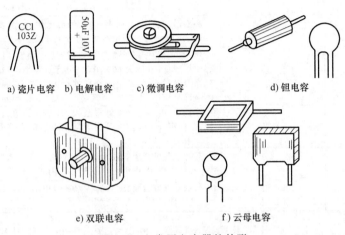

图 3-2-6 常用电容器的外形

固定电容器简称为电容器。半可变电容器又称为微调电容器或补偿电容器，其特点是电容器可在小范围内变化（几皮法~几十皮法，最高可达 100pF）。可变电容器的电容量可在一定范围内连续变化，它们由若干片形状相同的金属片并接成一组（或几组）定片和一组（或几组）动片，动片可以通过转轴转动，以改变动片插入定片的面积，从而改变电容量。

2. 电容器的主要参数

电容器的主要参数为标称电容量、允许误差和额定工作电压等。标称电容量是指电容器上标出的名义电容量值。允许误差为实际电容量与标称电容量之间允许的电容量最大偏差范围。额定工作电压是电容器在规定的工作温度范围内，长期、可靠地工作所能承受的最高电压。

电容器的标识方法有三种：一是直标法；二是数码法；三是色标法。

1）直标法。将电容器的电容量、耐压及误差直接标注在电容上。

2）数码法。用三位数字来表示电容量的大小，单位为 pF。前两位为有效数字，第三位表示倍率，即乘以 10^i，i 的取值范围是 1~9，但 9 表示 10^{-1}。例如，333 表示 33000pF 或 0.033μF；229 表示 2.2pF。

3）色标法与电阻器的色环表示法类似，其各色环颜色所代表的含义与电阻色环完全一样，单位为 pF。

3. 电容器的选用及测试

电容器的种类繁多，性能指标各异，合理选用电容器对实际电路很重要。对于一般电路，可选用瓷介电容器；对于要求较高的中高频、音频电路，可选用涤纶或聚苯乙烯电容器。例如，谐振回路要求介质损耗小，可选用高频瓷介或云母电容器；电源滤波、退耦、旁路可选用铝或电解电容器。常用电容器的性能特点如表 3-2-3 所示，应根据电路要求进行选择。

表 3-2-3　几种常用电容器的性能特点

电容器的类别	型　号	应 用 特 点
铝电解电容器	CD 型	有极性之分。电容量大,耐压高,电容量误差大,且随频率而变动,绝缘电阻低,漏电流大
钽解电容器 铌解电容器	CA 型 CN 型	有极性之分。体积小,电容量大,耐压高,性能稳定,寿命长,绝缘电阻大,温度特性好;但成本高,用在要求较高的设备中
云母电容器	CY 型	高频性能稳定,介质损耗小,绝缘电阻大,温度系数小,耐压高(从几百伏~几千伏);但电容量小(从几十皮法~几万皮法)
瓷介电容器	CC 型	体积小,损耗小,绝缘电阻大,温度系数小,可工作在超高频范围;但耐压较低(一般为 60~70V),电容量较小(一般为 1~1000pF)。为提高电容量,采用铁电陶瓷和独石为介质,其容量分别可达 680pF~0.047μF 和 0~几微法,但其温度系数大,损耗大,电容量误差大
纸介电容器	CZ 型	体积小,电容量可以做得较大,且结构简单,价格低廉。但介质损耗大,稳定性不高。主要用于低频电路的旁路和隔直电容。其电容量一般为 10~100pF
金属化纸介电容器	CJ 型	其性能与纸介电容器相仿。但它有一个最大特点是被高电压击穿后,有自愈作用,即电压恢复正常后仍能工作
(苯)有机薄膜电容器 (涤)有机薄膜电容器	CB 型 CL 型	与纸介电容器相比,它的特点是体积小,耐压高,损耗小,绝缘电阻大,稳定性好;但温度系数大

　　电容器装接前应先进行测量,看其是否短路、断路或漏电严重。利用万用表的电阻档就可以简单地测量。具体方法是:容量大于 $100\mu F$ 的电容器用 $R\times100$ 档测量;容量在 $1\sim100\mu F$ 以内的电容器用 $R\times1k$ 档测量;容量更小的电容器用 $R\times10k$ 档测量。对于极性电容器,将黑表笔接电容器的正极,红表笔接电容器的负极,若表针摆动大,且返回慢,返回位置接近 ∞,说明该电容器正常,且电容量大;若表针摆动大,但返回时,表针显示的欧姆值较小,说明该电容器漏电电流较大;若表针摆动很大,接近于 0Ω,且不返回,说明该电容器已击穿;若表针不摆动,则说明该电容器已开路,失效。对于非极性电容器,两表笔接法随意。另外,如果需要对电容器再一次测量,必须将其放电后才能进行。

　　对于要求更精确的测量,我们可以用交流电桥和 Q 表(谐振法)来测量,这里不做介绍。

四、电感器

　　电感器是利用电磁感应原理制成的元件,通常分两类:一类是应用自感作用的电感线圈;另一类是应用互感器作用的耦合电感。电感器的应用范围很广,它在调谐、振荡、匹配、耦合、滤波、陷波等电路中都是必不可少的。由于电感器工作频率、功率、功用等的不同,使其结构多种多样。　一般电感器是由漆包线在绝缘骨架上绕制的线圈,作为存储磁能的元件。为了增加电感量,提高品质因数和减小体积,通常在线圈中加入软磁性材料的磁心。

1. 电感器的类别

　　根据电感器的电感量是否可调,电感器分为固定、可变和微调电感器。常见电感器的外形如图 3-2-7 所示。

　　可变电感器的电感量可利用磁心在线圈内移动而在较大的范围内调节。它与固定电容器配合应用于谐振电路中起调谐作用。

　　微调电感器可以满足整机调试的需要和补偿电感器生产中的分散性,一次调好后,不再变动。

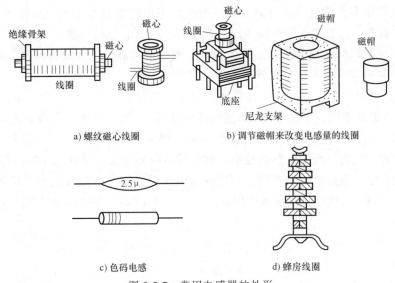

a) 螺纹磁心线圈　　　　　b) 调节磁帽来改变电感量的线圈

c) 色码电感　　　　　　d) 蜂房线圈

图 3-2-7　常用电感器的外形

除此之外，还有一些小型电感器，如色码电感器、平面电感器和集成电感器，可满足电气设备小型化的需要。

2. 电感器的主要参数

电感器的主要参数为电感量、品质因数和额定电流等。电感量是指电感器通过变化电流时产生感应电动势的能力。其大小与磁导率 μ、线圈几何尺寸和匝数等有关。品质因数为线圈中存储能量和消耗能量的比值，通常用 $Q = \omega L/R$ 来表示，它反映电感器传输能量的效能。Q 值越大，损耗越小，传输效能越高，一般要求 $Q = 50 \sim 300$。额定电流主要对高频电感器和大功率电感器而言。通过电感器的电流超过额定值时，电感器将会发热，严重时会烧坏。

3. 电感器的选用及测试

根据电路要求选择电感器的类型、电感量、误差及品质因数；根据电路工作电流选择电感器的额定电流。如选电感器时，首先应明确其使用频率范围，如铁心线圈只能用于低频，一般铁氧体线圈、空心线圈可用于高频；再考虑电感量、误差及品质因数等。

线圈是磁感应元件，它对周围的电感性元件有影响。安装时一定要注意电感性元件之间的相互位置，一般应使相互靠近的电感线圈的轴线互相垂直，必要时可在电感性元件上加屏蔽罩。

用万用表电阻档，测量电感线圈的直流电阻 R，并与其技术指标相比较：若阻值比规定的阻值小得多，则说明线圈存在局部短路或严重短路情况；若阻值很大或表针不动，则表示线圈存在断路。也可以用电桥法、谐振回路法测量。常用测量电感的电桥有海氏电桥和麦克斯韦电桥。这里不做详细介绍。

任务3.3　电位、电压测定

一、电位的计算

电路中某一点的电位，必须先在电路中选定某一点作为电位参考点。只有选定了参考点以后，讨论电路中某点的电位才有意义。一般选取零电位点为参考点。如图 3-3-1 所示，取 d 点作为电位参考点，参考点的电位 $V_d = 0$，其他各点的电位都与这一点进行比较，比它高的电位为正，比它低的电位为负。正数值越大，则电位越高，而负数值越大，电位越低。实际上，电路中某一点的电位就等于该点与参考点之间的电压。

结论：1）电路中某一点的电位在数值上等于该点与参考点之间的电位差；

2）参考点选择不同，电路中的电位值也随之发生变化，但是任意两点之间的电位差是不变的。所以在电路中，各电位的高低是相对的，而两点之间的电位差是绝对的。

在电子电路中，为了简化电路的绘制，常采用电位标注法，可将图 3-3-1 简化为图 3-3-2。简化方法：先确定电路的电位参考点，再用标明电源端极性及电位数值的方法表示电源的作用，然后略去电路中的地线，用接地点代替，并标注接地符号，省去电源与接地点的连线。

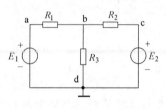

图 3-3-1　参考电路图

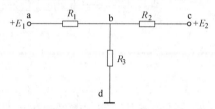

图 3-3-2　图 3-3-1 简化图

[例 3-1]　计算图 3-3-3 电路中 B 点的电位。

解：完整电路如图 3-3-3b 所示，计算电路中的电流

$$I = \frac{V_A - V_C}{R_1 + R_2} = \frac{6V - (-9)V}{50k\Omega + 100k\Omega} = 0.1mA$$

因为　$U_{AB} = V_A - V_B$

所以　$V_B = V_A - U_{AB} = 6V - 0.1 \times 50V = 1V$

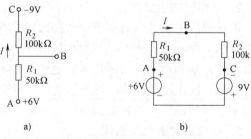

图 3-3-3　例 3-1 电路图

二、基尔霍夫定律

基尔霍夫定律是电路中电流和电压遵循的基本规律，是分析和计算电路的基础。在研究基尔霍夫定律之前，先介绍几个有关电路的名词。

1）节点：电路中，三条或三条以上导线的汇聚点称为节点，如图 3-3-4 所示的 b、e 两点。

2）支路：任意两个节点之间无分叉的分支电路称为支路，如图 3-3-4 所示的 bafe、be、bcde 三条支路。

3）回路：电路中任一闭合路径称为回路，如图 3-3-4 所示的 abefa、bcdeb、abcdefa 都是回路。

4）网孔：不包围任何支路的单孔回路称为网孔。图 3-3-4 所示的 abefa 和 bcdeb 都是网孔，而 abcdefa 不是网孔。

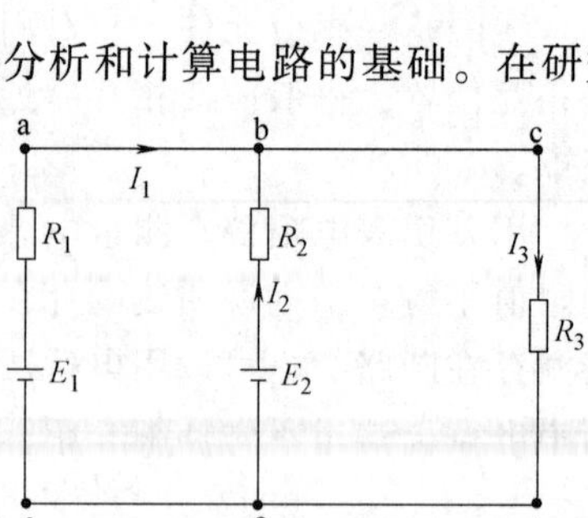

图 3-3-4　节点、支路、
回路、网孔

1. 基尔霍夫电流定律（KCL）

电路中，在任一瞬间，流入一个节点的电流之和等于从这个节点流出的电流之和。对于

图 3-3-5 所示的节点 a 来说，有 $I_1+I_3+I_5=I_2+I_4$。

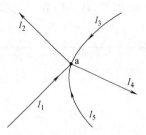

如果规定流出节点的电流取"–"号，流入节点的电流取"+"号，则有

$$I_1-I_2+I_3-I_4+I_5=0 \qquad (3\text{-}3\text{-}1)$$

于是，可以把基尔霍夫电流定律写成一般形式

$$\sum I=0 \qquad (3\text{-}3\text{-}2)$$

图 3-3-5 基尔霍夫电流
定律示例

即对于电路中的任一节点，在任一瞬间，电流的代数和恒等于零。基尔霍夫电流定律是电路中连接到任一节点的各支路电流必须遵守的约束，而与各支路上的元件性质无关。这一定律对于任何电路都普遍适用。

2. 基尔霍夫电压定律（KVL）

在任一瞬间，对于电路中任一闭合回路，各部分电压的代数和恒等于零，即

$$\sum U=0 \qquad (3\text{-}3\text{-}3)$$

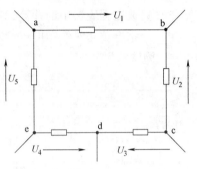

如图 3-3-6 所示的闭合回路中，沿 abcdea 顺序绕行一周，则有

$$U_1-U_2+U_3-U_4+U_5=0 \qquad (3\text{-}3\text{-}4)$$

图 3-3-6 基尔霍夫电压定律示例

各部分电压的正负号规定如下：按绕行方向（即为电压降的方向）经过一个电压时，该电压的方向与绕行方向一致，电压前取正号"+"，否则，取负号"–"。

🔧 任务实施

一、电位、电压的测量

1. 原理

在一个闭合电路中，各点电位的高低因电位参考点的不同而改变，但任意两点间的电位差（即电压）则是绝对的，它不因参考点的变动而改变。在电位图中，任意两个被测点的纵坐标值之差即为该两点之间的电压值。电位、电压的测量电路如图 3-4-1 所示。

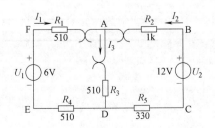
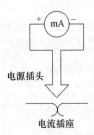

图 3-4-1 电位、电压的测量电路

2. 工具及仪表（见表 3-4-1）

表 3-4-1　工具及仪表

名　称	数　量
直流可调稳压电源(0~30 V)	2 台
万用表	1 块
直流数字电压表(0~200 V)	1 块
电位、电压测定实训电路板(DGJ-03)	1 块

3. 内容及步骤

1）根据测量电路，完成电位、电压的测量数据，记录在表 3-4-2 中。

2）根据实训数据，绘制两个电位图形，并对照观察各对应两点间的电压情况。

3）完成数据表格中的计算，对误差做必要的分析。

4）总结电位相对性和电压绝对性。

4. 测试结果

表 3-4-2　电位、电压的测量数据记录表

电位参考点	电位与电位差	V_A	V_B	V_C	V_D	V_E	V_F	U_{AB}	U_{BC}	U_{CD}	U_{DE}	U_{EF}	U_{FA}
A	计算值												
	测量值												
	相对误差												
D	计算值												
	测量值												
	相对误差												

二、直流电压、电流测量（基尔霍夫定律的测试）

（1）原理（见图 3-4-2）

（2）工具及仪表（见表 3-4-3）

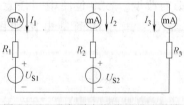

图 3-4-2　基尔霍夫定律的验证电路

表 3-4-3　工具及仪表

名　称	数量
基尔霍夫定律实训电路板	1 块
直流电源(输出 U_{S1}、U_{S2})	1 台
万用表	1 块
直流电流表	3 块

（3）实训内容及步骤

1）测量各支路电流。

2）测量各元件上的电压。

3）验证基尔霍夫定律。

（4）测试结果（见表 3-4-4）

表 3-4-4 基尔霍夫定律的验证数据记录表

测量项目	测量值 (单位:电流 mA、电压 V)						给定值	
	I_1	I_2	I_3	U_{R1}	U_{R2}	U_{R3}	U_{S1}	U_{S2}
理论计算值								
实际测量值								
验证基尔霍 夫定律	KCL	节点						
	KVL	回路 1						
		回路 2						

任务巩固

3-1 当流过电感元件的电流越大时,电感元件两端的电压是否也越大?

3-2 当电容两端电压为零时,其电流必为零吗?

3-3 一段导线,其电阻为 R,将其从中对折合成一段新的导线,则其电阻为多少?

3-4 电路如图 3-5-1 所示。

(1) 计算电流源的端电压;

(2) 计算电流源和电压源的电功率。

3-5 某电路的一部分如图 3-5-2 所示。已知汇交于 A 点的电流 $I_1 = 1.5A$、$I_2 = -2.5A$、$I_3 = 3A$,计算电流 I_4。

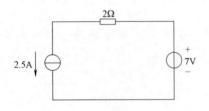

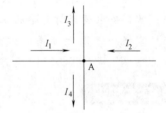

图 3-5-1 习题 3-4 图   图 3-5-2 习题 3-5 图

3-6 电路如图 3-5-3a、b 所示,写出电压 U 的表示式。

3-7 列写图 3-5-4 所示回路的 KVL 方程。

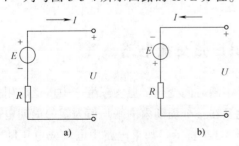

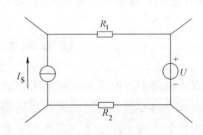

图 3-5-3 习题 3-6 图   图 3-5-4 习题 3-7 图

任务4
荧光灯电路的接线与测量

任务描述

荧光灯是常用的照明灯具,在工农业生产和生活中,占有重要地位。荧光灯电路主要由灯管、镇流器及辉光启动器三部分组成。荧光灯电路的模型是 RL 串联交流电路。在实际交流电路中,大多数交流负载都是感性的,由于感性负载的存在使得电路的功率因数较低,提高功率因数可以提高经济效益,有着非常重要的意义。

能力目标

1)理解正弦量的特征及各种表示方法。
2)会分析 R、L、C 串联电路。
3)学会使用交流电压表、交流电流表以及功率表测量线圈参数的方法。
4)掌握安装荧光灯电路的基本技能。
5)掌握功率因数提高的方法,会计算荧光灯电路提高功率因数所需并联的电容器容量。

相关知识

1)正弦交流电的基本概念和表示方法。
2)RLC 串联正弦交流电路的分析与计算。
3)提高功率因数的意义、方法。
4)交流电路电压、电流与功率的测量方法。

任务 4.1 认识正弦交流电路

直流电路中的电压和电流的大小和方向都不随时间变化,但实际生产中广泛应用的是一种大小和方向都随时间按一定规律周期性变化且在一个周期内的平均值为零的周期电流或电压,叫作交变电流或电压,简称交流电,如图 4-1-1 所示。如果电路中电流或电压随时间按正弦规律变化,叫作正弦交流电。一般所说的交流电指正弦交流电。

一、正弦交流电的三要素

随时间按正弦规律变化的电动势、电压、电流统称为正弦交流电,如图 4-1-2 所示。

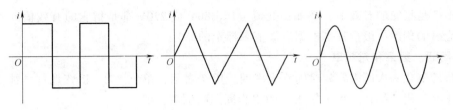

图 4-1-1　几种周期性交流电波形

现以正弦电压为例来说明正弦量的三要素，其一般数学表达式（解析式）为

$$u(t) = U_\mathrm{m}\sin(\omega t + \psi) \qquad (4\text{-}1\text{-}1)$$

式中，$u(t)$ 表示随时间 t 变化的电压变量，有时简写成 u；U_m 为电压变化的最大值，也称为幅值；$(\omega t + \psi)$ 称为正弦量的相位角，简称相位，其中 ω 为角频率，ψ 为初相位，简称初相。

显然，若 U_m、ω、ψ 一经确定，此正弦电压 $u(t)$ 的变化规律即可确定。若求在变化过程中某一时刻 t_1 的瞬时值，只要将 t_1 的值代入即可。因此，将上述幅值、角频率和初相位称为正弦量的三要素。

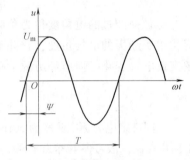

图 4-1-2　正弦交流电波形

1. 瞬时值、最大值和有效值

正弦量在任一瞬间的值称为瞬时值，用小写字母表示，如 e、i、u 分别表示电动势、电流及电压的瞬时值。瞬时值中最大的值称为幅值或最大值，用大写字母加下标 m 表示，例如 E_m、I_m、U_m 分别表示电动势、电流及电压的幅值。在电工技术中常用有效值来衡量正弦交流电的大小，电压、电流和电动势的有效值分别用大写字母 U、I、E 表示。

有效值是从电流的热效应来定义的，即取数值相同的两个电阻分别通一直流电流 I 和变化的周期电流 i，如果在一个周期的时间内，两个电阻产生的热量相等，则这个直流电流 I 的数值就是该周期电流 i 的有效值，即

$$\int_0^T Ri^2 \mathrm{d}t = RI^2 T$$

$$I = \sqrt{\frac{1}{T}\int_0^T i^2 \mathrm{d}t}$$

设 $i = I_\mathrm{m}\sin\omega t$ 代入上式，即得

$$I = \sqrt{\frac{I_\mathrm{m}^2}{T}\int_0^T \sin^2\omega t\,\mathrm{d}t} = \sqrt{\frac{I_\mathrm{m}^2}{T}\int_0^T \frac{1 - \cos2\omega t}{2}\mathrm{d}t} = \frac{I_\mathrm{m}}{\sqrt{2}} \approx 0.707 I_\mathrm{m} \qquad (4\text{-}1\text{-}2)$$

同理可得出结论，电压和电动势也有相应的关系，即

$$U = \frac{U_\mathrm{m}}{\sqrt{2}} \approx 0.707 U_\mathrm{m} \qquad (4\text{-}1\text{-}3)$$

$$E = \frac{E_\mathrm{m}}{\sqrt{2}} \approx 0.707 E_\mathrm{m} \qquad (4\text{-}1\text{-}4)$$

由此可见，正弦交流电流的有效值等于最大值的 $1/\sqrt{2}$ 倍，即 0.707 倍。一般所讲正弦

量的大小都是指它的有效值，例如，交流电压 380V 或 220V 都是指它的有效值。交流电压表、电流表的刻度一般也都是根据有效值来标定的。

2. 周期、频率和角频率

正弦量变化一次所需要的时间称为周期，用 T 表示，单位为 s。正弦量每秒钟变化的次数称为频率，用 f 表示，单位为 Hz。频率为周期的倒数，即

$$T = \frac{1}{f} \text{或} f = \frac{1}{T} \tag{4-1-5}$$

每秒钟经过的电角度称为角频率，用 ω 表示，单位为 rad/s。所谓电角度是指交流电在变化中所经历的电气角度，它并不表示任何空间位置，只是用来描述正弦量的变化规律。正弦交流电每变化一周所经历的电角度为 360° 或 2π 弧度，所以角频率和频率之间的关系为

$$\omega = \frac{2\pi}{T} = 2\pi f \tag{4-1-6}$$

我国规定电力标准频率为 50Hz，有些国家（如美国、日本等）采用 60Hz，上述频率在工业上应用广泛，故习惯上称为工频。在其他技术领域使用着不同的频率，如高频感应炉的频率为 200~300kHz，有线通信频率为 300~5000Hz，无线电工程的频率为 $10^4 \sim 3.0 \times 10^{11}$Hz 等。

3. 相位、初相位

正弦量表达式中的 $(\omega t + \psi)$ 称为正弦量的相位，是时间的函数，它反映了正弦量在某一时刻的状态，$t = 0$ 时，相位为 ψ，称其为正弦量的初相，它反映了正弦量的初始状态。初相 ψ 与计时起点（$t = 0$）的选取有关，选取的计时起点不同，初相位 ψ 不同。

正弦量每一个周期内两次经过零点，为了便于区分，习惯上将正弦量由负值变为正值的那个零点叫作正弦量的零值点，在波形图中将与坐标原点 O（计时起点）距离最近的零值点 t_0 称为初始零值点。如果初始零值点 t_0 和角频率 ω 已知，则正弦量的初相为

$$\psi = -\omega t_0 \tag{4-1-7}$$

采用上述规定，则初相 ψ 的取值范围为 $[-\pi, \pi]$ 或者 $[-180°, 180°]$。波形图中，零点在纵轴的左侧时初相位是正值，在纵轴的右侧时初相位是负值。

[**例 4-1**] 如图 4-1-3 所示，正弦电压 $u = 190.52\sin$ $(314t + 60°)$V，试求：

（1）最大值、频率和初相位。

（2）从计时起点（$t = 0$）开始，经过多长时间 u 才第一次出现最大值。

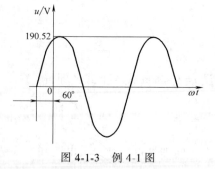

图 4-1-3 例 4-1 图

解·（1）据瞬时值表示式

最大值　$U_m = 190.52$V

角频率　$\omega = 314$rad/s

频率　$f = \frac{\omega}{2\pi} = \frac{314}{2\pi}$Hz ≈ 50Hz

初相位　$\psi = 60°$

（2）正弦电压 $u = 190.52\sin(314t + 60°)$V

u 第一次出现最大值的时间由下式确定

$314t + 60° = 90°$

即

$$314t = \frac{\pi}{2} - \frac{\pi}{3} = \frac{\pi}{6}$$

$$t = \frac{\frac{\pi}{6}}{314}\mathrm{s} \approx 1.67\mathrm{ms}$$

[**例 4-2**]　根据图 4-1-4 所示正弦量的波形图，写出其函数表达式。

解：由图可得，$U_\mathrm{m} = 10\sqrt{2}\,\mathrm{V}$

周期：$T = 0.09 - (-0.03) = 0.12\mathrm{s}$

角频率：$\omega = \dfrac{2\pi}{T} = \dfrac{2\pi}{0.12} = \dfrac{50\pi}{3}\mathrm{rad/s}$

初始零值点 $t_0 = -0.03\mathrm{s}$，所以 $\psi = -\omega t_0 = \dfrac{\pi}{2}\mathrm{rad/s}$

所以，图 4-1-4 所示的波形图对应的交流电压表达式为

$$u(t) = 10\sqrt{2}\sin\left(\frac{50\pi}{3}t + \frac{\pi}{2}\right)$$

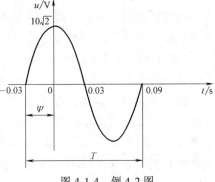

图 4-1-4　例 4-2 图

4. 相位差

同频率正弦电量随时间变化的进程不一致，有先有后。相位差表示同频率正弦电量随时间变化的先后顺序。

两个同频率正弦量的相位或初相位之差，称为相位差，用 ϕ 表示。图 4-1-5 中 u 与 i 的相位差为

$$\varphi = (\omega t + \psi_u) - (\omega t + \psi_i) = \psi_u - \psi_i \tag{4-1-8}$$

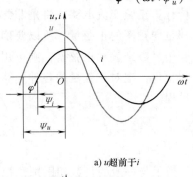

a) u 超前于 i

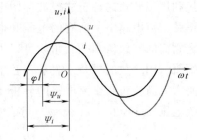

b) u 滞后于 i

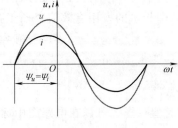

c) u 与 i 同相

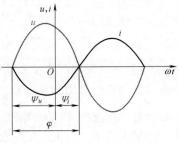

d) u 与 i 反相

图 4-1-5　两个不同相位的正弦量

相位差有以下几种情况：

① 当 $\psi_u > \psi_i$，$\varphi = \psi_u - \psi_i > 0$ 时，波形如图 4-1-5a 所示，称在相位上 u 比 i 超前 φ 角或 i 比 u 滞后 φ 角。

② 当 $\psi_u < \psi_i$，$\varphi = \psi_u - \psi_i < 0$ 时，波形如图 4-1-5b 所示，称在相位上 u 比 i 滞后 φ 角或 i 比 u 超前 φ 角。

③ 当 $\psi_u = \psi_i$，$\varphi = \psi_u - \psi_i = 0$ 时，波形如图 4-1-5c 所示，u 与 i 相位相同，称同相。

④ 当 $\varphi = \psi_u - \psi_i = \pm 180°$ 时，波形如图 4-1-5d 所示，u 与 i 相位相反，称为反相。

选择计时起点不同，两个同频率正弦电量的初相不同，但它们之间的相位差不变。即两个同频率正弦电量之间的相位差与计时起点无关。

[例 4-3] u 与 i 是同频率的正弦电量，其 $\omega = 6280\text{rad/s}$，$I_m = 10\text{A}$、$U_m = 100\text{V}$。在相位上 u 比 i 超前 $60°$。写出电压、电流的瞬时值表示式，画波形图。

解：首先确定参考正弦量。

现选择电压 u 为参考正弦量，即 $\psi_u = 0$

已知 u 比 i 超前 $60°$，即 $\varphi = \psi_u - \psi_i = 60°$

电流的初相位 $\psi_i = \psi_u - 60° = -60°$

u 与 i 的三要素均已确定，故可得

$$u = 100\sin 6280t\,\text{V}$$

$$i = 10\sin(6280t - 60°)\,\text{A}$$

波形图如图 4-1-6 所示。

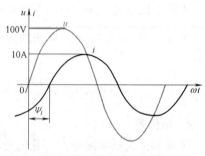

图 4-1-6　例 4-3 波形图

二、正弦量的相量表示法

1. 相量

如果直接利用正弦量的解析式或波形图来分析计算正弦交流电路，将是非常烦琐和困难的。由于在正弦交流电路中，所有的电压和电流都是同频率的正弦量，所以要确定这些正弦量，只要确定它们的有效值和初相角就可以了。若用复数来表示正弦量，则可用复数的模表示正弦量的幅值，用复数的幅角来表示正弦量的初相角，把对正弦量的各种运算转化为复数的运算，从而大大简化正弦交流电路的分析计算过程。

如，正弦电压 $u(t) = U_m \sin(\omega t + \psi_u)$ 可表示成

$$\dot{U}_m = U_m \angle \psi_u = \sqrt{2}\,U \angle \psi_u \qquad (4\text{-}1\text{-}9)$$

式（4-1-9）中，$\dot{U}_m$ 为电压 u 的最大值相量，为了与一般的复数相区别，把表示正弦量的复数称为相量。实际使用中，往往采用有效值，即相量的模用有效值，如正弦电压 u 的有效值相量为

$$\dot{U} = U \angle \psi_u \qquad (4\text{-}1\text{-}10)$$

同样，电流和电动势也可用相量表示。

需要注意的，电压相量 $\dot{U}$ 和电流相量 $\dot{I}$ 和瞬时值一样，可以在电路图中标出参考方向，而有效值 U 和 I 或最大值 U_m、I_m 只有数值的大小。

与普通的复数一样，正弦量的相量除了用极坐标的形式外，还可以用三角式、指数式等来表示。如

$$\dot{U} = U\angle\psi_u = U(\cos\psi_u + \mathrm{j}\sin\psi_u) = U\mathrm{e}^{\mathrm{j}\psi_u} \qquad (4\text{-}1\text{-}11)$$

根据正弦量的解析式可以很方便地写出与它对应的相量，反之，知道相量也可立即写出它的解析式。但需要注意的是，相量只能表示正弦量，并不等于正弦量，只是一种运算工具。

2. 相量图

把同频率正弦量的相量画在同一个复平面上时，所得到的图形称为相量图。相量和复数一样，可以在复平面上用有向线段来表示，线段的长表示相量的模，线段与实轴的夹角等于相量的辐角，由于同频率正弦量的相位关系始终保持不变，因此研究同频相量之间的关系时，一般只按初相位做相量，不必标出角频率。

画相量图时，一般用极坐标。为了使相量图清晰简洁，不需画出复平面的坐标轴，只画出坐标原点和正实轴方向。

[**例 4-4**] 已知 $u = 220\sqrt{2}\sin(314t + 60°)\,\mathrm{V}$，$i = 20\sqrt{2}\sin(314t - 45°)\,\mathrm{A}$，写出表示 u 和 i 的相量，画相量图。

解：相量 $\dot{U} = 220\angle 60°\,\mathrm{V}$，
$$\dot{I} = 20\angle -45°\,\mathrm{A}$$

相量图如图 4-1-7 所示。

需要注意的是，在同一相量图中各相量所代表的正弦量的频率必须是相同的。代表不同频率正弦电量的相量不能画在同一相量图中。

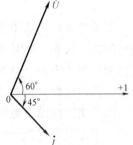

图 4-1-7　例 4-4 相量图

3. 计算同频率的正弦量

在电路的分析和计算中，往往需要把几个同频率的正弦量进行加、减运算。采用相量图表示的正弦交流电进行运算时，比较简单直观，已成为研究交流电的重要工具之一。

采用相量法进行同频率正弦量的运算时，步骤如下：

1）先将正弦量用相量表示，并转换为代数形式。

2）按照复数运算法则，进行相量加（减）运算，求出和（差）相量；或作相量图，按照矢量运算法则求相量和（差）。

3）根据和（差）的相量式变换出相应的和（差）正弦量。

$$u = u_1 \pm u_2 \rightarrow \dot{U} = \dot{U}_1 \pm \dot{U}_2 \rightarrow u$$

[**例 4-5**] 已知 $i_1 = 100\sqrt{2}\sin\omega t\,\mathrm{A}$，$i_2 = 100\sqrt{2}\sin(\omega t - 120°)\,\mathrm{A}$，试用相量法求 $i = i_1 + i_2$，并画出相量图。

解：正弦电流的相量形式

$$\dot{I}_1 = 100\angle 0°\,\mathrm{A},$$

$$\dot{I}_2 = 100\angle -120°\,\mathrm{A}$$

$$\dot{I} = \dot{I}_1 + \dot{I}_2 = 100\angle 0°\,\mathrm{A} + 100\angle -120°\,\mathrm{A} = 100(\cos 0° + \mathrm{j}\sin 0°)\,\mathrm{A} + 100[\cos(-120°) + \mathrm{j}\sin(-120°)]\,\mathrm{A}$$

$$= 100(1 + \mathrm{j}0)\,\mathrm{A} + 100\left(-\frac{1}{2} - \mathrm{j}\frac{\sqrt{3}}{2}\right)\,\mathrm{A} = 100\left(\frac{1}{2} - \mathrm{j}\frac{\sqrt{3}}{2}\right)\,\mathrm{A} = 100\angle -60°\,\mathrm{A}$$

所以 $i = i_1 + i_2 = 100\sqrt{2}\sin(\omega t - 60°)\,\mathrm{A}$

相量图如图 4-1-8 所示。

需要注意的是：

1）只有同频率的正弦量才能用相量表示，一起参与运算。

2）正弦交流电路中，只有瞬时值和相量满足 KCL 和 KVL，有效值和最大值不满足。所以，在正弦交流电路中标注正弦量时，只能使用瞬时值（u，i，e）和相量（$\dot{U}$，$\dot{I}$，$\dot{E}$）。

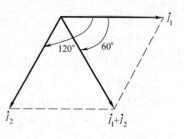

图 4-1-8　例 4-5 相量图

任务 4.2　分析单相正弦交流电路

交流电路和直流电路的不同之处在于，分析各种交流电路不但要确定电路中电压和电流之间的大小关系，而且要确定它们之间的相位关系，同时还要讨论电路中的功率问题。为分析复杂的交流电路，首先应掌握单一参数（电阻、电感、电容）元件电路中电压与电流的关系，其他电路均可看成是单一参数元件电路的组合。

由于交流电路中电压和电流都是交变的，因此有两个作用方向。为分析电路方便，常把其中一个方向规定为正方向，且在同一电路中，电压和电流以及电动势的正方向完全一致。

为了简化分析，常规定电路中的某一正弦量的初相位为零，然后以这个正弦量为基准，再来确定其他正弦量的初相位。人为规定其初相位为零的正弦量称为参考正弦量或参考相量。

一、分析纯电阻正弦交流电路

交流电路中如果只含有线性电阻元件，这种电路就叫作纯电阻交流电路，如图 4-2-1a 所示，日常生活中接触到的白炽灯、电烙铁、电阻炉等都属于纯电阻负载，这类电路中影响电流大小的主要是负载的电阻 R。

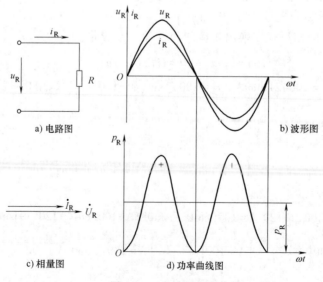

a) 电路图　　b) 波形图　　c) 相量图　　d) 功率曲线图

图 4-2-1　纯电阻交流电路

1. 电阻元件上电压和电流的关系

（1）瞬时值关系

将电阻 R 接入如图 4-2-1a 所示的交流电路，满足欧姆定律，则

$$u_R = i_R R \tag{4-2-1}$$

设交流电压为

$$u_R = U_m \sin \omega t \tag{4-2-2}$$

则 R 中电流的瞬时值为

$$i_R = \frac{u_R}{R} = \frac{U_m}{R} \sin \omega t = I_m \sin \omega t \tag{4-2-3}$$

这表明，在正弦电压作用下，电阻中通过的电流是一个与电压相同频率的正弦电流，而且与电阻两端的电压同相位，波形图如图 4-2-1b 所示。

（2）最大值关系

$$I_m = \frac{U_m}{R} \tag{4-2-4}$$

则有效值关系为

$$I_R = \frac{U_m}{\sqrt{2}R} = \frac{U_R}{R} \tag{4-2-5}$$

（3）相量关系

将式（4-2-2）和式（4-2-3）用相应的相量形式表示，有 $\dot{I}_R = I_R \angle 0°$，$\dot{U}_R = U_R \angle 0°$，画出相量图如图 4-2-1c 所示。不难发现

$$\dot{I}_R = \frac{\dot{U}_R}{R} \text{或} \dot{I}_m = \frac{\dot{U}_m}{R} \tag{4-2-6}$$

2. 电阻电路的功率

（1）瞬时功率

电阻在任一瞬时取用的功率，称为瞬时功率，按下式计算

$$p_R = u_R i_R = U_m I_m \sin^2 \omega t = 2 U_R I \sin^2 \omega t = U_R I_R (1 - \cos \omega t)$$

$p_R \geqslant 0$，表明电阻任一时刻都在向电源取用功率。i、u、p 的波形图如图 4-2-1b、d 所示。

（2）平均功率

由于瞬时功率是随时间变化的，不便于测量和计算，为此，引入平均功率的概念。把瞬时功率在交流电一个周期内的平均值叫作平均功率，也称有功功率，用大写字母 P_R 表示。则

$$P_R = \frac{1}{T} \int_0^T p_R \, dt = \frac{1}{T} \int_0^T U_m I_m \sin^2 \omega t = \frac{U_m I_m}{2}$$

即

$$P_R = \frac{U_m I_m}{2} = U_R I_R = I_R^2 R = \frac{U_R^2}{R} \tag{4-2-7}$$

上式表明，平均功率等于电压、电流有效值的乘积，单位是瓦特（W）。

[例 4-6] 已知 $R = 100\Omega$、电压 $u_R = 311\sin(314t + 30°)$ V，计算电流 i_R 和平均功率 P_R。

解： 电压相量

$$\dot{U}_R = \frac{311}{\sqrt{2}} \angle 30° \text{V} = 220 \angle 30° \text{V}$$

电流相量

$$\dot{I}_{R} = \frac{\dot{U}_{R}}{R} = \frac{220}{100} \angle 30° \text{A} = 2.2 \angle 30° \text{A}$$

电流

$$\dot{I}_{R} = 2.2\sqrt{2}\sin(314t+30°)\text{A}$$

平均功率　　　$$P_{R} = U_{R}I_{R} = 220 \times 2.2\text{W} = 484\text{W}$$

[例4-7]　电阻炉的额定电压 U_{N} 是 220V，功率 P_{N} 是 1000W。计算

（1）电阻炉的电阻值 R_{N} 和额定电流 I_{N}。

（2）每天使用 3h，每用电 $1\text{kW} \cdot \text{h}$（度）收费 0.49 元，每月（30 天）应付多少电费？

解：（1）

$$R = \frac{U_{N}^{2}}{P_{N}} = \frac{220^{2}}{1000}\Omega = 48.4\Omega$$

$$I_{N} = \frac{P_{N}}{U_{N}} = \frac{1000}{220}\text{A} = 4.55\text{A}$$

（2）每月消耗的电能

$$W = P_{N}t = 1000 \times 3 \times 30\text{W} \cdot \text{h} = 90 \times 10^{3}\text{W} \cdot \text{h} = 90\text{kW} \cdot \text{h}$$

每月应付电费：　　　　　90×0.49 元 = 44.1 元

二、分析纯电感正弦交流电路

当一个线圈的电阻很小（可忽略不计）时，可以看成是一个纯电感。将它接在交流电源上，就构成了纯电感交流电路。由于空心线圈的电感为常数，所以由它构成的电路为线性电感电路，如图 4-2-2a 所示。

1. 电感元件上电压与电流的关系

（1）瞬时值关系

当电感线圈中的电流 i 发生变化时，它周围的磁场也要发生变化，变化的磁场在线圈中将产生感应电动势 e_{L}，这个电动势称为自感电动势。若电流 i 与电动势 e_{L} 取关联参考方向，根据法拉第电磁感应定律和楞次定律，有

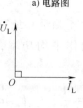

c) 相量图

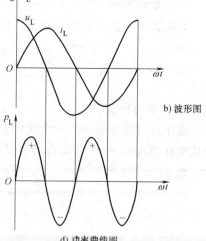

a) 电路图　　　　b) 波形图

d) 功率曲线图

图 4-2-2　纯电感交流电路

$$e_{L} = -L\frac{\text{d}i}{\text{d}t} \qquad (4\text{-}2\text{-}8)$$

设 L 中流过的电流为　　　　$$i_{L} = I_{m}\sin\omega t \qquad (4\text{-}2\text{-}9)$$

则电感两端的电压为　$$u_{L} = -e_{L} = L\frac{\text{d}i_{L}}{\text{d}t} = \omega L I_{m}\cos\omega t = \omega L I_{m}\left(\sin\omega t + \frac{\pi}{2}\right) \qquad (4\text{-}2\text{-}10)$$

上式表明，纯电感电路中通过正弦电流时，电感两端电压也以同频率的正弦规律变化，而且在相位上超前于电流90°，其波形如图4-2-2b所示。

（2）有效值关系

由（4-2-10）可知，电感电压最大值为 $U_m = \omega L I_m$ （4-2-11）

则电压有效值为 $$U_L = \omega L I_L \qquad (4\text{-}2\text{-}12)$$

（3）电感的感抗

由（4-2-12），得

$$X_L = \frac{U_L}{I_L} = \omega L = 2\pi f L \qquad (4\text{-}2\text{-}13)$$

X_L 称为感抗，单位是 Ω。与电阻相似，感抗在交流电路中也起阻碍电流的作用，这种阻碍作用与频率相关。当 L 一定时，频率越高，感抗越大，即对电流的阻碍作用越大，通常称为"阻交"；在直流电路中，因频率 $f = 0$，其感抗也等于0，电感线圈可视为短路，称为"通直"。所以电感线圈的作用是"通直阻交"。

（1）相量关系

将式（4-2-9）和式（4-2-10）用相应的相量形式表示，有 $\dot{I}_L = I_L \angle 0°$，$\dot{U}_L = U_L \angle 90°$，画出相量图如图4-2-2c所示。

$$\dot{U}_L = U_L \angle 90° = X_L I_L \angle 90° = X_L \dot{I}_L \angle 90° = \dot{I}_L j X_L$$

所以电感电路中电压和电流的相量关系为

$$\dot{U}_L = \dot{I}_L j X_L \qquad (4\text{-}2\text{-}14)$$

2. 电感电路的功率

（1）瞬时功率

在纯电感电路中，瞬时功率为

$$p_L = u_L i_L = U_m \sin\left(\omega t + \frac{\pi}{2}\right) I_m \sin\omega t = U_m I_m \cos\omega t \sin\omega t = U_L I_L \sin 2\omega t \qquad (4\text{-}2\text{-}15)$$

纯电感电路的瞬时功率 p_L 的波形如图4-2-2d所示，从波形图中看出：第1、3个1/4周期期间，$p_L \geq 0$，表示线圈从电源吸收能量；在第2、4个1/4周期期间，$p_L \leq 0$，表示线圈向电路释放能量。

（2）平均功率（有功功率 P_L）

瞬时功率 p_L 在一个周期内的平均值等于零，即

$$P_L = 0$$

这表明纯电感元件不消耗电源的电能，只与电源之间进行能量交换，是一种储存电能的元件。

（3）无功功率 Q_L

纯电感线圈与电源之间进行能量交换的最大功率，称为纯电感电路的无功功率，用 Q_L 表示

$$Q_L = U_L I_L = I_L^2 X_L \qquad (4\text{-}2\text{-}16)$$

无功功率的单位是乏（var）或千乏（kvar）。

[例4-8] 电感 $L = 19.1\text{mH}$，$u = 220\sqrt{2}\sin(314t + 30°)\text{V}$，

（1）计算电感元件的感抗 X_L、电流 i_L 和无功功率 Q_L。

（2）如果电源的频率增加为原来频率的 2000 倍，重新计算（1）。

解：（1）电感元件的感抗

$$X_L = \omega L = 314 \times 19.1 \times 10^{-3}\,\Omega = 6\,\Omega$$

电压

$$\dot{U}_L = 220\angle 30°\,\text{V}$$

电流

$$\dot{I}_L = \frac{\dot{U}_L}{jX_L} = \frac{220\angle 30°}{6\angle 90°}\,\text{A} = 36.67\angle{-60°}\,\text{A}$$

$$i_L = 36.67\sqrt{2}\sin(314t - 60°)\,\text{A}$$

无功功率

$$Q_L = U_L I_L = 220 \times 36.67\,\text{var} = 8.07\,\text{kvar}$$

（2）电感元件的感抗

$$X'_L = 2000\omega L = 2000 \times 6\,\Omega = 12\,\text{k}\Omega$$

电流

$$\dot{I}'_L = \frac{\dot{U}_L}{jX'_L} = \frac{220\angle 30°}{12 \times 10^3 \angle 90°}\,\text{A} = 0.018\angle{-60°}\,\text{A}$$

$$i_L = 0.018\sqrt{2}\sin(314 \times 2000t - 60°)\,\text{A}$$

无功功率

$$Q_L = U_L I'_L = 220 \times 0.018\,\text{var} = 3.96\,\text{var}$$

频率 f 越高，感抗 X_L 越大，电感元件有阻止高频电流通过的作用。

三、分析纯电容正弦交流电路

电容器在电路内或多或少总有能量损耗，但当电路中的电阻、电感的影响可以忽略不计时，称这种电容器所构成的电路为纯电容电路。图 4-2-3a 所示为仅含电容的交流电路。

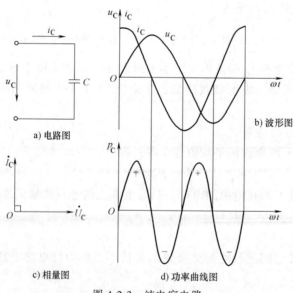

a) 电路图　　b) 波形图　　c) 相量图　　d) 功率曲线图

图 4-2-3　纯电容电路

1. 电压与电流的关系

（1）瞬时值关系

电容器在交流电压的作用下不断地反复充放电，从而使电路中不断有充放电电流流过，即

$$i_C = C\frac{\mathrm{d}u_C}{\mathrm{d}t} \tag{4-2-17}$$

上式表明，纯电容电路中的电流瞬时值与电容器两端电压的变化率成正比，而不是与电压 u_C 成正比。

设

$$u_C = U_m \sin\omega t \tag{4-2-18}$$

则

$$i_C = C\frac{\mathrm{d}u_C}{\mathrm{d}t} = \omega C U_m \cos\omega t = \omega C U_m \sin\left(\omega t + \frac{\pi}{2}\right) = I_m \sin\left(\omega t + \frac{\pi}{2}\right) \tag{4-2-19}$$

上式表明，纯电容电路中通过电容元件的电流比加在它两端的电压超前90°，波形图如图 4-2-3b 所示。

（2）有效值关系

由（4-2-19）可知，电容电流最大值为

$$I_m = \omega C U_m \tag{4-2-20}$$

则电流有效值为

$$I_C = \omega C U_C = \frac{U_C}{X_C} \tag{4-2-21}$$

式中容抗：$X_C = \dfrac{1}{\omega C} = \dfrac{1}{2\pi fC}$，单位是 Ω。电容一定的条件下，容抗与频率有关系，频率越高，容抗越小，电容的作用是"通交隔直"。

（3）相量关系

将式（4-2-18）和式（4-2-19）用相应的相量形式表示，有 $\dot{U}_C = U_C\angle 0°$，$\dot{I}_C = I_C\angle 90°$，画出相量图如图 4-2-3c 所示。

$$\dot{I}_C = I_C\angle 90° = \omega C U_C\angle 90° = \frac{1}{X_C}\dot{U}_C\angle 90°$$

所以：

$$\dot{U}_C = X_C\dot{I}_C\angle -90° = -jX_C\dot{I} \tag{4-2-22}$$

2. 电容电路的功率

（1）瞬时功率

$$p_C = u_C i = U_m \cos\omega t I_m \sin\omega t = U_C I_C \sin 2\omega t \tag{4-2-23}$$

上式表明，纯电容电路瞬时功率的波形与电感电路相似，以电路频率的 2 倍按正弦规律变化。电容器也是储能元件，当电容器充电时，它从电源吸收能量；当电容器放电时，将能量送回电源，其波形如图 4-2-3d 所示。

（2）平均功率

$$P_C = 0$$

（3）无功功率

$$Q_C = U_C I_C = I_C^2 X_C$$

由于电容上电压、电流的相位关系和电感上的电压、电流相位关系相反，所以，在计算交流电路的功率时，电容元件的无功功率取负值（$-Q_C$）。

[例 4-9] 已知：电容元件 $C = 10\mu F$，接在 $f = 50Hz$、$U_C = 22V$ 的正弦交流电源上。计算

（1）电容的容抗 X_C、电流 I_C 和无功功率 Q_C。

（2）如果电源频率增加为 $f=1000\text{Hz}$，电压 U_C 不变，电容的容抗 X_C、电流 I_C 和无功功率 Q_C 又是多少？

解：（1）电源频率 $\qquad\qquad\qquad f=50\text{Hz}$

容抗 $$X_C=\frac{1}{\omega C}=\frac{1}{2\pi\times50\times10\times10^{-6}}\Omega=318.3\Omega$$

电流 $$I_C=\frac{U_C}{X_C}=\frac{22}{318.3}\text{A}=0.069\text{A}$$

无功功率 $$Q_C=U_CI_C=22\times0.069\text{var}=1.52\text{var}$$

（2）电源频率 $f=1000\text{Hz}$

容抗 $$X'_C=\frac{1}{\omega'C}=\frac{1}{2\pi\times1000\times10\times10^{-6}}\Omega=15.92\Omega$$

电流 $$I'_C=\frac{U_C}{X'_C}=\frac{22}{15.92}\text{A}=1.38\text{A}$$

无功功率 $$Q'_C=U_CI'_C=22\times1.38\text{var}=30.36\text{var}$$

电源电压 U_C 一定，频率 f 越高，容抗 X_C 越小，通过电容的电流 I_C 越大，无功功率 Q_C 也越大。

四、分析 *RLC* 串联电路及串联谐振

以上分析了 3 种参数各自在交流电流中的特性，而在实际电路中，往往包含 2 种甚至 3 种元件组成的电路。因此，讨论研究元件组合电路的特性和作用是很有必要的。

RLC 串联电路的连接及参数测量

1. 电路中电压与电流的关系

R、L、C 三种元件组成的串联电路如图 4-2-4a 所示。设电路中流过电流 $i=\sqrt{2}I\sin\omega t$。

（1）瞬时值关系

根据图示的参考方向，瞬时值形式的 KVL 方程为

$$u=u_R+u_L+u_C$$
$$=\sqrt{2}RI\sin\omega t+\sqrt{2}\omega LI\sin\left(\omega t+\frac{\pi}{2}\right)+$$
$$\sqrt{2}\frac{1}{\omega C}I\sin\left(\omega t-\frac{\pi}{2}\right)$$

（2）相量关系

相量形式的 KCL 方程为

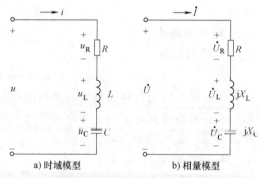

a) 时域模型　　　b) 相量模型

图 4-2-4　*RLC* 串联交流电路

$$\dot U=\dot U_R+\dot U_L+\dot U_C$$
$$=R\dot I+jX_L\dot I-jX_C\dot I$$
$$=\dot I\,[\,R+j(X_L-X_C)\,]$$

令 $Z = R + j(X_L - X_C) = R + jX$，称为复数阻抗，$X = X_L - X_C$，称为电抗，单位都是欧姆（$\Omega$）。则

$$\dot{U} = \dot{I} Z \tag{4-2-24}$$

串联电路中各元件流过的是同一电流，以电流为参考相量作相量图，相量间的关系如图 4-2-5 所示。

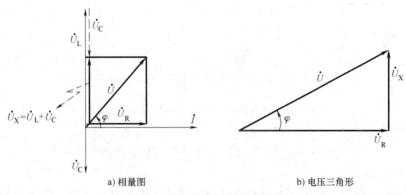

a) 相量图　　　　b) 电压三角形

图 4-2-5　RLC 串联电路相量图

（3）有效值关系

由相量图可得，$\dot{U}_R$、$\dot{U}_L$ 和 $\dot{U}_C$ 的合成相量 $\dot{U}$ 的长度，是 u（总电压）的有效值；合成相量 $\dot{U}$ 与横轴的夹角 φ 是 u 的初相角。

$\dot{U}_R$、$\dot{U}_X = (\dot{U}_L - \dot{U}_C)$ 和 $\dot{U}$ 组成一个直角三角形，称为电压三角形，如图 4-2-5b 所示。φ 称为总电压和电流的相位差，即 $\varphi = \psi_u - \psi_i$。

由电压三角形可得总电压的有效值为

$$U = \sqrt{U_R^2 + (U_L - U_C)^2} = I\sqrt{R^2 + (X_L - X_C)^2} = \sqrt{R^2 + X^2} = I|Z| \tag{4-2-25}$$

由式（4-2-25）可知，阻抗的电阻 R、电抗 X 和阻抗的模 $|Z|$ 也构成一个直角三角形，称为阻抗三角形，如图 4-2-6 所示。φ 称为阻抗角。

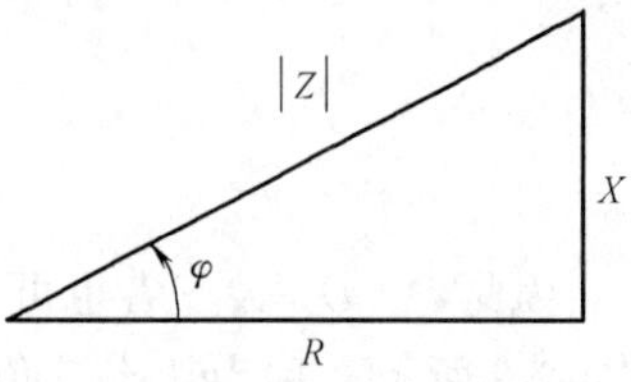

$$\varphi = \arctan \frac{U_X}{U_R} = \arctan \frac{I(X_L - X_C)}{IR} = \arctan \frac{X_L - X_C}{R} \tag{4-2-26}$$

图 4-2-6　阻抗三角形

从式（4-2-26）可以看出：

① $X_L > X_C$ 时，$\varphi > 0$，总电压超前于电流，如图 4-2-7a 所示，电路属于感性电路；

② $X_L < X_C$ 时，$\varphi < 0$，总电压滞后于电流，如图 4-2-7b 所示，电路属于容性电路；

③ $X_L = X_C$ 时，$\varphi = 0$，总电压和电流同相位，如图 4-2-7c 所示，电路属于阻性电路，这种现象称为串联谐振。

2. RLC 串联电路的功率

（1）有功功率

RLC 串联电路中，因为电感元件和电容元件的有功功率均为零，所以电路的有功功率等于电阻元件的有功功率，即

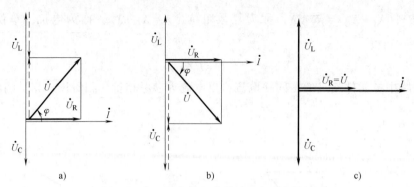

图 4-2-7 RLC 串联电路电压、电流相量图

$$P = P_R + P_L + P_C = P_R = I^2 R = U_R I = UI\cos\varphi \tag{4-2-27}$$

（2）无功功率

$$Q = Q_L - Q_C = U_L I - U_C I = (U_L - U_C)I = U_X I = UI\sin\varphi \tag{4-2-28}$$

（3）视在功率

在正弦交流电路中，把电压、电流有效值的乘积定义为视在功率，用 S 表示，即

$$S = UI \tag{4-2-29}$$

单位为伏安（V·A 或 VA）或千伏安（kV·A 或 kVA）。

交流电设备都是按额定电压 U_N 和额定电流 I_N 设计和使用的，若供电电压为 U_N，负载取用的就应不超过额定值 I_N，因而视在功率受到限制。有的供电设备如变压器，就表明了额定视在功率，也称为变压器的容量，用 S_N 表示，即 $S_N = U_N I_N$，交流电设备以额定电压 U_N 对负载供电。

（4）功率三角形

式（4-2-27）~式（4-2-29）可改写成

$$P = S\cos\varphi$$

$$Q = S\sin\varphi$$

$$S = \sqrt{P^2 + Q^2}$$

因此 P、Q、S 三者也可以构成直角三角形的关系，如图 4-2-8 所示，称为功率三角形。φ 称为功率因数角，$\cos\varphi$ 称为功率因数。显然，RLC 串联电路中的阻抗三角形、电压三角形及功率三角形都相似。

[例 4-10] RLC 串联电路，$R = 30\Omega$、$L = 0.159H$、$C = 35.38\mu F$，电源电压 $u = 220\sqrt{2}\sin(314t + 30°)V$，计算：

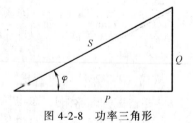

图 4-2-8 功率三角形

（1）电路的阻抗；

（2）电流 i、电压 u_R、u_L 和 u_C，画相量图；

（3）计算电路的平均功率 P 和无功功率 Q。

解：（1）感抗：$\qquad X_L = \omega L = 314 \times 0.159\Omega = 50\Omega$

容抗：$\qquad X_C = \dfrac{1}{\omega C} = \dfrac{1}{314 \times 35.38 \times 10^{-6}}\Omega = 90\Omega$

阻抗：　$Z = R + \mathrm{j}(X_\mathrm{L} - X_\mathrm{C}) = [30 + \mathrm{j}(50-90)]\,\Omega = (30 - \mathrm{j}40)\,\Omega = 50\angle -53.13°\,\Omega$

（2）由已知得，$\dot{U} = 220\angle 30°\,\mathrm{V}$

电流：$\dot{I} = \dfrac{\dot{U}}{Z} = \dfrac{220\angle 30°}{50\angle -53.13°}\,\mathrm{A} = 4.4\angle 83.13°\,\mathrm{A}$

电压：$\dot{U}_\mathrm{R} = \dot{I}R = 4.4\angle 83.13° \times 30\,\mathrm{V} = 132\angle 83.13°\,\mathrm{V}$

$\dot{U}_\mathrm{L} = \dot{I}\,\mathrm{j}X_\mathrm{L} = 4.4\angle 83.13° \times 50\angle 90°\,\mathrm{V} = 220\angle 173.13°\,\mathrm{V}$

$\dot{U}_\mathrm{C} = \dot{I}(-\mathrm{j}X_\mathrm{C}) = 4.4\angle 83.13° \times 90\angle -90°\,\mathrm{V} = 396\angle -6.87°\,\mathrm{V}$

瞬时值表达式：

$i = 4.4\sqrt{2}\sin(314t + 83.13°)\,\mathrm{A}$

$u_\mathrm{R} = 132\sqrt{2}\sin(314t + 83.13°)\,\mathrm{V}$

$u_\mathrm{L} = 220\sqrt{2}\sin(314t + 173.13°)\,\mathrm{V}$

$u_\mathrm{C} = 396\sqrt{2}\sin(314t - 6.87°)\,\mathrm{V}$

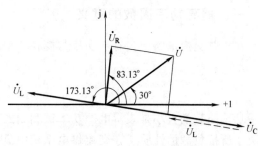

图 4-2-9　例 4-10 相量图

（3）功率因数角（阻抗角，电压电流相位差）：

$\varphi = \psi_u - \psi_i = 30° - 83.13° = -53.13°$

功率因数：$\cos\varphi = \cos(-53.13°) = 0.6$

所以 $P = UI\cos\varphi = 220 \times 4.4 \times 0.6\,\mathrm{W} = 580.8\,\mathrm{W}$

$Q = UI\sin\varphi = 220 \times 4.4 \times \sin(-53.13°)\,\mathrm{var} = -774.4\,\mathrm{var}$

3. 串联谐振

（1）谐振条件和谐振频率

在 RLC 串联电路中，当 $X_\mathrm{L} = X_\mathrm{C}$ 时，电路中的总电压和电流同相位，这时电路中产生谐振现象，所以 $X_\mathrm{L} = X_\mathrm{C}$ 便是电路产生谐振的条件。

$$X_\mathrm{L} = X_\mathrm{C} \Rightarrow 2\pi fL = \frac{1}{2\pi fC}$$

所以

$$f = \frac{1}{2\pi\sqrt{LC}}$$

（2）串联谐振时电路的特点

① 总电压和电流同相位，电路呈现电阻性。

② 串联谐振时电路阻抗最小，电路中电流最大。

串联谐振时电路阻抗为　　$|Z_0| = \sqrt{R^2 + (X_\mathrm{L} - X_\mathrm{C})^2} = R$

串联谐振时的电流为　　$I_0 = \dfrac{U}{|Z_0|} = \dfrac{U}{R}$

③ 串联谐振时，电感两端的电压、电容两端的电压可以比总电压大许多倍。

电感电压为　　$U_\mathrm{L} = IX_\mathrm{L} = \dfrac{X_\mathrm{L}}{R}U = QU$

电容电压为　　$U_\mathrm{C} = IX_\mathrm{C} = \dfrac{X_\mathrm{C}}{R}U = QU$

品质因数

$$Q = \frac{X_L}{R} = \frac{X_C}{R} = \frac{\omega_0 L}{R} = \frac{1}{\omega_0 CR}$$

可见，谐振时电感（电容两端）的电压是总电压的 Q 倍，Q 称为电路的品质因数，在电子电路中经常用到串联谐振，例如某些收音机的接收回路便用到串联谐振。但在电力线路中应尽量防止谐振发生，因为谐振时电容、电感两端出现高电压会损坏电器设备。

任务 4.3　功率因数的提高

一、提高功率因数的意义

在正弦交流电路中，有功功率与视在功率的比值称为功率因数 λ，即

$$\lambda = \cos\varphi = \frac{P}{S} = \frac{P}{UI}$$

功率因数的大小是表示电源功率被利用的程度，是电力系统很重要的经济指标，其大小取决于所接负载的性质。在交流供电系统中负载多为电感性，例如三相异步电动机，在额定工作状态下，功率因数为 0.8~0.9，而轻载工作时仅为 0.2~0.3。线路功率因数一般不高，这将使电源设备的容量不能得到充分利用，故提高功率因数对国民经济的发展有着极其重要的现实意义。

1. 充分发挥电源设备的潜在能力

一般交流电源都是按额定电压 U_N 和额定电流 I_N 来进行设计、制造和使用的。它能够供给负载的有功功率为 $P = U_N I_N \cos\varphi$，当 $U_N I_N$ 为定值时，若 $\cos\varphi$ 低，负载吸收的功率低，因而电源供给的有功功率 P 也低，这样电源的潜力就没有得到充分发挥。例如，额定容量 $S_N = 100$kVA 的变压器，若负载的功率因数 $\cos\varphi = 1$，则变压器达额定时，可输出有功功率 $P = S_N \cos\varphi = 100$kW；若负载的功率因数 $\cos\varphi = 0.2$，则变压器达额定时，可输出有功功率 $P = S_N \cos\varphi = 20$kW。若增加输出，则电流过载，显然，这时变压器没有得到充分利用。因此提高负载的功率因数，可以提高电源设备的利用率。

[例 4-11]　感性负载，端电压 $U = 220$V、功率 $P = 10$kW、功率因数 $\lambda_1 = \cos\phi_1 = 0.5$，计算此时电源提供的电流 I_1 和无功功率 Q。

解：功率　　　　　　　　　$P = UI_1\cos\phi_1$

电流　　　　　$I_1 = \dfrac{P}{U\cos\phi_1} = \dfrac{10 \times 10^3}{220 \times 0.5}\text{A} = 90.91\text{A}$

无功功率　　　　　　　$Q = UI_1\sin\phi_1$

$$\phi_1 = \arccos 0.5 = 60°$$

$$Q = 220 \times 90.91 \times \sin 60°\text{var} = 17.32\text{kvar}$$

讨论：功率因数越小，所需电流 I_1 越大，无功功率 Q 也越大。反之，若将提高为 $\lambda_2 = \cos\phi_2 = 1$，则电源提供的电流减小。

$$I_2 = \frac{P}{U\cos\varphi_2} = \frac{10 \times 10^3}{220}\text{A} = 45.45\text{A}$$

无功功率 $\qquad\qquad\qquad Q = 0$

该负载所需电流减小，电源即可将节省下来的电流，提供给其他更多的用户使用。

2. 减少电路损耗

在一定的电源电压下，向用户输送一定的有功功率时，由 $I = \dfrac{P}{U\cos\varphi}$ 可知，电流 I 与功率因数成反比，功率因数越低，流过输电线路的电流就越大。由于输电线路本身具有一定的电阻，所以，线路上的电压降也就越大，线路上的能量损耗也就越大，而且用户端的电压也随之降低，特别是处于电网的末端将会长期处于低压运行状态，影响负载的正常工作。为了减少输电线路的电能损耗，改善供电质量，必须提高功率因数。当负载的有功功率 P 和电压 U 一定时，功率因数越大，输电线上的电流越小，线路上损耗就越少，而减少线路损耗，可以使负载电压和电源电压更接近，电压调整率高。

由此可见，功率因数提高后，可使电源设备的容量得到充分利用，同时可以减小电能在输送过程中的损耗，因此，提高电网的功率因数，对发展经济有着重要的经济意义。

二、提高功率因数的方法

由于大量感性负载的存在，是功率因数不高的原因。工厂中广泛使用的三相异步电动机就属于感性负载。提高功率因数的原则是不影响负载的正常工作。提高功率因数的方法之一，是在感性负载两端并联适当大小的电容器，利用电容的无功功率 Q_C 对电感的无功功率 Q_L 进行补偿。原理如下：

设原负载为感性负载，其功率因数为 $\cos\varphi_1$，电流为 $\dot{I}_1$，在其两端并联电容器 C，电路如图 4-3-1 所示，并联电容器后，并不影响原负载的工作状态。从相量图可知，由于电容电流补偿了负载中的无功电流，使总电流减小，电路的总功率因数提高了。

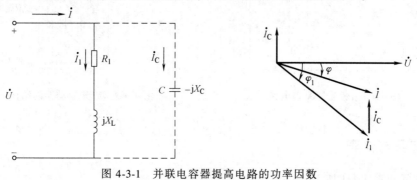

图 4-3-1 并联电容器提高电路的功率因数

1. 电容量的计算

有一感性负载的端电压为 U，功率为 P，功率因数为 $\cos\varphi_1$，为了使功率因数提高到 $\cos\varphi$，根据不影响负载的正常工作的原则，可推导所需并联电容器的容量的计算公式

$$I_1\cos\varphi_1 = I\cos\varphi = \frac{P}{U}$$

流过电容的电流 $\qquad I_C = I_1\sin\varphi_1 - I\sin\varphi = \dfrac{P}{U}(\tan\varphi_1 - \tan\varphi) = \omega CU$

$$C = \frac{P}{\omega U^2}(\tan\varphi_1 - \tan\varphi)$$

2. 提高电路功率因数的注意事项

1）并联电容器后，对原感性负载的工作情况没有任何影响，即流过感性负载的电流和它的功率因数均未改变。这里所谓的功率因数提高了，是指包含电容在内的整个电路的功率因数比单独的感性负载的功率因数提高了。

2）线路电流的减小，是电流的无功分量减小的结果，而电流的有功分量并未改变，这从相量图上可以清楚地看出。实际生产中，并不要求把功率因数提高到1，即补偿后仍使整个电路呈感性。若将功率因数提高到1，需要并联的电容较大，会增加设备投资。

3）功率因数提高到什么程度为宜，必须做具体的技术、经济比较之后才能确定。

任务实施

一、电路原理

荧光灯电路由灯管、镇流器及辉光启动器三部分组成。荧光灯原理电路如图4-4-1所示。灯管是内壁涂有荧光粉的玻璃管，灯丝通有电流时，发射大量电子，激发荧光粉发出白光。镇流器是带有铁心的电感线圈，具有自感作用，与辉光启动器配合，产生脉冲高压。辉光启动器是一个充有氖气的玻璃泡，并装有两个电极（双金属片和定片），辉光启动器的结构如图4-4-2所示，它本质上是一个带有时间延迟性的断路器。

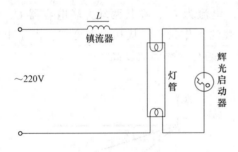

图 4-4-1　荧光灯原理电路

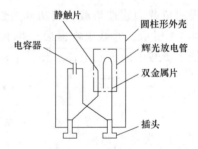

图 4-4-2　辉光启动器的结构示意图

二、工具与仪表

所需器材如表4-4-1所示。

表 4-4-1　器材表

名　称	数　量	名　称	数　量
荧光灯灯具	1 套	电容器	若干
单向调压器	1 台	单刀单掷、单刀双掷开关	各 1 个
功率表	1 只	导线	若干
交流电压表	1 只	电工工具	一套
交流电流表	1 只		

三、内容及步骤

1. 安装荧光灯电路

1）根据荧光灯的原理电路图，画出接线图如图 4-4-3 所示，并按图
接线。

（日）荧光灯电
路的连接

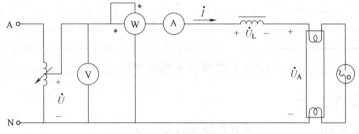

图 4-4-3　荧光灯电路接线图

2）接好线路并经检查合格后，合上电源，调节调压器，使其输出电压从零开始慢慢增
大，观察荧光灯电路的启动过程。

2. 测量荧光灯电路的参数

将调压器的输出电压调至 220V，使荧光灯正常工作后，测量电源电压有效值 U、灯管电
压 U_A、灯管电流 I、镇流器电压 U_L 及荧光灯消耗的有功功率 P，并将结果记入表 4-4-2 中。

表 4-4-2　荧光灯参数测量数据记录表

测　　　　量					计　　算			
平均功率 P/W	总电压 U/V	镇流器电压 U_L/V	灯管电压 U_R/V	总电流 I/A	$\cos\varphi$	R/Ω	R_L/Ω	L/H

注：$\cos\varphi$ 为功率因数，$\cos\varphi = \dfrac{P}{UI}$；$R$ 为灯管电路模型参数，$R = \dfrac{U_R}{I}$；R_L 为镇流器电路模型参数：$R_L = \dfrac{P}{I^2} - R$；L 为镇
流器线圈的电感，$L = \dfrac{X_L}{2\pi f}$，其中，$X_L = \sqrt{\left(\dfrac{U_L}{I_1}\right)^2 - R_L^2}$。

3. 提高荧光灯电路的功率因数

1）按照图 4-4-4 所示电路连接电路。

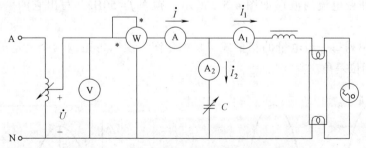

图 4-4-4　荧光灯电路的功率因数提高测试图

2）检查无误后，合上电源，调节调压器使其输出电压从零开始慢慢增大到 220V。

3）改变并联电容的数值，分别测量荧光灯电路的总电压 U、总电流 I、荧光灯支路电流
I_1、电容支路电流 I_2 及功率 P，将结果记入表 4-4-3 中。

表 4-4-3　功率因数提高测量数据

电容	测量					计算
$C/\mu F$	总电压 U/V	总电流 I/A	荧光灯支路电流 I_1/A	电容支路电流 I_2/A	有功功率 P/W	功率因数 $\cos\varphi$
0						
2						
4						
6						

4）计算功率因数，找出总电流下降到最小值时所对应的电容值。

四、注意事项

1）任务实施过程中必须注意人身安全和设备安全。

2）注意荧光灯电路的正确接线，镇流器必须与灯管串联。

3）镇流器的功率必须与灯管的功率一致。

4）荧光灯的启动电流较大，启动时用单刀开关将功率表的电流线圈和电流表短路，防止仪表损坏，操作时注意安全。

5）保证安装质量，注意安装工艺。

任务巩固

4-1　正弦电压 $u = 220\sqrt{2}\sin(628t - 120°)\,\text{V}$，指出其最大值、有效值、角频率、频率、周期及初相角的数值。

4-2　已知正弦电流频率 $f = 50\text{Hz}$，有效值为 $I = 10\text{A}$，且 $t = 0$ 时，$i = 10\text{A}$，写出该正弦电流的瞬时值表达式。

4-3　正弦电压、电流频率 $f = 50\text{Hz}$，波形如图 4-5-1 所示，指出电压、电流的最大值、有效值、初相角，说明哪个电量超前以及超前的相位差角，并计算该相位差角对应的时间。

4-4　一段电路的电流、电压是同频率的正弦电量，其中电流 $i = 20\sqrt{2}\sin(628t - 120°)\,\text{A}$，电压有效值 $U = 220\text{V}$，相位超前于电流 90°，试写出电压 u 的瞬时值表达式。

4-5　有一正弦电流的波形如图 4-5-2 所示，频率 $f = 50\text{Hz}$。写出它的解析式、相量式，并画出相量图。

4-6　写出下列每一组电量的相量式，画相量图，说明每组内两个电量的超前、滞后关系及两电量的相位差角。

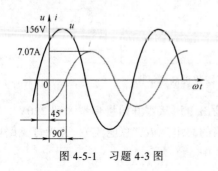

图 4-5-1　习题 4-3 图

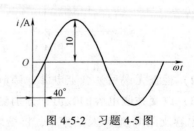

图 4-5-2　习题 4-5 图

（1）$u=220\sqrt{2}\sin(314t+45°)$ V，

$i=22\sqrt{2}\sin(314t-45°)$ A

（2）$u=10\sqrt{2}\sin(1280t+45°)$ V，

$i=10\sqrt{2}\sin(1280t-15°)$ A

（3）$u=8\sqrt{2}\sin(500t-75°)$ V，

$i=10\sqrt{2}\sin(500t-45°)$ A

（4）$u=220\sqrt{2}\sin(2000t+150°)$ V，

$i=22\sqrt{2}\sin(2000t+150°)$ A

4-7 写出下列各组相量所表示的正弦电量的瞬时值表达式，其频率均为 50Hz。

（1）$\dot{U}=220\angle60°$V， （2）$\dot{I}=5\angle-\dfrac{\pi}{3}$A

（3）$\dot{U}=(40-j30)$V， （4）$\dot{I}=(-3-j4)$A

4-8 已知两正弦电压 $u_1=6\sin(31t+30°)$ V，$u_2=8\sin(314t+120°)$ V，试用相量法计算 $u=u_1+u_2$，$u'=u_1-u_2$，并画出相量图。

4-9 有一只电阻炉，额定电压 $U_N=220$V，额定功率 $P_N=968$W，现接于 $U=215$V、$f=50$Hz 的交流电源上，计算通过电阻炉的电流。如果每天使用 3h，计算一个月（30 天）消耗的电能。

4-10 有一电感线圈，电阻可以忽略不计。接在 $u=220\sqrt{2}\sin(2\pi\times4000t+90°)$ V 的电源上，用电流表测知 $I=5$A，写出电流瞬时值表达式，计算线圈的感抗 X_L、电感 L 和无功功率 Q。

4-11 电容元件 C 两端的电压 $u=220\sqrt{2}\sin(314t+45°)$ V，电流 $I_C=5$A。计算电容量 C、电流的初相角 ψ_i 和无功功率 Q。

4-12 已知：RLC 串联交流电路如图 4-5-3 所示，$R=30\Omega$、$L=127$mH、$C=40\mu$F，电源电压 $u=220\sqrt{2}\sin(314t+45°)$ V，计算：

（1）电路的阻抗 Z；

（2）电流 i、电压 u_R、u_L 和 u_C；

（3）画相量图；

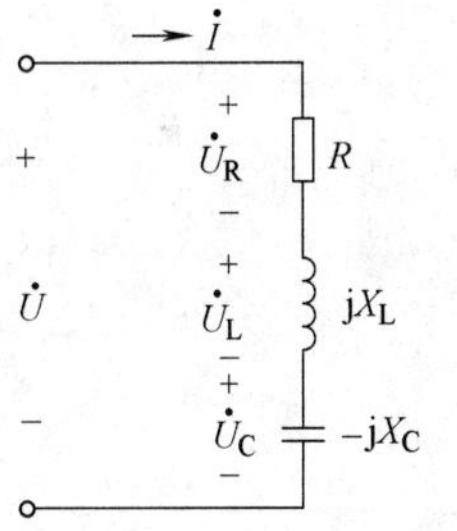

图 4-5-3 习题 4-12 图

（4）计算电路的平均功率 P 和无功功率 Q、视在功率及功率因数。

4-13 让 10A 的直流电流和最大值为 12A 的交流电流分别通过阻值相同的电阻，问在同一时间内，哪个电阻产生的热量多？为什么？

4-14 如何正确选择功率表的量程？今有两块功率表，电压线圈和电流线圈的量程分别是甲表：300V、5A，乙表：300V、2.5A。它们的功率量程各是多少？如果被测电路的端电压是 220V，电流是 3A，应选择哪块功率表？

4-15 一块功率表，电压线圈量程是 600V，电流线圈量程是 2.5A，表盘刻度共 250 格。用该表测量功率时，指针偏转了 200 格，计算被测电路的功率。

4-16 测量电感线圈参数的电路如图 4-5-4 所示，已知电源频率 $f=50$Hz，电压表读数 152V，电流表读数 1.2A，功率表读数 28.8W。计算线圈的电感 L 和电阻 R。

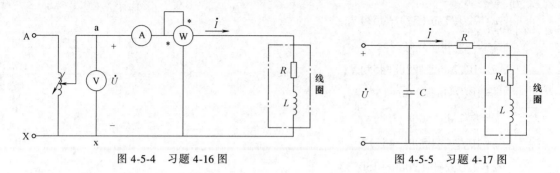

图 4-5-4　习题 4-16 图　　　　　　　图 4-5-5　习题 4-17 图

4-17　荧光灯电路如图 4-5-5 所示。交流电源电压 $U = 220V$，$f = 50Hz$，灯管等效电阻为 R，且测知灯管的端电压为 $U_1 = 100V$，电流 $I_1 = 0.4A$，镇流器消耗的功率为 8W。

（1）计算灯管的等效电阻 R、镇流器的电阻 R_L 和电感 L；

（2）计算灯管消耗的平均功率、灯管电路消耗的总平均功率和灯管电路的功率因数；

（3）并联电容 $C = 3.46\mu F$ 后，整个电路的功率因数是多少？

任务5
三相负载的连接与功率的测量

任务描述

目前，电力系统大多数采用的是三相制供电方式。所谓三相制，就是由频率相同、最大值相等、相位互差120°的三相交流电源供电的系统体系，这样的三个电动势称为三相电动势。用输电导线把三相电源和三相负载连接在一起构成的电路，称为三相交流电路，或称为"三相制"。组成三相电路的每一单相电路，称为一相。和单相交流电比较，在相同的容量下，三相发电机的尺寸比单相发电机要小；三相发电机的结构简单、运行可靠、维护方便；输送距离和输送功率一定时，采用三相制比单相制要节省大量的有色金属；还有许多需要大功率直流电源的用户，通常利用三相整流来获得波形平滑的直流电压。因此大量的实际问题归结于三相交流电路的分析与计算。

能力目标

1) 能够进行三相负载的星形和三角形联结。
2) 掌握测量三相电路的电压、电流的方法。
3) 分析三相四线制系统中，不对称负载中性线的作用。
4) 掌握测量三相电路功率的方法。

相关知识

1) 三相交流电。
2) 三相电源的连接。
3) 三相负载的连接。
4) 三相电路的功率及其测量。

任务5.1　认识三相交流电

三相交流电是指由三相电源供电，产生的三相电压以及接上负载后形成的三相电流。三相电源是由最大值相等、频率相同、彼此具有120°相位差的三个正弦交流电动势按照一定的方式连接而成的。

一、三相交流电动势的产生

三相交流电动势，是由三相发电机产生的。三相发电机主要由电枢（定子）和磁极

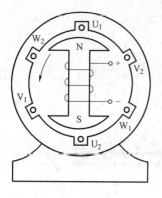 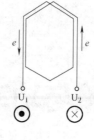 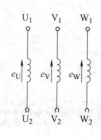

a) 三相交流电机原理图　　　　b) 电枢绕组　　　　c) 三相绕组及其电动势

图 5-1-1　三相交流发电机原理图

（转子）组成，如图 5-1-1 所示为一对磁极的三相交流发电机原理示意图。电枢是固定的，称为定子，由定子铁心和三相定子绕组组成，定子铁心用硅钢片叠装而成，内圆表面冲有槽，在槽内放置三相匝数相等、相互独立的绕组，绕组的首端分别用 U_1、V_1、W_1 表示，末端分别用 U_2、V_2、W_2 表示，其中一相绕组如图 5-1-1b 所示。三个绕组的首端或末端在空间彼此互差 120°；电机的磁极是旋转的，称为转子，转子铁心上绕有励磁绕组，通过直流电励磁。适当选择极面形状和励磁绕组的分布，可以使磁极与电枢空隙中的磁感应强度按正弦规律分布。

当原动机拖动转子以角速度 ω 做顺时针匀速转动时，定子的每相绕组依次切割磁力线，产生频率相同、幅值相等的正弦电动势 e_U、e_V、e_W，参考方向指定为由末端指向首端，如图 5-1-1c 所示。

三相交流电动势的产生

三相交流发电机工作原理

二、三相交流电动势的表示方法

当 N 极的轴线转到 U_2 位置时，U 相的电动势达到正幅值，经过 120° 后 N 极轴线转到 V_2 处，V 相的电动势达到正幅值，再由此经过 120° 后，W 相的电动势达到正幅值，其波形如图 5-1-2a 所示。所以 e_U 比 e_V 超前 120°，e_V 比 e_W 超前 120°，e_W 又比 e_U 超前 120°，若以 e_U 为参考正弦量，则有

$$e_U = E_m \sin\omega t$$
$$e_V = E_m \sin(\omega t - 120°)$$
$$e_W = E_m \sin(\omega t + 120°) \tag{5-1-1}$$

用相量表示为

$$\dot{E}_U = E \angle 0°$$
$$\dot{E}_V = E \angle -120°$$
$$\dot{E}_W = E \angle 120° \tag{5-1-2}$$

相量图如图 5-1-2b 所示。

三相电动势达到最大值的先后次序，称为相序。上述三相电动势到达最大值的次序是 U-V-W-U，称为正序；若是 U-W-V-U，称为负序。通常，三相电源的相序都是正序。三个电动势的最大值相等、频率相同、相位互差 120°，就称为三相对称电动势。若将一组对称

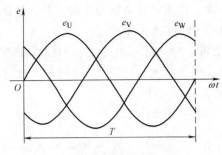
a) 对称三相电动势波形图

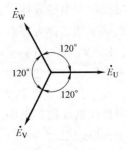
b) 对称三相电动势相量图

图 5-1-2　对称三相电动势波形和相量图

三相电动势作为一组电源，则构成一组对称三相电源。以后在没有特别说明的情况下，三相电源就指对称三相电源，并且规定电动势的方向从末端指向首端，即电流从首端流出时为正，反之为负。

由相量图可知，对称三相电源的电动势之和为零，即

$$\dot{E}_U + \dot{E}_V + \dot{E}_W = 0 \tag{5-1-3}$$

电动势瞬时值之和也等于零，即

$$e_U + e_V + e_W = 0 \tag{5-1-4}$$

由于发电机产生的是三相对称电动势，且发电机绕组的阻抗相等，故发电机三个绕组的电压 u_U、u_V、u_W 是对称三相电压，即

$$\dot{U}_U = U \angle 0°$$

$$\dot{U}_V = U \angle -120°$$

$$\dot{U}_W = U \angle +120° \tag{5-1-5}$$

任务 5.2　三相电源的连接

三相交流发电机的每一个绕组都是独立的电源，均可单独给负载供电，但这样供电需要6根导线，如图 5-2-1 所示，这样体现不出三相制在电能输送方面的优越性，很不经济，没有实用价值。实际上，是将三相电源的绕组按照一定的方式连接之后，再向负载供电，通常采用星形（Y）和三角形（△）联结两种方式。

图 5-2-1　三相六线制

一、三相电源的星形联结

将三相电源的三个负极性端 U_2、V_2、W_2 连接在一起，形成一个节点 N，称为中性点。再由三个正极性端 U_1、V_1、W_1 分别引出三根输出线，称为端线或相线（俗称火线），这样就构成了三相电源的星形联结（用Y表示）。三相线常用 A、B、C 表示，中性点也可引出

三相交流电源

一根线,这根线称为中性导体,又可称中性线。低压供电系统的中性点是直接接地的。习惯上,把接大地的中性点称为零点,而把接地的中性线称为零线。

工程上,U、V、W（A、B、C）三相用黄、绿、红三色标记;中性线用黑色;地线用黄绿双色线来标记。有中性线的三相制称为三相四线制,如图 5-2-2 所示,通常在低压供电电网中采用,日常生活中见到的单相供电线路是由一根相线和一根中性线组成的;无中性线的称为三相三线制,在高压输电工程中采用。

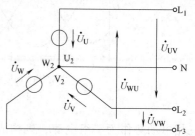

图 5-2-2　三相电源的星形联结

1. 相电压

电源每相绕组两端的电压称为电源的相电压,其相量形式为 $\dot{U}_U$、$\dot{U}_V$、$\dot{U}_W$,有效值用 U_P 表示,相电压的参考方向规定为从始端指向末端。有中性线时,各相线与中性线之间的电压就是相电压。

2. 线电压

相线与相线之间的电压称为电源的线电压,其相量形式为 $\dot{U}_{UV}$、$\dot{U}_{VW}$、$\dot{U}_{WU}$,有效值用 U_L 表示。

3. 相电压和线电压的关系

三相四线制供电系统可提供两种电压:相电压和线电压。由基尔霍夫定律可得:

$$u_{UV} = u_U - u_V$$
$$u_{VW} = u_V - u_W \qquad\qquad (5\text{-}2\text{-}1)$$
$$u_{WU} = u_W - u_U$$

相量式为

$$\dot{U}_{UV} = \dot{U}_U - \dot{U}_V$$
$$\dot{U}_{VW} = \dot{U}_V - \dot{U}_W \qquad\qquad (5\text{-}2\text{-}2)$$
$$\dot{U}_{WU} = \dot{U}_W - \dot{U}_U$$

电源的三相电压的大小相等、频率相同、相位互差 120°,所以三相电压是对称的。设 $\dot{U}_U$ 为参考相量,即设 $\dot{U}_U = U_P \angle 0°$,$\dot{U}_V = U_P \angle 120°$,$\dot{U}_W = U_P \angle -120°$,根据相量的运算法则得出各线电压为

$$\dot{U}_{UV} = \sqrt{3}\,U_P \angle 30° = \sqrt{3}\,\dot{U}_U \angle 30°$$
$$\dot{U}_{VW} = \sqrt{3}\,U_P \angle -90° = \sqrt{3}\,\dot{U}_V \angle 30°$$
$$\dot{U}_{WU} = \sqrt{3}\,U_P \angle 150° = \sqrt{3}\,\dot{U}_W \angle 30°$$

$$(5\text{-}2\text{-}3)$$

各相电压与线电压相量图如图 5-2-3 所示。

由相量图 5-2-3 可知,三相线电压 $\dot{U}_{UV}$、$\dot{U}_{VW}$、$\dot{U}_{WU}$ 也是对称的,在相位上,线电压比相应的相电压超前 30°;线电压有效值是相

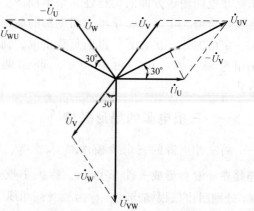

图 5-2-3　三相电源星形联结各电压相量图

电压有效值的 $\sqrt{3}$ 倍，即 $U_l = \sqrt{3} U_P$。

发电机（或变压器）绕组接成星形，可以为负载提供两种对称三相电压。目前，电力电网的低压供电系统中的线电压为 380V，相电压是 220V，常写电源电压"380V/220V"。

[**例 5-1**] 已知发电机绕组星形联结，且线电压 $\dot{U}_{CA} = 380\angle 120°\text{V}$，试求 $\dot{U}_{AB}$、$\dot{U}_{BC}$、$\dot{U}_A$、$\dot{U}_B$ 和 $\dot{U}_C$，并画相量图。

解： 发电机绕组星形联结时，相电压和线电压都是对称的，根据三相对称电源的特点，不难得出

$$\dot{U}_{AB} = 380\angle 0°\text{V}$$

$$\dot{U}_{BC} = 380\angle -120°\text{V}$$

根据相电压和线电压的关系，得出

$$U_P = U_L/\sqrt{3} = 380/\sqrt{3}\ \text{V} = 220\text{V}$$

$$\dot{U}_A = 220\angle -30°\text{V}$$

$$\dot{U}_B = 220\angle -150°\text{V}$$

$$\dot{U}_C = 220\angle 90°\text{V}$$

相量图如图 5-2-4 所示。

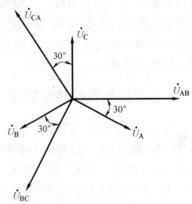

图 5-2-4　例 5-1 图

二、三相电源的三角形联结

将三相电源内每相绕组的末端与它相邻的另一相绕组的首端依次相连，构成一闭合回路，然后从三个连接点引出三条供电线，称为三角形联结，用△表示，三角形联结是三相三线制供电方式，如图 5-2-5 所示。

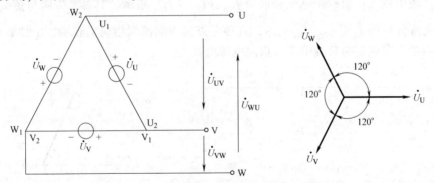

图 5-2-5　三相电源的三角形联结及电压相量图

由图 5-2-5 可看出，三相电源作三角形联结时，电源的线电压等于电源的相电压，即

$$U_l = U_P$$

若三相电源对称，则三角形闭合回路的总电动势等于零，这时电源绕组内部不存在环流，但若三相电源不对称或线路接错（绕组首末端调反），则回路总电动势就不为零，此时即使外部没有负载，也会因为各相绕组本身阻抗很小，使闭合回路内产生很大的环流，这将使绕组过热，甚至烧坏。因此，三相发电机绕组一般不采用三角形联结，三相变压器绕组有时采用三角形联结，但要求在连接前必须检查三相绕组的对称性及接线顺序。

任务5.3 三相负载的连接

交流电电气设备统称为负载。按它们对电源的要求分为单相负载和三相负载。单相负载是指只需单相电源供电的设备，如照明用的荧光灯、家用电器等。三相负载是指需要三相电源供电的负载，如三相异步电动机。

三相电路中的三相负载可能相同也可能不同，通常把三相负载相同的三相负载叫作对称三相负载，如三相电动机、三相电炉等。若三相负载不同，就称为不对称三相负载，如三个照明电路组成的三相负载。使用任何电气设备，都要求其所承受的电压等于它的额定电压，所以要采用一定的连接方式来满足设备对电压的要求。在三相电路中，负载的连接方式有两种：星形联结和三角形联结。

一、三相负载的星形联结

将三个负载的一端连成一点，称为负载的中性点 N′，接在电源的中性线上，另一端分别与三根端线相连。这种将三相负载分别接在三相电源的一根相线与中性线之间的接法称为星形（Y）联结。如图5-3-1所示，Z_U、Z_V、Z_W 为各相负载的阻抗。

为分析电路方便，做如下规定：

1）加在每相负载两端的电压称为负载的相电压；流过每相负载的电流称为负载的相电流。

2）流过每根相线的电流称为线电流；相线与相线之间的电压称为线电压。

3）负载为星形联结时，负载的相电压分别用 $\dot{U}_U$、$\dot{U}_V$、$\dot{U}_W$ 表示，规定其参考方向为相线指向负载中性点；负载相电流分别用 $\dot{I}_{UN}$、$\dot{I}_{VN}$、$\dot{I}_{WN}$ 表示，其参考方向与负载相电压的一致，线电流分别用 $\dot{I}_U$、$\dot{I}_V$、$\dot{I}_W$ 表示，其参考方向为电源端指向负载端，中性线电流用 $\dot{I}_N$ 表示，其参考方向规定为负载中性点指向电源中性点。

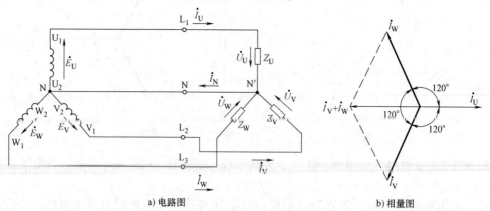

a) 电路图　　　　　　　　　　　b) 相量图

图5-3-1　负载的星形联结

对于负载的星形联结，由图5-3-1可知，若忽略输电线上的电压损耗，可得出以下结论：

1）负载的相电压等于电源的相电压。

2）负载的相电流等于线电流，即 $\dot{I}_{L} = \dot{I}_{P}$。

3）每一相电源、负载以及中性线构成独立的回路，因此可采用单相交流电的分析方法对每相负载进行独立分析。各相电压、相电流及负载的相量关系为

$$\dot{I}_{UN} = \dot{I}_{U} = \frac{\dot{U}_{U}}{Z_{U}}$$

$$\dot{I}_{VN} = \dot{I}_{V} = \frac{\dot{U}_{V}}{Z_{V}} \qquad (5\text{-}3\text{-}1)$$

$$\dot{I}_{WN} = \dot{I}_{W} = \frac{\dot{U}_{W}}{Z_{W}}$$

若三相电源对称，三相负载也对称（$Z_{U} = Z_{V} = Z_{W}$），则相电流也对称。若以 $\dot{I}_{U}$ 为参考相量，相电流相量关系如图 5-3-1b 所示。

根据相量图可知 $\qquad\qquad \dot{I}_{N} = \dot{I}_{U} + \dot{I}_{V} + \dot{I}_{W} = 0$

因此，对称负载星形联结时，中性线可以省去，电路化简为三相三线制。如图 5-3-2 所示，中性线省去后，并不影响三相负载的工作，三个相电流便借助各相线及各相负载互成回路，各相负载的相电压仍是对称的电源相电压。通常在高压输电时，由于三相负载都是对称的三相变压器，所以都采用三相三线制。

图中没有画出电源的连接方式，这是因为从负载的角度来说，所关心的是电源能输出多大的线电压，至于电源内部究竟是如何连接的，则无关紧要，所以为了简化线路图，习惯上省略三相电源不画，而仅画出与负载相连的端线和中性线即可。

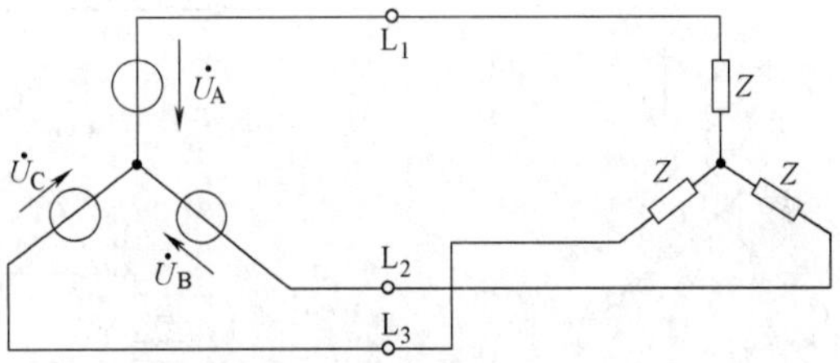

图 5-3-2 三相三线制供电系统

在三相负载不对称的星形联结中，中性线电流不为零，中性线不能取消，它的作用在于使三相负载成为三个互不影响的独立回路，各相负载的电压等于电源的相电压，不会因负载的变动而变动，从而保证各相负载的正常工作。但是当中性线断开后，各相电压就不再相等了，所以在三相四线制中，规定中性线不能去掉，不准安装熔断器和开关，以免断开。另外，在连接三相负载时，尽量使其平衡，以减小中性线电流。

[例 5-2] 现有白炽灯 120 盏，每盏灯的额定电压 $U_{N} = 220V$，额定功率 $P_{N} = 100W$，电源是三相四线制供电系统，电压 220V/380V。

（1）120 盏灯如何接入三相电源？

（2）白炽灯全部点亮时，计算负载的相电流。

解：（1）白炽灯额定电压与电源的相电压相等，又按照三相负载应尽可能平衡、对称分布的要求。应将这 120 盏灯平均地接在三根相线和中性线之间，每一相 40 盏，此时三相负载按星形联结，如图 5-3-1a 所示。

（2）每盏白炽灯的电阻：

$$R = \frac{U_N^2}{P_N} = \frac{220^2}{100}\Omega = 484\Omega$$

40 盏白炽灯全部点亮时，并联电阻为

$$R_P = \frac{484\Omega}{40} = 12.1\Omega$$

取 $\dot{U}_U$ 为参考相量，则 $\dot{U}_U = 220\angle 0°$。

U 相负载的相电流

$$\dot{I}_{UN} = \frac{\dot{U}_U}{R_P} = \frac{220\angle 0°}{12.1}A = 4.545\angle 0°A$$

电源对称，负载对称，则相电流也对称，根据对称原则，可得出

$$\dot{I}_{VN} = 4.545\angle -120°A$$

$$\dot{I}_{WN} = 4.545\angle 120°A$$

二、三相负载的三角形联结

将三相负载分别接在三相电源的每两根相线之间的接法称为三角形（△）联结，如图 5-3-3 所示。无论负载是否对称，各相负载所承受的电压均为对称的电源线电压。负载做三角形联结时电压、电流的参考方向如图 5-3-3 所示。

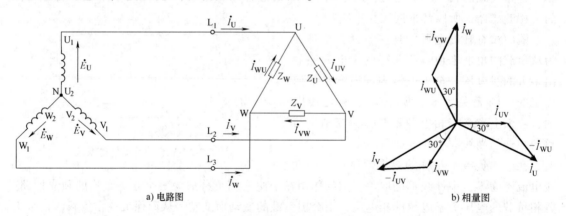

a) 电路图　　　　　　　　　　　　b) 相量图

图 5-3-3　负载的三角形联结

由图 5-3-3 可知，负载三角形联结时，负载的相电压等于电源的线电压。三角形联结的负载接通电源后，会产生相电流和线电流。图 5-3-3a 中，$\dot{I}_{UV}$、$\dot{I}_{VW}$、$\dot{I}_{WU}$ 为相电流；$\dot{I}_U$、$\dot{I}_V$、$\dot{I}_W$ 为线电流。相电流的计算同样根据单相交流电路的分析方法计算，然后根据基尔霍夫电流定律，得出线电流与相电流的关系为

$$\dot{I}_U = \dot{I}_{UV} - \dot{I}_{WU} = \dot{I}_{UV} + (-\dot{I}_{WU})$$

$$\dot{I}_V = \dot{I}_{VW} - \dot{I}_{VU} = \dot{I}_{VW} + (-\dot{I}_{VU})$$ (5-3-2)

$$\dot{I}_W = \dot{I}_{WU} - \dot{I}_{VW} = \dot{I}_{WU} + (-\dot{I}_{VW})$$

若三相负载对称，则三相电流也对称。以 U 相电流 $\dot{I}_{UV}$ 为参考相量，画相量图，如图 5-3-3b 所示。由相量图可得，对三角形联结的三相对称负载而言，有如下结论：

$$\dot{I}_U = \sqrt{3}\,\dot{I}_{UV}\angle -30° = \sqrt{3}\,I_P\angle -30°$$

$$\dot{I}_V = \sqrt{3}\,\dot{I}_{VW}\angle -30° = \sqrt{3}\,I_P\angle -150° \qquad (5\text{-}3\text{-}3)$$

$$\dot{I}_W = \dot{I}_{WU}\angle -30° = \sqrt{3}\,I_P\angle -90°$$

1）线电流是相电流的 $\sqrt{3}$ 倍，即 $I_L = \sqrt{3}\,I_P$。

2）线电流滞后于相应的相电流 30°。

3）线电流是对称的，即 $\dot{I}_U + \dot{I}_V + \dot{I}_W = 0$。

三相负载按什么方式连接，根据每相负载的额定电压与电源线电压的关系而定。

当单相负载的额定电压等于电源的相电压（线电压的 $1/\sqrt{3}$）时，应将负载接在相线与中性线之间，形成负载的星形接法，如图 5-3-4a 所示。

当负载的额定电压等于电源的线电压时，应将负载接在两根相线之间，形成三角形联结，如图 5-3-4b 所示。

[**例 5-3**] 对称三相负载的线电压 $u_{UV} = 380\sqrt{2}\sin\omega t\,V$，对称三相负载的额定电压是 380V，$Z_U = Z_V = Z_W = (30+j40)\,\Omega$。

（1）三相负载如何接入三相电源？

（2）计算负载的相电流和线电流。

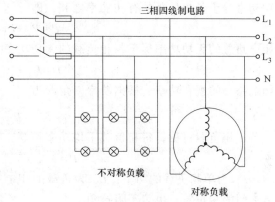

a）负载的星形联结

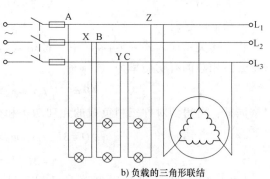

b）负载的三角形联结

图 5-3-4　负载的连接方式

解：（1）负载的额定电压等于电源的线电压，故三相负载应该接在两根相线之间是三角形联结。

（2）已知线电压：$\dot{U}_{UV} = 380\angle 0°\,V$

负载的相电流：
$$\dot{I}_{UV} = \frac{\dot{U}_{UV}}{Z_U} = \frac{380\angle 0°}{30+j40}A = \frac{380\angle 0°}{50\angle 53°}A = 7.6\angle -53°\,A$$

依据对称关系：
$$\dot{I}_{VW} = 7.6\angle(-53°-120°)\,A = 7.6\angle -173°\,A$$

$$\dot{I}_{WU} = 7.6\angle(-53°+120°)\,A = 7.6\angle 67°\,A$$

根据三角形联结线电流与相电流的关系，得

$$\dot{I}_U = \sqrt{3}\,\dot{I}_{UV}\angle -30° = \sqrt{3}\times 7.6\angle(-53°-30°)\,A = 13.16\angle -83°\,A$$

依据对称关系，得　　$\dot{I}_V = 13.16\angle(-83°-120°)\,A = 13.16\angle 157°\,A$

$$\dot{I}_W = 13.16\angle(-83°+120°)\,A = 13.16\angle 37°\,A$$

任务5.4 三相电路的功率及其测量

一、三相电路的功率

在三相交流电路中，不论连接方式是星形还是三角形，负载对称不对称，三相电路总的有功功率等于各相负载的有功功率之和，即

$$P = P_U + P_V + P_W \tag{5-4-1}$$

三相电路总的无功功率等于各相负载的无功功率之和，即

$$Q = Q_U + Q_V + Q_W \tag{5-4-2}$$

三相电路总的视在功率，根据功率三角形为

$$S = \sqrt{P^2 + Q^2} \tag{5-4-3}$$

若三相负载对称，每相负载平均功率相等，则三相总功率为

$$P = 3P_P = 3U_P I_P \cos\varphi_P \tag{5-4-4}$$

式中，P_P 为单相负载的功率；U_P 为负载的相电压；I_P 为负载的相电流；φ_P 为相电压与相电流之间的相位差，也等于阻抗角。

星形联结时 $\qquad\qquad U_L = \sqrt{3}\, U_P, I_L = I_P$

三角形联结时 $\qquad\qquad U_L = U_P, I_L = \sqrt{3}\, I_P$

将上述关系代入式（5-4-4）中，将相值用线值表示，无论负载是三角形联结还是星形联结，三相总的有功功率为

$$P = 3U_P I_P \cos\varphi_P = \sqrt{3}\, U_L I_L \cos\varphi_P \tag{5-4-5}$$

同理，可得到对称三相负载的无功功率和视在功率分别为

$$Q = 3U_P I_P \sin\varphi_P = \sqrt{3}\, U_L I_L \sin\varphi_P \tag{5-4-6}$$

$$S = 3U_P I_P = \sqrt{3}\, U_L I_L \tag{5-4-7}$$

[**例5-4**] 某三相对称电路，每相负载 $R = 80\Omega$，$|Z_P| = 100\Omega$，电源线电压380V。试求：

（1）负载接成星形联结时，每相负载的相电流和电路线电流的大小。

（2）三相负载的平均功率、无功功率和视在功率。

（3）若负载改接成三角形，再求（1）、（2）两项。

解：（1）负载接成星形时

$$U_P = \frac{1}{\sqrt{3}}U_L = \frac{1}{\sqrt{3}} \times 380\text{V} = 220\text{V}$$

$$I_P = I_L = \frac{U_P}{|Z_P|} = \frac{220}{100}\text{A} = 2.2\text{A}$$

$$\cos\varphi = \frac{R}{|Z_P|} = \frac{80}{100} = 0.8$$

（2）计算功率

$$P = \sqrt{3}\, U_L I_L \cos\varphi_P = \sqrt{3} \times 380 \times 2.2 \times 0.8\text{W} \approx 1158.4\text{W}$$

$$Q = \sqrt{3}\,U_{\mathrm{L}}I_{\mathrm{L}}\sin\varphi_{\mathrm{P}} = \sqrt{3}\times380\times2.2\times0.6\mathrm{var} \approx 868.8\mathrm{var}$$

$$S = \sqrt{P^2+Q^2} = \sqrt{1158.4^2+868.8^2}\,\mathrm{VA} = 1448\mathrm{VA}$$

（3）若改接成三角形时

$$U_{\mathrm{P}} = U_{\mathrm{L}} = 380\mathrm{V}$$

$$I_{\mathrm{L}} = \sqrt{3}\,I_{\mathrm{P}} = \sqrt{3}\times\frac{U_{\mathrm{P}}}{|Z_{\mathrm{P}}|} = \sqrt{3}\times\frac{380}{100}\mathrm{A} = 6.6\mathrm{A}$$

$$P = \sqrt{3}\,U_{\mathrm{L}}I_{\mathrm{L}}\cos\varphi_{\mathrm{P}} = \sqrt{3}\times380\times6.6\times0.8\mathrm{W} \approx 3475.2\mathrm{W}$$

$$Q = \sqrt{3}\,U_{\mathrm{L}}I_{\mathrm{L}}\sin\varphi_{\mathrm{P}} = \sqrt{3}\times380\times6.6\times0.6\mathrm{var} \approx 2606.3\mathrm{var}$$

$$S = \sqrt{P^2+Q^2} = \sqrt{3475.2^2+2606.3^2}\,\mathrm{VA} = 4344\mathrm{VA}$$

二、三相功率的测量

在工程上，常用功率表测量三相电路的有功功率，主要有两种方法：一瓦特表法和二瓦特表法。

1. 一瓦特表法

对于三相四线制供电的三相星形联结的负载，可用一只功率表测量各相的有功功率 P_{A}、P_{B}、P_{C}，则三相负载的总有功功率 $\sum P = P_{\mathrm{A}}+P_{\mathrm{B}}+P_{\mathrm{C}}$。这就是一瓦特表法，如图5-4-1所示。若三相负载是对称的，则只需测量其中一相负载的功率，再乘以3即得三相总的有功功率。

对于三相三线制供电的三相对称负载，可用一瓦特表法测得三相负载的总的无功功率 Q，测量原理线路如图5-4-2所示，图示功率表读数的3倍，即为对称三相电路总的无功功率。除了图5-4-2给出的一种连接法（i_{U}、u_{VW}）外，还有另外两种连接法，即接成（i_{V}、u_{UW}）或（i_{W}、u_{UV}）。

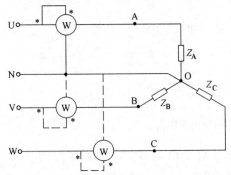

图5-4-1 一瓦特表法测三相负载的单相功率图

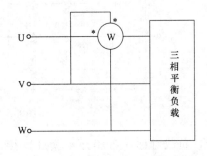

图5-4-2 一瓦特表法测三相功率接线图

2. 二瓦特表法

三相三线制供电系统中，无论三相负载是否对称，也不论负载是星形联结还是三角形联结，都可用二瓦特表法测量三相负载的总功率，测量线路如图5-4-3所示。三相有功功率等于两表读数之和，三相无功功率等于两表读数之差的 $\sqrt{3}$ 倍。

如果负载为感性或容性，且当存在相位差时，线

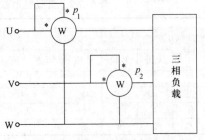

图5-4-3 二瓦特表法测三相功率接线图

路中的一只功率表指针将反偏（数字式功率表将出现负读数），这时应将功率表电流线圈的两个端子调换（不能调换电压线圈端子），其读数应记为负值。而三相总功率 $P = P_1 + P_2$（P_1、P_2 本身不含任何意义）。

除了图 5-4-3 i_U、u_{UW} 与 i_V、u_{VW} 的接法外，还有 i_V、u_{UV} 与 i_U、u_{UV} 以及 i_U、u_{UV} 与 i_W、u_{VW} 两种接法。

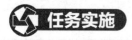 **任务实施**

一、工具和仪表

按表 5-5-1 材料清单准备材料。

表 5-5-1　材料清单表

名　　称	数　　量	名　　称	数　　量
交流电压表	1	万用表	1
交流电流表	1	三相自耦调压器	1
单相功率表	2	三相灯组负载	1

二、内容及步骤

1. 灯箱负载的连接

1）星形联结。

用三个灯箱做三相负载的星形联结，灯箱内部的连接方式如图 5-5-1 所示。

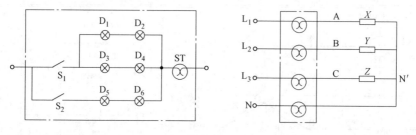

图 5-5-1　灯箱的结构示意图

① 负载对称（各相开 4 盏灯）接通中性线，合上电源开关，观察各灯泡亮度。按表 5-5-2 测量电压、电流，并将测量结果记入表 5-5-2 中。

表 5-5-2　负载星形联结时线电压、相电压、相电流及线电流测量值

中性线连接	开灯盏数			线电压			相电压			线（相）电流			中性线电流	中性线电压
	A相	B相	C相	U_{AB}	U_{BC}	U_{CA}	$U_{AN'}$	$U_{BN'}$	$U_{CN'}$	I_A	I_B	I_C	$I_{NN'}$	$U_{NN'}$
有	4	4	4											
无	4	4	4											
有	2	4	6											
无	2	4	6											

注：电压单位为 V，电流单位为 A。

② 将中性线拆去，重复 1）中的内容。

③ 若负载不对称（各相开灯数分别为 2、4、6 盏），则重复前两项测量，根据测量结果，分析中性线的作用。

2）三角形联结。

按图 5-5-2 所示接线，并接通电源。

① 各相开 4 盏灯，分别测量线电压、线电流及相电流，并将数据记入表 5-5-3 中。

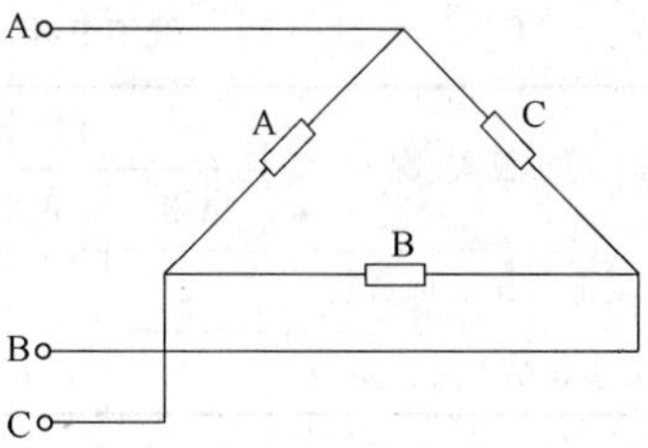

② A、B、C 三相分别开 2、4、6 盏灯，重复上述测量。

③ 将一相负载断开，观察其他两相负载的工作情况。

④ 将电源的一相断开，观察负载的工作情况。

图 5-5-2 灯箱负载的三角形联结

表 5-5-3 负载三角形联结时各电压、电流值

开灯盏数			线电压(相电压)			线电流			相电流		
A 相	B 相	C 相	U_{AB}	U_{BC}	U_{CA}	I_A	I_B	I_C	I_{AB}	I_{BC}	I_{CA}
4	4	4									
2	4	6									

注：电压单位为 V，电流单位为 A。

3）根据记录的电压、电流的测试结果，绘制电流和电压的相量图。

2. 测量三相电路的功率

（1）用一瓦特表法测定三相负载的总功率

1）连接电路。

用一瓦特表法测定三相对称负载星形联结以及不对称负载星形联结时的总功率 $\sum P$，按图 5-5-3 接线。线路中的电流表和电压表用来监视该相的电流和电压，不要超过功率表电压和电流的量程。

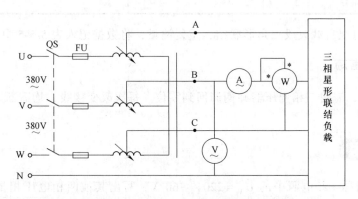

图 5-5-3 一瓦特表法测三相负载功率接线图

图中，先将三只表接入 B 相进行测量，然后再分别换接到 A 相和 C 相，再进行测量。

2）经指导教师检查后，接通三相电源，调节调压器输出，使输出线电压为 220V，并按表 5-5-4 的要求进行测量及计算。

（2）用二瓦特表法测定三相负载的功率

1）按图 5-5-4 接线，将三相灯组负载接成星形联结。

表 5-5-4　负载星形联结时三相功率的测量数据记录表

负载情况	开灯盏数			测量数据			计算值
	A 相	B 相	C 相	P_A/W	P_B/W	P_C/W	$\sum P/W$
星形联结对称负载	2	2	2				
星形联结不对称负载	2	1	2				

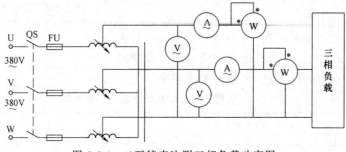

图 5-5-4　二瓦特表法测三相负载功率图

2）经指导教师检查后，接通三相电源，调节调压器的输出，使输出线电压为 220V，并按表 5-5-5 的内容进行测量。

表 5-5-5　二瓦特表法测量三相负载功率的数据记录表

负载情况	开灯盏数			测量数据		
	A 相	B 相	C 相	P_1/W	P_2/W	$\sum P/W$
星形联结平衡负载	2	2	2			
星形联结不平衡负载	2	1	2			
三角形联结平衡负载	2	2	2			
三角形联结不平衡负载	2	1	2			

3）将三相灯组负载改成三角形联结，重复测量，将数据记入表 5-5-5 中。

三、注意事项

任务完成后，需将三相调压器旋柄调回到零位。每次改变接线，均需断开三相电源，以确保人身安全。

任务巩固

5-1　已知对称三相电源中的 $\dot{U}_V = 220\angle -60°V$，写出其他两相电压相量及瞬时值表达式，画出相量图。

5-2　已知三相四线制电源正相序，频率 $f = 10Hz$，相电压 $\dot{U}_V = 220\angle -150°V$，写出相电压 u_U、u_W 的表达式和线电压 u_{UV}、u_{VW}、u_{WU} 的表达式。

5-3　在三相四线制供电系统中，线电压 $u_{UV} = 380\sqrt{2}\sin\omega t V$，写出相电压 u_U、u_V、u_W 和线电压 u_{VW}、u_{WU} 的表示式，并画相量图。

5-4　对称三相负载 $Z = (17.32 + j10)\Omega$，每相负载的额定电压 $U_N = 220V$。三相四线制电

源的线电压 $u_{UV} = 380\sqrt{2}\sin(\omega t+30°)\,\text{V}$。

（1）该三相负载如何接入三相电源？

（2）计算线电流 i_U、i_V、i_W。

（3）画相量图。

（4）计算电路的平均有功功率、无功功率及视在功率。

5-5　对称三相负载 $Z = (26.87+\text{j}26.87)\,\Omega$，每相负载的额定电压 $U_N = 380\text{V}$，三相四线制电源相电压 $u_U = 220\sqrt{2}\sin(\omega t+30°)\,\text{V}$。

（1）该三相负载如何接入三相电源？

（2）计算负载的相电流和线电流。

（3）计算电路的平均有功功率、无功功率及视在功率。

5-6　三相交流电路如图 5-6-1 所示，电源的相电压 $U_P = 220\text{V}$，三相负载 $Z_U = 10\,\Omega$，$Z_V = (6-\text{j}8)\,\Omega$，$Z_W = (8+\text{j}6)\,\Omega$。计算线电流和中性线电流，并画相量图。

5-7　三相交流电路如图 5-6-2 所示，线电压 $U_L = 380\text{V}$，三相负载 $Z_U = 20\angle-90°\,\Omega$，$Z_V = 20\angle90°\,\Omega$，$Z_W = 20\,\Omega$。

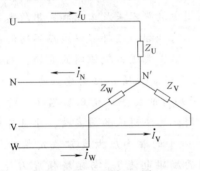

图 5-6-1　习题 5-6 图

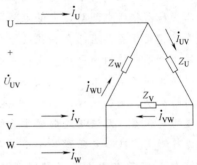

图 5-6-2　习题 5-7 图

（1）计算相电流 i_{UV}、i_{VW}、i_{WU}。

（2）计算线电流 i_U、i_V、i_W。

（3）画相量图。

5-8　画出图 5-6-3 所示"二表法"测量线路外的其他两种形式。

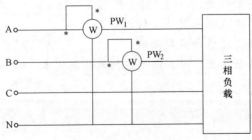

图 5-6-3　习题 5-8 图

任务6
变压器的认知与运行控制

任务描述

实际电路中存在大量的电感元件，如电磁铁、变压器、电机等，它们的线圈中都有铁心，线圈通电后铁心就构成磁路，磁路又影响电路。从发电机的安全运行和制造成本考虑，不允许从发电机直接产生高电压，所以，远距离输电前，必须用升压变压器把电压升高到几万伏，甚至几十万伏。为了安全、方便并降低设备费用，用户使用的电压不能过高，又必须使用降压变压器把送电线路送来的电压降低，再接到用电线路以满足工业和民用所需。

有些单相变压器具有两个相同的一次绕组和几个二次绕组，这样可以适应不同的电源电压和提供几个不同的输出电压。在使用这种变压器时，若需要进行绕组间的连接，则首先应知道各绕组的同名端（在同一交变磁通的作用下，两个绕组上所产生的感应电压瞬时极性始终相同的端子，又称同极性端），才能正确连接，否则可能会导致变压器损坏。对于一台已经制成的变压器，无法从外部观察其绕组的绕向，因此无法辨认其同名端，此时可用实验的方法进行测定。铁心变压器是一个非线性元件，铁心中的磁感应强度 B 决定于外加电压的有效值 U_0。当二次侧开路（即空载）时，一次侧的励磁电流 I_{10} 与磁场强度 H 成正比。在变压器中，二次侧空载时，一次电压与电流的关系称为变压器的空载特性。

本任务中，我们要学习使用直流法和交流法测定变压器的同名端、互感系数及耦合系数，以及测量变压器的空载特性与外特性，并掌握测量、计算变压器的各项参数的方法。

能力目标

1) 会进行变压器的基本计算。
2) 会使用直流法和交流法测定变压器的同名端。
3) 会进行变压器短路、空载和负载测试。
4) 会计算变压器的各项参数，并判断变压器的性能优劣。

相关知识

1) 磁路的基本理论。
2) 磁路分析转化为电路分析的基本方法。
3) 变压器的基本结构、原理和工作特性。
4) 变压器空载、短路特性参数和负载特性的测量方法与技能。
5) 三相变压器的结构及工作原理。

6）电压互感器、电流互感器、自耦变压器的结构及工作原理。

任务6.1 磁路的基本知识

一、磁路的基本物理量

如图 6-1-1a 所示，线圈中通以电流就会产生磁场，一个没有铁心的载流线圈所产生的磁通量弥散在整个空间。而在图 6-1-1b 中，如果我们把线绕在闭合的铁心上，由于铁磁材料优良的导磁性能即磁导率很大，使绝大多数的磁通量集中到铁心内部，并形成一个闭合通路。这种人为造成的磁通路径，称为磁路。在同样大小的电流作用下，有铁心时磁通将大为增加，这就是在电磁器件中常采用铁心的原因。

由励磁电流产生的磁通实际上分为两个部分。全部在磁路中闭合的磁通称为主磁通 Φ；少量磁通通过周围空气构成的回路称为漏磁通 Φ_0，可忽略不计。

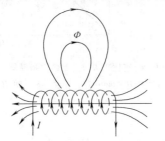

a) 没有铁心的载流线圈所产生的磁场

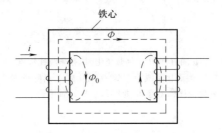

b) 有铁心的载流线圈所产生的磁场

图 6-1-1 磁场的比较

磁路的基本物理量如表 6-1-1 所示。

表 6-1-1 磁路的基本物理量

名称	符号	单位	物 理 意 义
磁感应强度	B	特斯拉(T,Wb/m^2)	是描述磁场强弱和方向的基本物理量,是矢量,其大小可根据载流导体在磁场中受力大小测定:$B=\dfrac{F}{Il}$(垂直于磁场方向、单位长度内流过单位电流的通电导体在该点所受的力)
磁通	Φ	韦伯(Wb)	是磁感应强度通量的简称,其大小为垂直穿过某一截面积 S 的磁力线总数,$\Phi=B\cdot S$
磁导率	μ	亨利/米(H/m)	是用来衡量物质导磁能力大小的物理量。实验测得,真空中的磁导率 μ_0 为一常数,即 $\mu_0=4\pi\times10^{-7}H/m$ 其他材料的磁导率一般用与真空磁导率的比值来表示,称为该物质的相对磁导率 μ_r
磁场强度	H	安/米(A/m)	与物质的磁导率无关,只和载流导体的形状、电流等有关。磁场中某点的磁场强度的大小等于该点的磁感应强度与同一点上的磁导率的比值,$H=\dfrac{B}{\mu}$
磁动势	F	安培匝	磁场是由电流产生的,把磁路中线圈匝数 N 和其电流 I 的乘积看作是产生磁通的源,称为磁动势(磁通势)$F=IN$

二、铁磁材料的磁特性

铁磁材料和非铁磁材料各自的磁特性见表 6-1-2。

表 6-1-2　铁磁材料和非铁磁材料的磁特性

分类	铁 磁 材 料	非 铁 磁 材 料
材料名称	铁、钴、镍及其合金	水银、铜、硫、氯、氢、银、金、锌、铝、氧、氮、铝、铂等
导磁性	$\mu_r \gg 1$，高导磁性，在磁场中可被强烈磁化	$\mu_r \approx 1$，不能被强烈磁化
非线性、饱和性	1. μ 随 B 和 H 变化而变化，具有非线性特点 2. 当磁化曲线沿起始 O 磁化到 1 点附近时，磁化强度趋于饱和，曲线几乎与 H 轴平行	1. $B(\Phi)$ 正比于 $H(I)$，无磁饱和现象 2. $\mu = B/H = \tan\alpha$ 为一常数，μ 不随 $H(I)$ 的变化而变化
磁滞性	B 的变化滞后于 H 的变化，故名磁滞性	无磁滞性

在磁场中，当磁化磁场做正负周期性的变化时，铁磁体中的磁感应强度总是落后于磁场强度变化，即所谓磁滞，其关系是一条闭合线，这条闭合线称为磁滞回线。磁滞回线中当 $H=0$ 时，B 不为 0，这部分剩留的磁性称为剩磁 B_r，永久磁铁的磁性就是由剩磁产生的。要想消除剩磁，必须施加反向磁场。使 $B=0$ 所需的 H_c 称为矫顽磁力。H_c 的大小反映铁磁材料保持剩磁状态的能力。

三、磁路的基本定律

线圈中电流有效值与线圈匝数的乘积称为磁动势。把励磁电流 I 和线圈匝数 N 的乘积看作是磁路中产生磁通的源泉，称为磁动势 F，即

$$F = NI \tag{6-1-1}$$

磁通的大小除了与磁动势有关以外，还与磁路的横截面积 S 成正比，与磁路的长度 l 成

反比，并与组成磁路的材料磁导率 μ 成正比，即

$$\Phi = F\frac{\mu S}{l} = \frac{F}{\dfrac{l}{\mu S}} = \frac{F}{R_{\mathrm{m}}} \tag{6-1-2}$$

式中，R_{m} 称为磁阻，是表示磁路对磁通起阻碍作用的物理量。磁阻的大小与磁路的材料及几何尺寸有关。磁通、磁动势、磁阻，这三个物理量可以分别对应电路中的电流 I、电动势 E 和电阻 R，式（6-1-2）可以对应电路中的欧姆定律，故称为磁路的欧姆定律。

[例 6-1] 在图 6-1-1b 所示磁路中，为什么主磁通 Φ 远大于漏磁通 Φ_0？

解： 主磁路的 μ 为铁心的磁导率，漏磁路的 μ_0 为空气的磁导率，显然，$\mu \gg \mu_0$，所以 $R_{\mathrm{m}} < R_0$。根据磁路欧姆定律：$\Phi = F/R_{\mathrm{m}}$，所以 $\Phi \gg \Phi_0$。

四、交流铁心线圈

1. 电压与磁通的关系

图 6-1-2 所示为交流铁心线圈电路，若线圈两端外加正弦电压，在线圈中就会产生变化的电流，变化的电流在铁心中产生变化的磁通 Φ，变化的磁通又在线圈中产生感应电动势 e。不考虑线圈的电阻及漏磁通时，实验和理论推导可得出电压和磁通之间的关系为

$$U \approx E = 4.44fN\Phi_{\mathrm{m}} \tag{6-1-3}$$

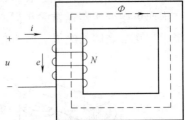

式中 U 为加在铁心线圈上电压的有效值，单位是伏[特]（V）；

N 为线圈匝数；

f 为电源频率，单位是赫[兹]（Hz）；

图 6-1-2 闭合铁心的线圈

Φ_{m} 为铁心中交变磁通的幅值，单位是韦[伯]（Wb）。

在相位关系上，端电压超前于磁通 90°。

2. 铁心损耗

在交变磁通作用下，铁心中存在着能量损耗，称为铁心损耗，简称铁损，用 P_{Fe} 表示。铁心损耗主要由两部分组成，即涡流损耗和磁滞损耗。

（1）涡流损耗

铁心中的交变磁通 Φ 在铁心中感应出电压，由于铁心也是导体，就产生了一圈一圈的电流，这种电流称为涡流。涡流产生的功率损耗与感应电压的二次方成正比。由式（6-1-3）可知感应电压 U 与磁通交变的频率及磁感应强度的最大值 B_{m} 成正比，因此涡流损耗与 f 及 B_{m} 的二次方成正比。

（2）磁滞损耗

铁磁性物质在反复磁化时，会产生一种类似于摩擦生热的能量损耗，这就是磁滞损耗。

[例 6-2] 一个铁心线圈接在 220V、50Hz 的交流电源上，若要使铁心中产生的磁通的最大值为 0.002Wb，问铁心上的线圈至少应绕多少匝？

解： 根据式（6-1-3）可得

$$N = \frac{U}{4.44f\Phi_{\mathrm{m}}} = \frac{220}{4.44 \times 50 \times 0.002}匝 = 496匝$$

任务6.2　变压器的结构与工作原理

单相变压器
的结构

一、变压器的结构

变压器是指利用电磁感应原理将某一等级的交流电压或电流变换成同频率的另一等级的交流电压或电流的电气设备。单相变压器是用来变换单相交流电的变压器，通常额定容量较小。在电子电路、焊接、冶金、测量系统、控制系统以及实验等方面，单相变压器的应用都很广泛。

变压器种类很多，但其基本结构相同，主要由绕组和铁心两部分构成。变压器按铁心和绕组的组合方式，可分为心式和壳式两种，如图6-2-1所示。心式变压器是绕组包围着铁心，而壳式变压器是铁心上有分支，铁心包围着绕组。心式变压器用铁量比较少，多用于大容量的电力变压器；壳式变压器用铁量比较多，但不需要专门的变压器外壳，常用于小容量的电子设备和仪器中的变压器。此外，大容量的电力变压器为解决运行中的散热问题，除铁心和绕组主要部件之外，还装有油箱、散热管、风扇等冷却装置。

国产单相变压器通常采用同心式绕组，即将高、低压绕组同心地套在铁心柱上。为了便于绕组与铁心之间的绝缘，常将低压绕组装在里面，高压绕组装在外面，如图6-2-1所示。

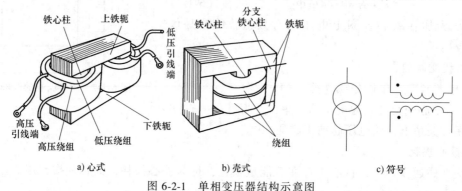

a) 心式　　　　　　　　　b) 壳式　　　　　　　c) 符号

图6-2-1　单相变压器结构示意图

（1）铁心

铁心构成了变压器的磁路，并作为绕组线圈的支撑骨架，因而它一般是由导磁性能较好的硅钢片（0.35~0.5mm厚）叠制而成，且硅钢片之间彼此绝缘，以减小涡流损耗。铁心分铁心柱和铁轭两部分，铁心柱上装有绕组线圈，铁轭的作用是使磁路闭合。

（2）绕组

绕组构成变压器的电路，常用有绝缘层的导线，即漆包铜线绕制而成。变压器中工作电压高的绕组称为高压绕组，工作电压低的绕组称为低压绕组。

单相变压器的
工作原理

二、变压器的工作原理

为了便于分析，把与电源连接的一侧称为一次则（或称一次绕组），一次侧各量均用下脚标"1"表示，如N_1、u_1等；与负载连接的一侧称为二次侧（或称为二次绕组），二次侧各量均用下脚标"2"表示，如N_2、u_2等。

1. 空载运行及变压原理

一次绕组接交流电源、二次绕组开路的运行方式称为空载运行，如图 6-2-2 所示。此时，一次绕组的电流 i_{10} 称为励磁电流，由于外加电压 u_1 是按正弦规律变化的，因此铁心中产生的磁通 Φ 也是按正弦规律变化的，在交变磁通的作用下，在一、二次绕组中分别产生感应电动势 e_1、e_2。

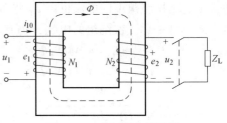

图 6-2-2　变压器空载运行

设 $\Phi = \Phi_{m}\sin\omega t$，由式（6-1-3）得

$$E_1 = 4.44fN_1\Phi_m$$
$$E_2 = 4.44fN_2\Phi_m$$

所以

$$\frac{E_1}{E_2} = \frac{N_1}{N_2} \qquad (6\text{-}2\text{-}1)$$

式中　N_1 是一次绕组匝数；

　　　N_2 是二次绕组匝数。

由于 i_{10} 在空载时很小（仅占一次绕组额定电流的 3%～8%），故可忽略一次绕组的阻抗不计，则电源电压 U_1 与 E_1 近似相等，即

$$U_1 \approx E_1$$

由于二次绕组开路，空载端电压 U_{20} 与 E_2 相等，即

$$U_{20} = E_2$$

因此有

$$\frac{U_1}{U_{20}} \approx \frac{E_1}{E_2} = \frac{N_1}{N_2} = K \qquad (6\text{-}2\text{-}2)$$

式中，K 称为电压比，俗称变比，它是变压器的一个重要参数。

上式表明，变压器具有变换电压的作用，且电压大小与其匝数成正比。因此，匝数多的绕组电压高，匝数少的绕组电压低。当 $K>1$ 时为降压变压器；当 $K<1$ 时为升压变压器。在后续内容二极管稳压电源的组装与调试任务中，电源变压器将来自电网的 220V 交流电压 u_1 变换为整流电路所需要的交流电压 u_2，就利用了变压器的变压作用。

[例 6-3]　有一台空载变压器，一次侧电源电压 $U_1 = 220$V，电源频率 $f = 50$Hz，此时铁心中磁通最大值 $\Phi_{m} = 4.95\times10^{-4}$ Wb，二次侧匝数 $N_2 = 500$ 匝。求一次侧匝数 N_1 以及二次侧空载电压 U_{20}。

变压器绕组电压的测量

解： 由式（6-1-3）和式（6-2-2）可知变压器一次侧匝数

$$N_1 = \frac{U_1}{4.44f\Phi_m} = \frac{220}{4.44\times50\times4.95\times10^{-4}}\text{匝} = 2000\text{匝}$$

根据变压器一、二次电压比等于匝数比，可求得二次侧空载电压

$$U_{20} = U_1\frac{N_2}{N_1} = \left(220\times\frac{500}{2000}\right)\text{V} = 55\text{ V}$$

2. 负载运行及变流原理

一次绕组接交流电源、二次绕组接负载的运行方式如图 6-2-3 所示，此时二次绕组中有

电流 i_2，一次绕组中的电流也由 i_{10} 增加到 i_1，但铁心中的磁通 Φ 和空载时相比基本保持不变，若不计一、二次绕组的阻抗，仍有

$$U_1 \approx E_1 = 4.44fN_1\Phi_m$$
$$U_2 \approx E_2 = 4.44fN_2\Phi_m$$
$$\frac{U_1}{U_2} \approx \frac{E_1}{E_2} = \frac{N_1}{N_2} = K$$

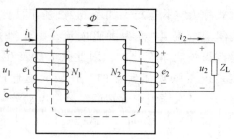

图 6-2-3　变压器负载运行

变压器是一种传送电能的设备，在传送电能的过程中绕组及铁心中的损耗很小，励磁电流也很小，理想情况下可以认为一次侧视在功率与二次侧视在功率相等，即

$$U_1 I_1 = U_2 I_2$$
$$\frac{I_1}{I_2} = \frac{U_2}{U_1} \approx \frac{N_2}{N_1} = \frac{1}{K} \tag{6-2-3}$$

式（6-2-3）表明，变压器具有变换电流的作用，电流大小与其匝数成反比。因此匝数多的绕组电流小，可用细导线绕制，匝数少的绕组电流大，可用粗导线绕制。

3. 阻抗变换原理

当变压器处于负载运行时，从一次绕组看进去的阻抗为 $|Z_i| = \dfrac{U_1}{I_1}$，而负载阻抗 $|Z_L| = \dfrac{U_1}{I_1}$，故有

$$|Z_i| = \frac{U_1}{I_1} = \frac{KU_2}{\dfrac{I_2}{K}} = K^2 |Z_L| \tag{6-2-4}$$

式（6-2-4）表明，对交流电源来讲，通过变压器接入阻抗为 $|Z_L|$ 的负载，相当于在交流电源上直接接入阻抗为 $K^2 |Z_L|$ 的负载，如图6-2-4所示。

在电子技术中，经常要用到变压器的阻抗变换作用以达到阻抗匹配。例如，后续内容晶体管收音机的组装与调试任务中，作为负载的扬声器电阻 R_L 一般不等于晶体管收音机二端网络的等效内阻 R_0，这就需要在晶体管收音机

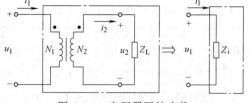

图 6-2-4　变压器阻抗变换

二端网络和扬声器之间接入一输出变压器，利用变压器进行等效变换，使满足 $R_0 = R_i = K^2 R_L$，达到阻抗匹配，此时扬声器才能获得最大功率。

[例6-4]　有一单相变压器，当一次绕组接在220V的交流电源上时，测得二次绕组的端电压为22V，若该变压器一次绕组的匝数为2100匝，求其电压比和二次绕组的匝数。

解：已知 $U_1 = 220V$，$U_2 = 22V$，$N_1 = 2100$ 匝

所以
$$K = \frac{U_1}{U_2} = \frac{220}{22} = 10$$

又
$$N_1 / N_2 = K = 10$$

所以
$$N_2 = \frac{N_1}{K_1} = \frac{2100}{10}匝 = 210匝$$

[例6-5] 已知某晶体管收音机输出变压器的一次绕组匝数 $N_1 = 600$ 匝，二次绕组匝数 $N_2 = 30$ 匝，原接阻抗为 16Ω 的扬声器，现在要改接为 4Ω 的扬声器，试问二次线圈绕组的匝数应如何改变（一次绕组匝数不变）？

解： 设输出变压器二次绕组变动后的匝数为 N_2'

原电压比
$$K = \frac{N_1}{N_2} = \frac{600}{30} = 20$$

原阻抗
$$|Z_1| = K^2 |Z_2| = 20^2 \times 16\Omega = 6400\Omega$$

现阻抗
$$|Z_1| = \left(\frac{N_1}{N_2'}\right)^2 |Z_2'|$$

$$6400 = \left(\frac{600}{N_2'}\right)^2 \times 4$$

则
$$N_2' = 15匝$$

三、变压器的使用

1. 外特性

变压器的外特性是指一次侧电源电压和负载的功率因数均为常数时，二次侧输出电压 U_2 与负载电流 I_2 之间的变化关系，即 $U_2 = f(I_2)$。图 6-2-5 所示为变压器的外特性曲线，它表明输出电压随负载电流的变化而变化。在纯电阻负载时，端电压下降较少；在感性负载时，下降较多；在容性负载时，有可能上翘。

工程上，常用电压变化率 $\Delta U\%$ 来反映变压器二次侧端电压随负载变化的情况。

$$\Delta U\% = \frac{U_{20} - U_2}{U_{2N}} \times 100\% \quad (6-2-5)$$

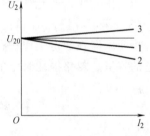

图 6-2-5 变压器的外特性曲线
1—纯电阻负载 2—感性负载
3—容性负载

式中，U_{20} 是空载时二次绕组的端电压；U_2 是负载时二次绕组的端电压。

电压变化率反映了变压器带负载运行时性能的好坏，是变压器的一个重要性能指标，一般控制在 $3\% \sim 6\%$。为了保证供电质量，通常需要根据负载的变化情况进行调压。

2. 效率特性

（1）损耗

变压器在运行过程中会有一定的损耗，主要分为铜损耗和铁损耗。

变压器绕组有一定的电阻，当电流通过绕组时会产生损耗，此损耗称为铜损耗，记作 P_{Cu}；当交变的磁通通过变压器铁心时会产生磁滞损耗和涡流损耗，合称为铁损耗，记作 P_{Fe}，总损耗为 $\Delta P = P_{Cu} + P_{Fe}$。

（2）效率

变压器的输出功率 P_2 与输入功率 P_1 之比称为效率，用 η 表示，即

$$\eta = \frac{P_2}{P_1} \times 100\% = \frac{P_2}{P_2 + \Delta P} = \frac{P_2}{P_2 + P_{Cu} + P_{Fe}} \times 100\% \tag{6-2-6}$$

（3）效率特性

在一定的负载功率因数下，变压器的效率与负载电流之间的变化关系，即 $\eta = f(I_2)$ 曲线称为效率特性曲线。如图 6-2-6 所示，当负载较小时，效率随负载的增大而迅速上升，当负载达到定值（I_N）时，效率随负载的增大反而下降，当铜损耗与铁损耗相等时，其效率最高。

在额定工作状态下，变压器的效率可达 90% 以上，且变压器容量越大，效率越高。

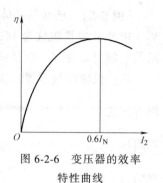

图 6-2-6　变压器的效率
特性曲线

3. 主要额定值

额定值是制造厂根据设计或实验数据，对变压器正常运行状态所做的规定值。它通常标注在变压器铭牌上，是正确、合理使用变压器的依据。

（1）额定电压（单位为 V 或 kV）

额定电压 U_{1N} 是指根据变压器的绝缘强度和允许长时间运行所能承受的工作电压，而规定的一次绕组的正常工作电压；额定电压 U_{2N} 是指一次绕组加额定电压时，二次绕组的开路电压。三相变压器额定电压一律指线电压。

（2）额定电流（单位 A）

指根据变压器的允许发热条件而规定的绕组长时间允许通过的最大电流值。

（3）额定容量 S_N（单位为 VA 或 kVA）

指变压器在额定工作状态下，二次绕组的视在功率，即铭牌规定在额定运行状态下所能输送的容量。忽略损耗时，单相变压器的额定容量 $S_N = U_{1N}I_{1N} = U_{2N}I_{2N}$。

任务 6.3　三相变压器

一、三相变压器的结构

三相变压器的
结构原理

在电力系统中大多采用三相制供电，因此电压的变换是通过三相变压器来实现的。三相变压器按照磁路的不同可分为两种：一种是三相变压器组，即由三台相同容量的单相变压器，按照一定的方式连接起来；另一种是三相心式变压器，它具有三个铁心柱，把三相绕组分别套在三个铁心柱上。现在广泛使用的是三相心式变压器。

三相心式变压器主要由日字形铁心、三相绕组、外壳及附件构成。根据冷却方式，分为干式和油浸式两种结构。干式变压器利用自然风进行散热，是新一代变压器，结构简单，效率高。油浸式变压器是将变压器装在一个密封的外壳中，外壳四周装有连通散热油管，壳内充满绝缘油，当变压器工作时由于发热使油温升高，绝缘油就在散热管中自上而下流动，将热量散去。油浸式变压器外形如图 6-3-1 所示。变压器的三相高压绕组输出端由三个高压套管引出，接到高压输电线上；三相低压绕组的输出端由三个低压套管引出，接到低压输电线上。

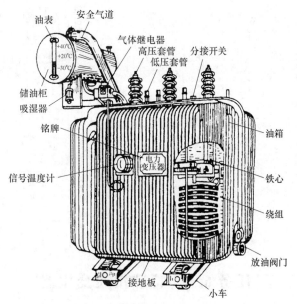

图 6-3-1 油浸自冷式三相电力变压器

二、三相变压器绕组的接法

三相变压器高压、低压绕组的出线端都分别给予标记，以供正确连接和使用。图 6-3-2 所示为三相变压器铁心和绕组原理图，其出线端标记见表 6-3-1。

表 6-3-1 变压器出线端标记

绕组名称	首端	末端	中性点
高压绕组	U_1、V_1、W_1	U_2、V_2、W_2	N
低压绕组	u_1、v_1、w_1	u_2、v_2、w_2	n

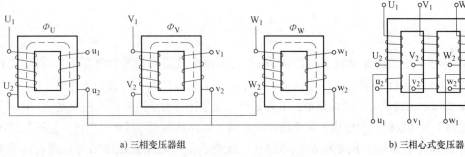

a) 三相变压器组   b) 三相心式变压器

图 6-3-2 铁心和绕组原理图

三相电力变压器中，高压、低压绕组可根据需要接成星形或三角形。国家标准规定，高压绕组接成星形时用 Y 表示，有中性线用 YN 表示；高压绕组接成三角形时用 D 表示。低压绕组接成星形时用 y 表示，有中性线用 yn 表示；低压绕组接成三角形时用 d 表示。最常用的组合形式有三种，即 Yyn；YNd；Yd。图 6-3-3a 所示为 Yyn 接法，用于三相四线制（220V/380V）供电系统中；图 6-3-3b 所示为 Yd 接法。

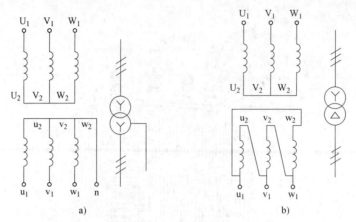

a)　　　　　　　　　　b)

图 6-3-3　三相绕组的连接

任务 6.4　特殊用途变压器

一、自耦变压器

普通变压器一般指双绕组变压器，其一次、二次绕组在电路上是互相分开的。自耦变压器是一种单绕组变压器，其中一次绕组的部分线圈兼作二次绕组。因此，自耦变压器的一次、二次绕组之间不仅有磁的耦合，在电路上还互相连通，如图 6-4-1 所示。

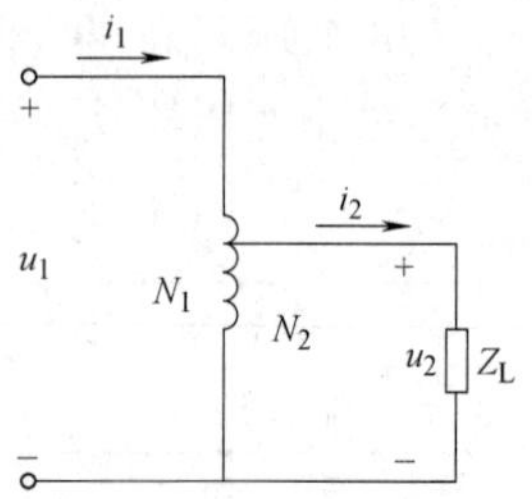

与普通变压器一样，当一次绕组接上交流电压 U_1 后，铁心产生交流磁通，在 N_1 和 N_2 上的感应电动势分别为

$$E_1 = 4.44fN_1\Phi_m$$
$$E_2 = 4.44fN_2\Phi_m$$

图 6-4-1　自耦变压器

因此变压器的电压比为

$$K = \frac{E_1}{E_2} = \frac{N_1}{N_2} = \frac{U_1}{U_2} = \frac{I_1}{I_2}$$

由此可见，适当选择匝数 N_2 就可以在二次电路中获得所需要的电压 U_2。若将二次绕组接通电源（在二次绕组额定电压之内），则自耦变压器可作为升压变压器使用。

自耦变压器的优点是：结构简单，节省铜线，效率比普通变压器高。其缺点是：由于高低压绕组在电路上是相通的，对使用者构成潜在的危险，因此自耦变压器的电压比一般不超过 1.5~2。

对于低压小容量的自耦变压器，可将其二次绕组的分接头做成能沿着线圈自由滑动的触头，因而可以平滑地调节二次电压。这种变压器称为自耦调压器，如图 6-4-2 所示。

自耦调压器常在实验室中使用。注意在使用前必须把手柄转到零位，使输出电压为零，以后再慢慢顺时针转动手柄使输出电压逐步上升。

按照电器安全操作规程，自耦变压器不能作为安全变压器使用，因为线路万一接错将可能发生触电事故，因此规定：安全变压器一定要采用一次绕组和二次绕组互相分开的双绕组变压器。

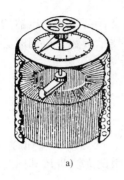
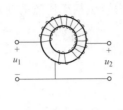
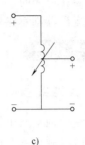

a)　　　　　　　　b)　　　　　　　c)

图 6-4-2　自耦调压器

二、电流互感器

电流互感器接线图如图 6-4-3a 所示，用于解决大电流的测量问题。电流互感器与普通变压器的结构相似，也是由一次和二次绕组组成的。一次绕组的匝数很少，一般只有 1 匝至几匝，二次绕组的匝数很多，用较细的导线绕制。其变流原理是根据 $I_2 = I_1 K$ 改变匝数比，就可以改变变流比 K，用较小量程的电流表测量较大的电流。

电流互感器的
结构原理

电流互感器二次绕组的电压只有几伏，接电流表或电能表的电流线圈。因电能表、电流表线圈的阻抗很低，所以互感器的二次绕组工作时相当于短路。

电流互感器在运行时二次绕组严禁开路，因为开路会造成二次绕组过电压击穿而损坏；铁心、低压绕组的一端接地，以防在绝缘损坏时，在二次绕组侧出现过电压现象。

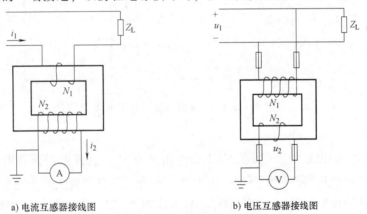

a) 电流互感器接线图　　　　　　　b) 电压互感器接线图

图 6-4-3　互感器接线圈

三、电压互感器

电压互感器接线图如图 6-4-3b 所示，与小型双绕组普通降压变压器的结构相同。电压互感器是为了解决高电压的测量问题。高电压通过电压互感器降压后，可选择较低量程的电压表进行测量。测出的电压值乘以互感器的电压比 K，就是被测电压值。

电压互感器
的结构原理

电压互感器因为测量电压很高，输入端要采用绝缘程度较高的接线端子。

变压器在应用时，要工作在额定状态，如果超过了额定状态，会造成变压器的过载而损坏。电力变压器都有铭牌，铭牌内容包括变压器的使用要求和技术参数，应用时必须细读。

 **任务实施**

一、互感线圈同名端判断

当电流分别从两个线圈对应的端钮流入时，磁通相互加强，则这两个端钮称为同名端。对于一台已经制成的变压器，无法从外部观察其绕组的绕向，因此无法辨认其同名端，此时可用实验的方法进行测定，测定的方法有直流法、交流法等。

1. 直流法

按图 6-5-1 所示连接电路，将两线圈套在一起并给四个端子编号 1、2 和 3、4，电源电压 U 取 6V，线圈 N_1 接量程为 5A 的安培表。接入 30Ω 电阻作为限流保护电阻，N_2 接毫安表，量程取 20mA。则可按如下三种方法判断同名端：

1）将铁棒突然插入套在一起的线圈，若毫安表瞬间读数为正，则说明 1、3 为同名端，若毫安表读数为负，则 1、4 为同名端。

2）突然接入电源，若毫安表瞬间读数为正，则 1、3 为同名端，若毫安表读数为负，则 1、4 为同名端。

3）突然将电源电压增大（可通过调节稳压电源的输出实现），最大不能超过 10V，若毫安表读数为正，则 1、3 为同名端，否则 1、4 为同名端。

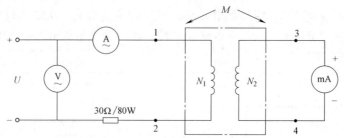

图 6-5-1　直流法判断同名端电路

2. 交流法

按图 6-5-2 所示接线，由于加在 N_1 上的电压仅为 3V，直接由调压器很难调节，因此采用图示的电路扩展调压器的调节范围。图中 W、N 为上的自耦调压器的输出端，B 原为升压变压器，此处作降压变压器用，将线圈 N_2 套入线圈 N_1 中，并在两线圈中插入铁棒，电流

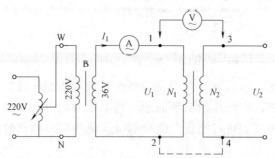

图 6-5-2　交流法判断同名端电路

表选量程为 5A 的交流数字表。N_2 侧开路，接通电源前，先将自耦调压器调到零位（反时针旋到头），然后用交流电压表的 30V 档位检查降压器的输出电压 U_{12} 使该电压等于 3V（以后在操作过程中再不要动自耦调压器），将 2、4 用导线连接，分别测出 U_{13}、U_{12} 和 U_{34}。

若 $U_{13} = U_{12} + U_{34}$，则 1、4 为同名端，若 U_{13} 等于 U_{12} 和 U_{34} 之差，则 1、3 为同名端（也可不连 2、4，将 2、3 相连，测量 U_{12}、U_{34}、U_{14}，判断同名端），将测量结果填入表 6-5-1。

表 6-5-1　同名端测定

2、4 相连	U_{12}	U_{34}	U_{13}	结论
2、3 相连	U_{12}	U_{34}	U_{14}	结论

二、互感 M 及耦合系数 k 的测量

互感系数的大小取决于两个线圈的几何形状、大小、相对位置、各自的匝数以及它们周围介质的磁导率。根据互感电动势 $E_{2M} \approx U_{20} = \omega M I_1$，可算得互感系数为 $M = \dfrac{U_{20}}{\omega I_1}$。

在电路中，为表示元件间耦合的松紧程度，把两电感元件间实际的互感（绝对值）与其最大极限值之比定义为耦合系数 k。$k = \dfrac{M}{\sqrt{L_1 L_2}}$，由公式 $U_1 = \omega L_1 I_1$ 及 $U_2 = \omega L_2 I_2$，求出各自的自感 L_1、L_2 即可算出 k 值。

1. 测量互感 M

将图 6-5-2 中 2、4 连接拆除，测出 U_1、I_1、U_2，由公式 $M = \dfrac{U_2}{\omega I_1} = \dfrac{U_2}{314 I_1}$ 求出 M 值，并将数值记入表 6-5-2 中。

表 6-5-2　互感的测量

测　量　值			计 算 结 果
U_1/V	I_1/A	U_2/V	M/mH
3			

2. 测耦合系数 k

在 N_1 上加交流电压 $U_1 = 3V$，使 N_2 开路，测出 N_1 侧电流 I_1，然后再在 N_2 侧加交流电压 $U_2 = 3V$，使 N_1 开路，测出 N_2 侧电流 I_2，由公式 $U_1 = \omega L_1 I_1$，$U_2 = \omega L_2 I_2$，分别求出

$$L_1 = \frac{U_1}{\omega I_1}, \quad L_2 = \frac{U_2}{\omega I_2}$$

再由公式 $k = \dfrac{M}{\sqrt{L_1 L_2}}$ 求出 k 值，将测量及计算结果填入表 6-5-3。

表 6-5-3　互感系数测量

测　量　值				计　算　结　果		
N_2 开路时		N_1 开路时		$M=$ mH		
U_1/V	I_1/A	U_2/V	I_2/A	L_1/mH	L_2/mH	$k=\dfrac{M}{\sqrt{L_1 L_2}}$
3		3				

三、参数测定

按图 6-5-3 所示线路接线。其中 A、X 为变压器的低压绕组，a、x 为变压器的高压绕组。即电源经调压器接至低压绕组，高压绕组 220V 接 Z_L 即每只 15W 的灯组负载（3 只灯泡并联），经指导教师检查后方可测试。

取 $U_1 = 36V$，测出 I_1、U_2、I_2。计算电压比 $K_U = \dfrac{U_1}{U_2}$，电流比 $K_I = \dfrac{I_2}{I_1}$，一次侧阻抗 $Z_1 = \dfrac{U_1}{I_1}$，二次侧阻抗 $Z_2 = \dfrac{U_2}{I_2}$。

将测量及计算数据填入表 6-5-4。

表 6-5-4　变压器参数测量

U_1/V	U_2/V	$K_U=\dfrac{U_1}{U_2}$	I_1/mA	I_2/mA	$K_I=\dfrac{I_2}{I_1}$	$Z_1=\dfrac{U_1}{I_1}/\Omega$	$Z_2=\dfrac{U_2}{I_2}/\Omega$
36							

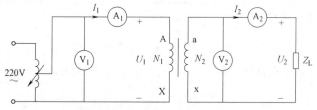

图 6-5-3　测试变压器参数电路

四、外特性测定

为了满足三组灯泡负载额定电压为 220V 的要求，以变压器的低压（36V）绕组作为次侧，220V 的高压绕组作为二次侧，即当作一台升压变压器使用。

将调压器手柄置于输出电压为零的位置（逆时针旋到底）。合上电源开关，调节调压器，使其输出电压为 36V。令负载由开路逐次增加（最多亮 5 只灯泡），分别记下各个仪表的读数，记入表 6-5-5，按此数据绘制变压器外特性曲线。

实验完毕将调压器调回零位，断开电源。

要注意当负载为 4 只及 5 只灯泡时，变压器已处于超载运行状态，很容易烧坏。因此，测试和记录应当尽量快，总共不应超过 3min。实验时，可先将 5 只灯泡并联安装好，断开控制每个灯泡的相应开关，通电且电压调至规定值后，再逐一打开各个灯的开关，并记录仪表读数。待开 5 只灯时的数据记录完毕后，立即用相应的开关断开各灯。

表 6-5-5 外特性测定

灯泡数	0	1	2	3	4	5
P_L/W	0	15	30	45	60	75
U_2/V						
I_2/mA						

五、空载特性测定

空载实验通常是将高压侧开路，由低压侧通电进行测量，又因为空载时功率因数很低，故测量功率时应采用低功率因数瓦特表。此外因变压器空载时阻抗很大，故电压表应接在电流表外侧。

将高压侧（二次侧）开路，确认调压器处在零位后，合上电源，调节调压器输出电压，使 U_1 由零逐次上升到 1.2 倍的额定电压（1.2×36V），分别记下各次测得的 U_1、U_{20} 和 I_{10} 数据，记入表 6-5-6，用 U_1 和 I_{10} 绘制变压器空载特性曲线。

表 6-5-6 空载特性测定

	1	2	3	4	5	6	7
U_1/V	0	5	10	20	30	40	43
I_{10}/mA							
U_{20}/V							

六、输入、输出功率的测定

取一个可变电阻器作负载，按表 6-5-7 的数值改变电阻器的值，测出输出端的电压、电流、功率和输入端的电压、电流、功率，填入表 6-5-7，比较变压器的输入功率和输出功率。

表 6-5-7 输入功率和输出功率的测量

Z_L/Ω	0	50	100	150	200
U_2/V					
I_2/mA					
P_L/W					
U_1/V	100	100	100	100	100
I_1/mA					
P_i/W					
输入、输出功率相对误差(%)					

七、注意事项

1）测试过程中，注意流过线圈 N_1 的电流不得超过 1.4A，流过线圈 N_2 的电流不得超过 1A。

2）测定同名端及其他数据时，都应将小线圈 N_2 套在 N_1 中，并插入铁心。

3）做交流测试前，首先要检查自耦调压器，要保证手柄置在零位。因加在 N_1 上的电压只有 2~3V，因此，调节时要特别仔细小心，要随时观察电流表的读数，不得超过规定值。

4）本任务是将变压器作为升压变压器使用，并用调压器提供一次电压 U_1，故使用调压器时应首先调至零位，然后才可合上电源。此外，必须用电压表监视调压器的输出电压，防止被测变压器输出过高电压而损坏实验设备，且要注意安全，以防高压触电。

5）由负载测试转到空载测试时，要注意及时变更仪表量程。

6）遇异常情况，应立即断开电源，待处理好故障后，再继续测试。

八、工具及仪表（见表6-5-8）

表 6-5-8　工具及仪表

序号	名　称	型号与规格	数　量
1	数字直流电压表	0~200V	1
2	数字直流电流表	0~200mA	2
3	交流电压表	0~500V	2
4	交流电流表	0~5A	2
5	空心互感线圈	N_1 为大线圈 N_2 为小线圈	1 对
6	自耦调压器		1
7	直流稳压电源	0~30V	1
8	电阻器	30Ω/8W, 510Ω/2W	各 1
9	发光二极管	红或绿	1
10	粗、细铁棒,铝棒		各 1
11	变压器	36V/220V	1
12	试验变压器	220V/36V,50VA	1
13	单相功率表		1
14	白炽灯	220V,15W	5

任务巩固

6-1　变压器的主要部件有哪些？各自的作用是什么？

6-2　变压器绕组的排列方式如何？

6-3　变压器一、二次绕组之间是否有电的直接联系？

6-4　变压器铁心中的主磁通最大值 Φ_m 与哪些因素有关？当电源电压 U_1 不变，而二次侧负载电流变化时，Φ_m 的大小会变化吗？

6-5　有一台单相变压器，一次电压 $U_1$220V，一次绕组 N_1 = 2500 匝，二次绕组 N_2 = 1250 匝。（1）求二次电压 U_2 = ？（2）如果为了节省铜线将一次侧 N_1 改为 50 匝，二次侧 N_2 改为 25 匝，这样做行吗？为什么？

6-6　一台额定容量为 50kVA、额定电压为 3000V/400V 的变压器，二次绕组为 6000 匝，试求：（1）二次绕组匝数；（2）一次、二次绕组的额定电流。

6-7 某晶体管收音机输出变压器的一次绕组匝数 $N_1 = 230$ 匝，二次绕组匝数 $N_2 = 80$ 匝，原来配有阻抗为 8Ω 的扬声器，现在要改接为 4Ω 的扬声器，问输出变压器二次绕组的匝数应如何变动（一次绕组匝数不变）？

6-8 一台降压变压器，$U_1 = 380V$，$U_2 = 36V$，在二次侧接入一盏 36V、60W 的白炽灯，试求相当于在一次侧接入一个多大的电阻。

6-9 有些家用电器（例如电冰箱等）用的是单相交流电，但为什么电源插座是三眼的？图 6-6-1 是插座接线图，其中哪一种接法是正确的，哪一种接法是错误的？

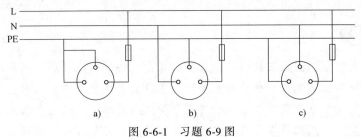

图 6-6-1 习题 6-9 图

任务7
三相异步电动机的认知与运行控制

任务描述

电机是实现电能与机械能互换的旋转机械，其中，将机械能转换为电能的电机称为发电机，而将电能转换为机械能的电机称为电动机。各种生产机械都广泛采用电动机来驱动。电动机按其所用的电源可分为交流电动机和直流电动机两大类，交流电动机又分为异步电动机和同步电动机。其中，三相异步电动机因为其结构简单、运行可靠、价格低廉、维护操作方便、坚固耐用等特点而广泛应用于各种金属切削机床、轻工机械、水泵等生产设备。电动机在使用中因检查和维护等原因，需经常拆卸与装配，只有掌握正确的拆卸与装配技术，才能保证电动机的维修质量。此外，为了满足实际生产需求，对电动机常采用不同的起动、调速与制动方法，因此掌握三相异步电动机的运行控制至关重要。

能力目标

1）正确测量三相异步电动机的各种参数。
2）能够正确连接三相异步电动机控制电路。
3）能够排除控制电路常见故障。

相关知识

1）三相异步电动机的结构。
2）三相异步电动机的工作原理。
3）三相异步电动机的机械特性。
4）三相异步电动机的起动、正反转、调速和制动方法。
5）单相异步电动机的结构、原理及其起动方法。

任务7.1 三相异步电动机的基本结构和工作原理

一、基本结构

三相异步电动机的种类很多，但各类三相异步电动机的基本结构是相同的，它们都由固定部分（定子）和转动部分（转子）两大基本部分组成，在定子和转子之间有一定的气隙。此外，还有端盖、轴承、接线盒、风扇等其他附件，如图7-1-1所示。

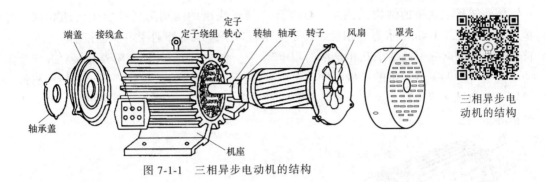

图 7-1-1 三相异步电动机的结构

三相异步电
动机的结构

1. 定子

定子是用来产生旋转磁场的。定子主要由铁心、定子绕组和机座三部分组成。

定子铁心（图 7-1-2）是电动机磁路的一部分，由 0.5mm 厚的硅钢片叠制而成。硅钢片之间相互绝缘，可以减少由于交变磁通而引起的涡流损耗。定子硅钢片内圆上冲有均匀分布的槽口，用来安装定子绕组，如图 7-1-2b 所示。定子铁心固定在机座内，如图 7-1-2a 所示。

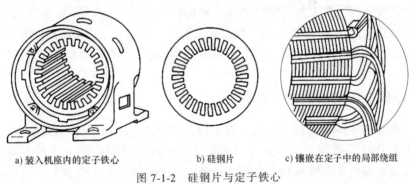

a) 装入机座内的定子铁心   b) 硅钢片   c) 镶嵌在定子中的局部绕组

图 7-1-2 硅钢片与定子铁心

2. 转子

转子由转子铁心、转子绕组和转轴组成，如图 7-1-3 所示。

转子铁心也是用 0.5mm 厚的硅钢片叠制而成的，也是电动机的磁路部分。转子铁心外圆上冲有均匀分布的槽口，用来放置转子绕组。

转子绕组的作用是产生感应电流，形成电磁转矩，使电动机转动起来。转子绕组分为笼型和绕线两大类。笼型转子导体和端环是用熔化的铝液整体浇注出来的，呈笼形，如图 7-1-3a 所示。转子两端的风叶为电动机冷却用。

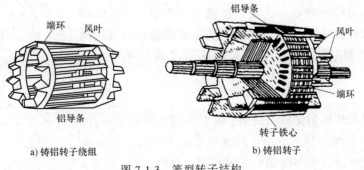

a) 铸铝转子绕组   b) 铸铝转子

图 7-1-3 笼型转子结构

绕线转子电动机的结构如图 7-1-4a 所示。转子绕组的结构形式与定子绕组相同,并作星形联结。图 7-1-4b 所示为三相绕线转子电动机转子绕组与外加变阻器连接的示意图,3 个首端分别接到转轴上的 3 个互相绝缘的集电环上,通过电刷与外部变阻器连接,改变变阻器的电阻值可以调节电动机的机械特性,电阻阻值越大,机械特性越软,转子的转速越低。绕线转子电动机多用于对调速性能有特殊要求的设备中,如起重设备、卷扬机械、鼓风机和压缩机等。

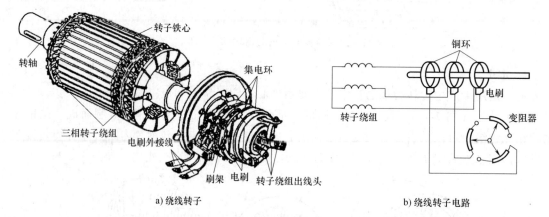

a) 绕线转子   b) 绕线转子电路

图 7-1-4　绕线转子结构

二、三相异步电动机的工作原理

三相异步电动机中的电磁关系同变压器类似,定子绕组相当于变压器的一次绕组,转子绕组(一般是短接的)相当于二次绕组。当定子绕组接上三相电源电压时,则有三相电流通过。定子三相电流产生旋转磁场,其磁力线通过定子和转子铁心而闭合。旋转磁场不仅在转子每相绕组中感应出电动势,而且在定子每相绕组中也要感应出电动势。图 7-1-5 是三相异步电动机的工作原理图。

1. 电生磁

三相异步电动机的定子绕组分布如图 7-1-5 所示,它是由在空间彼此相隔 120° 机械角的三组相同的线圈(即三相对称绕组)组成的,每组线圈为一相绕组。其各相绕组的始端分别由 U_1、V_1、W_1 表示,末端分别以 U_2、V_2、W_2 表示。定子绕组可以连接成星形(Y),也可以连接成三角形(△)。当把异步电动机三相定子绕组按规定接法与三相电源接通后,定子绕组中便有三相对称电流通过,在三相电流的作用下,定子绕组会产生一个旋转磁场,该磁场绕定子铁心内部旋转,其转向与相序一致,为顺时针方向,假定该瞬间定子旋转磁场方向向下。

2. 磁生电

定子旋转磁场旋转切割转子绕组,在转子绕组感应电动势,其方向由"右手定则"确定。由于转子绕组自身闭合,便有电流流过,并假定电流方向与电动势方向相同,如图 7-1-5 所示。

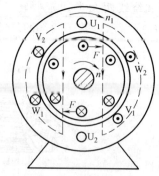

图 7-1-5　三相异步电动机
工作原理图

3. 电磁力（矩）

这时转子绕组感应电流在定子旋转磁场作用下，产生电磁力 F，其方向由 "左手定则" 判断，如图 7-1-5 所示。该力对转轴形成顺时针方向的转矩（称电磁转矩），于是，电动机在该电磁转矩的驱动下，便顺着电磁转矩的方向旋转。

转向：图 7-1-6 是电流的瞬时值与旋转磁场的对应关系。由图 7-1-6 可见，各相电流为正时，从绕组的首端（U_1、V_1、W_1）流进；各相电流为负时，从绕组的首端流出。随着电流的变化，由各相绕组形成的合磁场在空间旋转。由图 7-1-5 可知，转子的转向与旋转磁场转向一致，而旋转磁场转向又与三相电流相序一致，因此三相异步电动机的转向与三相电流相序一致。改变三相电流相序能改变三相异步电动机转向就是这个道理。

转速：旋转磁场的转速决定于定子绕组的磁极对数和电流的频率。图 7-1-6 中是只有一对磁极（一个 N 极和一个 S 极）的电动机结构，当三相交流电变化一个周期时，旋转磁场在空间转一周。当通入工频交流电（50Hz）时，旋转磁场在 1s 内转 50r，即转速为 50r/s。当通入频率为 f_1 的交流电时，旋转磁场的转速为 f_1（r/s）。通常旋转磁场的转速都以 r/min 为单位，则频率为 f_1 的交流电旋转磁场的转速为 $n_1 = 60f_1$（r/min）。

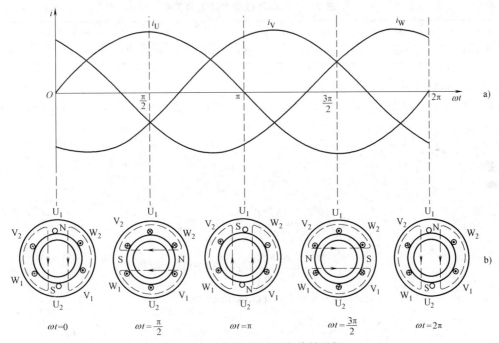

图 7-1-6 三相电流波形与旋转磁场

异步电动机的转速 n 恒小于定子旋转磁场转速 n_1（$n < n_1$）。如两者相等（$n = n_1$），即为同速同向运行，也就是说，转子与旋转磁场之间无相对运动（相对静止），因而转子导条不切割旋转磁场，从而就不感应电动势和电流，也不产生电磁力和电磁转矩，因此转子就不可能继续以 n 的速度旋转。因此转子与旋转磁场必须有相对运动。因而，$n < n_1$ 是三相异步电动机旋转的必要条件，异步（$n \neq n_1$）的名称也由此而来。

异步电动机的转速差（$n_1 - n$）与旋转磁场转速 n_1 的比率，称为转差率，用 s 表示，即

$$s = \frac{n_1 - n}{n_1} \qquad\qquad (7\text{-}1\text{-}1)$$

转差率是分析异步电动机运行的一个重要参数，它与负载情况有关。当转子尚未转动（如起动瞬间）时，$n = 0$，$s = 1$；当转子转速接近于同步转速（空载运行）时，$n \approx n_1$，$s \approx 0$。因此对异步电动机来说，s 在 $1 \sim 0$ 范围内变化。异步电动机负载越大，转速越慢，转差率就越大。负载越小，转速越快，转差率就越小。由式（7-1-1）推得

$$n = (1-s) n_1 \qquad\qquad (7\text{-}1\text{-}2)$$

在正常运行范围内，异步电动机的转差率很小，仅在 $0.01 \sim 0.06$ 之间，可见异步电动机的转速很接近旋转磁场转速。

对于 4 极（两对磁极）定子绕组，三相交流电变化一个周期，旋转磁场在空间转 $180°$（1/2 周）。旋转磁场有 p 对磁极时，若交流电变化一个周期，旋转磁场在空间转 $1/p$ 周。可以看出旋转磁场每分钟的转速 n_1 与交流电的频率 f_1 有关，同时也与电动机定子绕组的磁极对数 p 有关。它们之间的关系为 $n_1 - 60 f_1 / p$。f_1 为 50Hz 时，转速 n_1 与磁极对数 p 的关系如表 7-1-1 所示。

表 7-1-1　n_1 与磁极对数 p 的关系

p	1	2	3	4	5	6
$n_1/(\text{r/min})$	3000	1500	1000	750	600	500

可见，磁极对数越多，转速越慢。

[例 7-1]　一台额定转速 $n_N = 1450\text{r/min}$ 的三相异步电动机，试求它额定负载运行时的转差率 s_N。

解：

$$n_N \approx n_1 = \frac{60 f_1}{p}$$

$$p \approx \frac{60 f_1}{n_N} = \frac{60 \times 50}{1450} = 2.07 \quad \text{取 } p \approx 2$$

$$n_1 = \frac{60 f_1}{p} = \frac{60 \times 50}{2}\text{r/min} = 1500\text{r/min}$$

$$s_N = \frac{n_1 - n_N}{n_1} = \frac{1500 - 1450}{1500} = 0.033$$

三、三相异步电动机的机械特性

转矩特性曲线 $T = f(s)$ 表示了电源电压一定时电磁转矩 T 与转差率 s 的关系。但在实际应用中，需要更直接了解的是电源电压一定时转速与电磁转矩的关系，即 $n = f(T)$ 曲线。$n = f(T)$ 曲线称为电动机的机械特性曲线，如图 7-1-7 所示。为了正确使用三相异步电动机，下面研究机械特性曲线上的两个区域和三个重要转矩。

1. 稳定区和不稳定区

机械特性曲线上有两个工作区：BC 段为不稳定区，AB 段为稳定区。

三相异步电动机一般都工作在稳定区域 AB 段上。在这区域里，负载转矩变化时（如负

载转矩增加），三相异步电动机能够通过调节自身转速和转矩（转速减小、转矩增加）来达到新的平衡，以自动适应负载的变化，并且转速变化不大，一般仅为 2%~8%。这样的机械特性称为硬特性。这种硬特性很适宜于金属切削机床等加工场合。

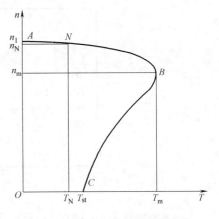

图 7-1-7 电动机的机械特性曲线

而在 BC 段上，当负载转矩变化时，如负载转矩增加，使转速下降、转矩减小，使得与负载转矩差距加大，转速进一步下降，甚至会使电动机停车，造成转子和定子绕组电流急剧增大而烧毁电动机。电动机不能自动适应负载的变化，因此 BC 段为不稳定区。

2. 三个重要转矩

（1）额定转矩 T_N

电动机在额定电压下，以额定转速 n_N 运行，输出额定功率 P_N 时，其轴上输出的转矩称为额定转矩，即

$$T_N = 9550 \frac{P_N}{n_N} \tag{7-1-3}$$

三相异步电动机的额定工作点通常在机械特性稳定区的中部。为了避免电动机出现过热现象，一般不允许电动机在超过额定转矩的情况下长期运行，但允许短期过载运行。

（2）最大转矩 T_m

电动机转矩的最大值称为最大转矩。为了描述电动机允许的瞬间过载能力，通常用最大转矩与额定转矩的比值来表示，称为过载系数 λ。一般 $\lambda = 1.8~2.5$，过载系数为

$$\lambda = \frac{T_m}{T_N} \tag{7-1-4}$$

最大转矩是电动机能够提供的极限转矩，电动机运行中的机械负载不可超过最大转矩，否则电动机的转速将越来越低，很快导致堵转，使电动机过热，甚至烧毁。

（3）起动转矩 T_{st}

电动机刚接入电源但尚未转动时的转矩称为起动转矩。三相异步电动机的起动能力通常用起动转矩与额定转矩的比值 λ_{st} 来表示

$$\lambda_{st} = \frac{T_{st}}{T_N} \tag{7-1-5}$$

四、三相异步电动机的铭牌数据

电动机制造厂按照国家标准，根据电动机的设计和试验数据而规定的每台电动机的正常运行状态和条件，称为电动机的额定运行情况。如图 7-1-8 所示，电动机的铭牌用来表示电动机额定运行情况的各种参数。

1）型号 Y160L-4：Y 表示三相异步电动机（T 表示同步电动机）；160 是机座中心高度为 160mm；L 是机座长度规格（L 表示长机座，S 表示短机座，M 表示中机座规格）；4 表示旋转磁场为 4 极（$p = 2$）。

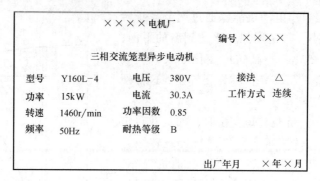

图 7-1-8 电动机的铭牌

2）额定电压 U_N（380V）：定子绕组上的线电压。

3）接法：通常 3kW 以下的三相异步电动机定子绕组作星形联结，4kW 以上的三相异步电动机定子绕组作三角形联结。

4）额定功率 P_N（15kW）：表示额定运行时电动机轴上输出的额定机械功率。

5）额定电流 I_N（30.3A）：电动机在额定电压和额定频率下，输出额定功率时定子绕组的线电流。

6）工作方式：电动机运行的持续时间，分为连续、断续、短时工作制。

7）额定转速 n_N（1460r/min）：电动机在额定电压、额定频率、额定负载下，电动机每分钟的转速。

8）额定功率因数 $\cos\varphi_N$（0.85）：额定负载下定子等效电路的功率因数。

9）额定频率（50Hz）：电动机的电源额定频率。

10）耐热等级（B）：电动机的耐热等级是指其所用绝缘材料按其在正常运行条件下允许的最高工作温度分级。表 7-1-2 所示为绝缘材料耐热等级及极限工作温度。

表 7-1-2 绝缘材料耐热等级及极限工作温度

耐热等级	A	E	B	F	H	N
工作极限温度/℃	105	120	130	155	180	200

除铭牌上标出的参数外，还有其他一些技术数据，如额定效率 η_N，为电动机额定状态下输出功率与输入功率的比值，即

$$\eta_N = \frac{P_N}{P_1} \times 100\% = \frac{P_N}{\sqrt{3}\, I_N U_N \cos\varphi} \times 100\%$$

[**例 7-2**] 已知两台异步电动机功率都是 10kW，但转速不同，其中 $n_{1N} = 2930$r/min，$n_{2N} = 1450$r/min，如过载系数都是 2.2，试求它们的额定转矩和最大转矩。

解：

第一台电动机（2极）

$$T_{1N} = 9550\frac{P_{1N}}{n_{1N}} = 9550\frac{10}{2930}\text{N} \cdot \text{m} = 32.6\text{N} \cdot \text{m}$$

由式（7-1-4）可知

$$T_{1max} = 2.2 \times 32.6\text{N} \cdot \text{m} = 71.7\text{N} \cdot \text{m}$$

第二台电动机（4 极）

$$T_{2N} = 9550 \frac{P_{2N}}{n_{2N}} = 9550 \frac{10}{1450} N \cdot m = 65.9 N \cdot m$$

由式（7-1-4）可知

$$T_{2max} = 2.2 \times 65.9 N \cdot m = 145 N \cdot m$$

可见，电动机功率相同时，转速低的（极数多）转矩大，转速高的（极数少）转矩小。

[例 7-3]   Y132M-4 型三相异步电动机技术数据如下：$P_N = 7.5kW$，$U_N = 380V$，三角形联结，$s_N = 0.04$，$\eta_N = 0.87$，$f_1 = 50Hz$，$\cos\varphi_N = 0.88$，$T_{st}/T_N = 2$，$T_m/T_N = 2.2$，$I_{st}/I_N = 7$。求：（1）电动机的极对数 p、额定转速 n_N；（2）输入功率 P_1；（3）额定电流 I_N，额定转矩 T_N；（4）直接起动时的起动电流 I_{st}、起动转矩 T_{st}；（5）最大转矩 T_m。

解：（1）由型号最后的数字 4（4 极），可看出这是两对磁极的电动机，所以 $p = 2$。

$$n_N = (1 - s_N) \frac{60f_1}{p} = 1440 r/min$$

（2）输入功率为
$$P_1 = \frac{P_N}{\eta_N} = \frac{7.5kW}{0.87} = 8.6kW$$

（3）额定电流为
$$I_N = \frac{P_N}{\sqrt{3} U_N \eta_N \cos\varphi_N} = 14.9A$$

额定转矩为
$$T_N = 9550 \frac{P_N}{n_N} = 49.7 N \cdot m$$

（4）起动电流为
$$I_{st} = 7I_N = 104.3A$$

起动转矩为
$$T_{st} = 2T_N = 99.4 N \cdot m$$

（5）最大转矩为
$$T_m = 2.2T_N = 109.3 N \cdot m$$

任务 7.2   三相异步电动机的起动、正反转、调速和制动

一、异步电动机的起动

电动机从接通电源（$n = 0$）到在某个转速下稳定运转的过程称为起动。

1. 直接起动的问题

直接起动会产生起动电流 I_{st} 过大以及起动转矩 T_{st} 不足的问题。

（1）起动电流 I_{st} 过大

起动瞬间（$n = 0$），旋转磁场以同步转速切割静止的转子导体，在转子电路中产生最大的感应电动势、感应电流。转子电流很大，必然使得定子电流很大。相应的定子起动电流与额定电流之比值为 5~7（对一般的中小型笼型转子电动机）。

起动电流过大对电动机本身影响不很大，因起动时间较短（几分之一秒至几秒），且起动电流随转速的升高很快减小，只要电动机不处于频繁起动中，一般不会引起电动机过热。但是，电动机的起动电流对线路是有影响的。过大的起动电流在短时间内会在线路上造成大的电压降落，使负载端的电压降低，影响同一线路上其他负载的正常工作。例如：同一线路

上的照明灯突然暗下来；同一线路的异步电动机，由于电压的急剧下降使其最大转矩 T_m 降到小于负载转矩，从而使电动机停转。

（2）起动转矩 T_{st} 不足

在刚起动时，虽然转子电流加大，但转子的功率因数很低，且瞬间电源电压降低，又使主磁通减小，因此起动转矩并不大，它与额定转矩的比值为 1.0~2.2。普通笼型转子异步电动机的起动转矩不大，一般应在空载或轻载下起动，对于必须在满载下起动的场合（如用于起重），应选用起动转矩大的绕线转子异步电动机。

由上述可知，异步电动机起动时的主要缺点是起动电流大。为了减小起动电流，必须采用适当的起动方法。

2. 起动方法

笼型转子电动机的起动有直接起动和减压起动两种方法。

（1）直接起动

直接起动就是利用刀开关或接触器将电动机直接加上额定电压伸之运转，是全压起动，方法简单经济。该方法适用于容量较小、不频繁起动的电动机。因为电动机容量小，起动电流小，不至影响其他设备的正常工作。

一台电动机能否直接起动，有一定规定：若用电单位有独立的变压器，在频繁起动的情况下，电动机容量不超过变压器容量的 20%，而不经常起动时，电动机容量不超过变压器容量的 30%，这两种情况都允许直接起动。若电动机与照明负载共用变压器，电动机直接起动时所产生的电压降不应超过 5%。

图 7-2-1 所示为最简单的直接起动，手动开关控制电动机起动电路。

手动开关控制电路用刀开关或转换开关控制电动机起停电路的工作原理如下：

闭合刀开关 QS，电动机通电运转；断开 QS，电动机断电停转。这种起动电路只有主电路，没有控制电路，所以无法实现自动控制。同时，由于直接对主电路进行操作，安全性也较差，操作频率低，只适合电动机容量较小、起动和换向不频繁的场合。图中，A、B、C 表示三相交流电源线，FU 表示熔断器，在电路中起到短路保护作用。

由于篇幅有限，其他全压直接起动电路请查阅其他参考书。

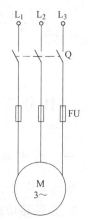

图 7-2-1　手动开关控制电动机起动电路

（2）减压起动

如果电动机直接起动时所引起的线路电压降较大，必须采用减压起动，即起动时降低加在定子绕组上的电压，以减小起动电流，当电动机转速接近 n_N 后再加上额定电压运行。笼型转子电动机的减压起动常用的方法有以下几种：

① 星形（Y）-三角形（△）转换起动。

对正常运行采用三角形联结的电动机，在起动时先联结成星形，待转速接近额定值时再转换成三角形。由于起动时，定子绕组联结成星形，故定子每相绕组所承受的电压只有三角形联结时的 $1/\sqrt{3}$。图 7-2-2 表示出两种接法，设三相电源线电压为 U_L，起动时每相定子绕组的等效阻抗为 $|Z|$，星形联结

星形接法

时相电流为 I_{PY}，线电流为 I_{LY} 其关系为

$$I_{LY} = I_{PY} = \frac{U_L/\sqrt{3}}{|Z|} \qquad (7\text{-}2\text{-}1)$$

三角形接法

三角形联结时的相电流和线电流分别为 $I_{P\triangle}$ 和 $I_{L\triangle}$，其关系为

$$I_{L\triangle} = \sqrt{3}\, I_{P\triangle} = \sqrt{3}\,\frac{U_L}{|Z|} \qquad (7\text{-}2\text{-}2)$$

比较式（7-2-1）、式（7-2-2）可得

$$\frac{I_{LY}}{I_{L\triangle}} = \frac{1}{3} \qquad (7\text{-}2\text{-}3)$$

即星形联结起动时，其线电流是三角形联结起动时线电流的 1/3。由于转矩和电压的二次方成正比，所以起动转矩也减小到直接起动时的 1/3。因此，此种方法只适合于空载或轻载时起动。

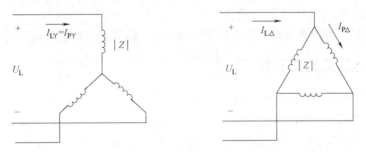

图 7-2-2 比较Y联结和△联结的起动电流

　　Y-△ 转换起动可采用Y-△ 起动器来实现，其电路如图 7-2-3 所示。起动前，先将开关 Q_2 扳到 "Y起动" 位置，然后闭合电源开关 Q_1，于是电动机在星形联结下起动。待转速上升接近额定值时，再将 Q_2 从 "Y起动" 位置扳向 "△运转" 位置，电动机在三角形联结下进入正常运行。

　　Y-△ 起动器的体积小、成本低、寿命长、工作可靠。目前 4~100kW 的异步电动机都已设计为 380V 三角形联结，因此Y-△ 起动得到广泛的应用。

　　② 自耦减压起动。

　　使用三相自耦变压器降低三相异步电动机起动时的电压，即自耦减压

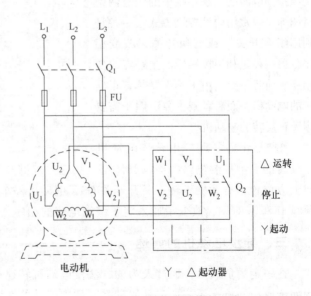

图 7-2-3 Y-△ 转换起动控制电路

起动。图 7-2-4 是自耦减压起动控制电路。起动时先将开关 Q_2 置于 "起动" 位置，然后合开关 Q_1 接通电源，此时定子绕组与变压器二次绕组相连接，电动机减压起动，从而减小起

动电流；当电动机转速接近额定转速时，将开关 Q_2 置于"运转"位置，自耦变压器被切除，电动机全压运转。自耦变压器具有不同的电压抽头（如80%、60%、40%的电源电压），这样可获得不同的起动转矩，供用户选用。自耦减压起动常用来起动容量较大或正常运行时为星形联结的笼型转子电动机。

③ 绕线转子异步电动机的起动。

就是在转子电路中串入大小适当的起动电阻，达到减小起动电流的目的（见图7-2-5）。同时，起动转矩也提高

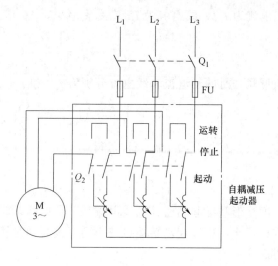

图 7-2-4 自耦减压起动控制电路

了。所以绕线转子电动机适合要求起动转矩大的生产机械，例如卷扬机、起重机等。起动后，随着转速的上升将起动电阻逐段切除。

二、异步电动机的正反转

生产实践中，有很多情况需要电动机能进行正反两方向的运动，如夹具的夹紧与松开、升降机的提升与下降等。要改变电动机的转向，只需将定子三相绕组接到电源的三条导线中的任意两条对调即可。常用两种控制方式：一种是利用组合开关（或倒顺开关）改变相序，另一种是利用接触器的主触点改变相序。前者主要适用于不需要频繁正反转的电动机，而后者则主要适用于需要频繁正反转的电动机。

图7-2-6是实现三相异步电动机

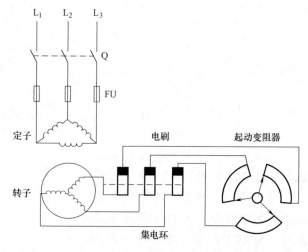

图 7-2-5 绕线转子回路串电阻起动电路

正反转的手动控制电路。该电路使用一只三刀双掷开关QS。电路原理为：如果把开关QS合向上方位置，电动机正转；断开开关QS，电动机停车；再把开关QS合向下方位置，由于电源线U和V对调，改变了通入定子绕组电流的相序，电动机反转。

三、异步电动机的调速

在一定的负载下，通过人为的方法使电动机转速改变以满足生产机械的需要称为调速。例如金属切削机床要按加工金属种类、切削刀具的性质来调节转速。起重运输机械在起吊重物或卸下重物停车前都应降低转速以保证安全等。

由
$$n = (1-s)\,n_1 = (1-s)\,\frac{60f_1}{p} \tag{7-2-4}$$

可知，可以通过改变磁极对数 p、转差率 s 或电源频率 f_1 三种基本方法来改变异步电动机的转速。

1. 变极调速

改变定子绕组的连接方式使电动机产生不同的磁极对数 p，以获得不同的转速。这种调速方法仅限于笼型转子电动机采用，机床上用得较多，且只能做到有级调速，例如双速（2极/4极）电动机的转速就是成倍数关系变速的。

2. 变频调速

通过改变电源频率来改变电动机转速就必须在电源与电动机之间加装一套变频装置，将 50Hz 的交流电变为频率连续可调的交流电。随着大功率新型的全控电力电子器件的不断涌现，变频技术得到迅速发展。

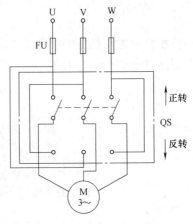

图 7-2-6 电动机正反转控制电路

由整流器和逆变器组成的变频装置，使笼型异步电动机的转速实现了调速范围大、无级连续可调和转速变化平滑的目的。

3. 改变转差率调速

只有绕线转子电动机才能采用改变转差率来调速。在绕线转子电动机的转子电路中接入一个调速电阻，改变转子串联电阻的大小，就可得到平滑调速。在负载转矩不变的情况下，加大调速电阻，可使机械特性越来越软，从而改变工作点并得到越来越低的转速。由于电阻耗能和机械特性变软，调速电阻不能过大，故使得这种调速的范围比较小。它简单易行，广泛应用于起重设备中。

四、异步电动机的制动

三相异步电动机断电后，由于惯性作用，自由停车时间较长。而某些生产工艺则要求电动机在某一个时间段内能迅速而准确地停车。如镗床、车床的主电动机需快速停车；起重机为满足重物停位准确及现场安全要求，就要对电动机采用快速、可靠的制动控制，使之迅速停车。

制动的方法主要有机械制动和电气制动两种。机械制动是采用机械抱闸制动；电气制动是用电气的办法，使电动机产生一个与转子原转动方向相反的力矩迫使电动机迅速制动而停转的方法，此时电动机由轴上吸收机械能，并转换成电能。常用的电气制动方法有反接制动、能耗制动和回馈制动。

任务7.3　单相异步电动机

单相异步电动机是利用单相交流电源 220V 供电的一种小容量电动机，其容量大多为几瓦到几百瓦，由于它具有结构简单、成本低廉、运行可靠、维修方便等特点，因此广泛应用于农业、办公场所、家用电器等方面，有"家用电器心脏"之称。按其定子结构与起动的不同可分为电容运行式单相异步电动机、电容起动式单相异步电动机、电阻分相式单相异步电动机、罩极式单相异步电动机等。

一、结构

单相异步电动机主要由定子、转子、起动元件、前端盖、后端盖与轴承组成。电容起动式单相异步电动机结构如图 7-3-1 所示。

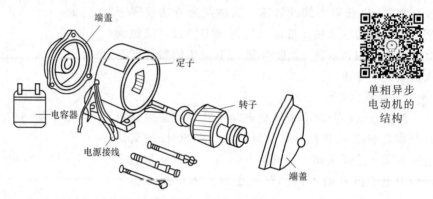

单相异步
电动机的
结构

图 7-3-1　电容起动式单相异步电动机结构

定子：由定子铁心和定子绕组两部分组成。定子铁心是用内圆冲有槽口的相互绝缘的硅钢片叠成；定子绕组由两套独立的在空间相隔 90° 的对称分布的绕组组成，一套称工作绕组，另一套称起动绕组，每套两组，能形成空间对称的四个磁极；绕组是用高强度的绝缘漆包线绕成，嵌放在定子铁心槽中。

转子：由转子铁心、笼型转子绕组和转轴构成。转子铁心是用外圆冲有槽口的相互绝缘的硅钢片叠成，与转轴固定在一起；转子绕组是在铁心槽内铸有铝制笼型绕组，两端铸有端环和扇叶，铝条和端环构成闭合回路。

起动元件：电容器与起动绕组串联，使单相异步电动机能够起动，并进入正常工作状态。

前、后端盖：由铸铝或其他金属制成，以固定电动机定子、通过轴承支承转子，保证定子和转子配合准确与牢固。

二、工作原理

为了能产生旋转磁场，利用起动绕组中串联电容实现分相，其接线原理如图 7-3-2a 所

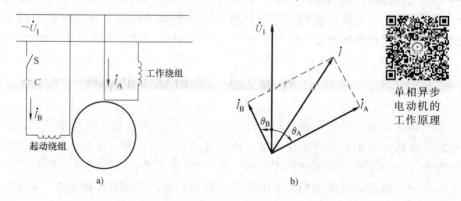

单相异步
电动机的
工作原理

a)　　　　　　　　　　　　b)

图 7-3-2　电容起动式单相异步电动机接线图及相量图

示。只要合理选择参数便能使工作绕组中的电流与起动绕组中的电流相差90°，如图7-3-2b所示，分相后两相电流波形如图7-3-3所示。

如同分析三相绕组旋转磁场一样，将正交的两相交流电流通入在空间位置上相差90°的两相绕组中，同样能产生旋转磁场，如图7-3-4所示。与三相异步电动机相似，只要交换起动绕组或工作绕组两端与电源的连接便可改变旋转磁场的方向，电动机反转。

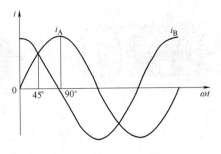

图 7-3-3 两相电流波形

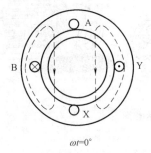 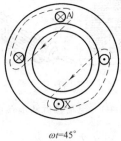 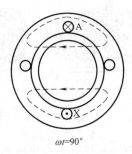

图 7-3-4 两相旋转磁场

任务实施

一、三相异步电动机的拆卸

1. 拆卸前的准备工作

1）准备好拆卸场地及拆卸电动机的专用工具，如拉具（一般用捋子）、扳手（如套筒扳手）、铜棒、锤子、螺钉旋具、毛刷和油盘等。

2）做好记录或标记。在线头、端盖和刷握等处做好标记，记录好联轴器与端盖之间的距离。

2. 电动机的拆卸步骤

电动机拆卸步骤示意图如图7-4-1所示。

1）切断电源，拆下电动机与电源的连接线，并对电源线头做好绝缘处理。

2）卸下传动带，卸下地脚螺栓，将各螺母和垫片等小零件收拾好，以免丢失。

3）卸下带轮或联轴器。

4）卸下前轴承外盖和端盖（绕线转子电动机要先提起和拆除电刷、电刷架及引出线）。

5）卸下风罩和风扇。

6）卸下后轴承外盖和后端盖。

7）抽出或吊出转子（绕线转子电动机注意不要损伤集电环面和刷架）。

3. 电动机主要零部件的拆卸方法

（1）带轮或联轴器的拆卸

带轮或联轴器的拆卸如图7-4-2所示。

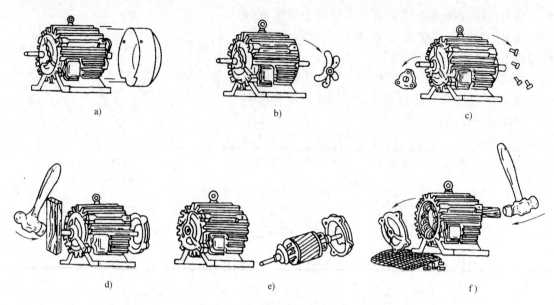

图 7-4-1　电动机拆卸步骤示意图

1）用粉笔标好带轮的正反面，以免安装时装反。

2）在带轮（或联轴器）的轴伸端做好标记。

3）松下带轮或联轴器上的压紧螺钉或销子。

4）在螺钉孔内注入煤油。

5）装好拐子，拐杆的中心线要对准电动机轴的中心线，转动丝杠，掌握力度，把带轮或联轴器慢慢拉出，切忌硬拆。对带轮或联轴器较紧的电动机，按此法拉出仍有困难时，可用喷灯等急火在带轮外侧轴套四周加热（掌握好温度，以防变形），使其膨胀就可拉出。在拆卸过程中，严禁用锤子直接敲出带轮，避免造成带轮或联轴器碎裂，使轴变形、端盖受损。

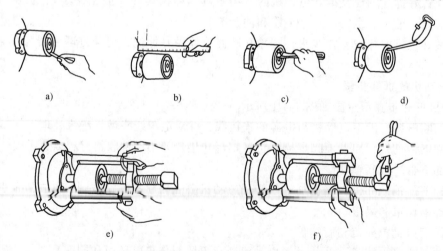

图 7-4-2　带轮或联轴器的拆卸

（2）轴承盖和端盖的拆卸

端盖的拆卸如图 7-4-3 所示。

1）在端盖与机座体之间做好标记（前后端盖的标记应有区别），便于装配时复位。

2）松开端盖上的紧固螺栓，用一个大小适宜的螺钉旋具插入螺钉孔的根部，将端盖按对角线一先一后地向外扳撬（也可用纯铜棒均匀敲打端盖上有脐的部位），把端盖卸下。较大的电动机因端盖较重，应先把端盖用起重设备吊住，以免拆卸时端盖跌碎或碰伤绕组。

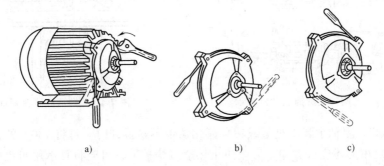

a)　　　　　　　　b)　　　　　　　　c)

图 7-4-3　端盖的拆卸

（3）刷架、风罩和风扇叶的拆卸

1）绕线转子异步电动机电刷拆卸前应先做好标记，便于复位。然后松开刷架弹簧，抬起刷握，卸下电刷，取下电刷架。

2）封闭式电动机的带轮或联轴器拆除后，就可把风罩的螺栓松开，取下风罩，再将转子轴尾端风扇上的定位销或螺栓拆下或松开。用锤子在风扇四周轻轻敲打，慢慢将扇叶拉下。若风扇由塑料制成，不易硬拆下，可用热水加热使塑料风扇膨胀后拧下。

（4）轴承的拆卸与检查

1）轴承的拆卸。

电动机解体后，对轴承应认真检查，了解其型号、结构特点、类型及内外尺寸。轴承在拆卸时因轴颈、轴承内环配合会受到不同程度的削弱，除非必要，一般情况下都不随意拆卸轴承，只有存在下列情况才需拆卸轴承。

① 轴承磨损超过极限，已影响电动机的安全运行。

② 构成轴承的配件有裂纹、变形、缺损、剥离、严重麻点或拉伤。

③ 由于潮湿和酸类物质的侵入，轴承配件上有严重锈蚀，在轴上无法处理。

④ 发现内、外环配合有松动，外环和端盖镗孔配合太松，需要调换轴承或对轴颈进行维修。

⑤ 发现轴承不合技术要求，如超负荷或转速太快等。

⑥ 发现前后轴承类型不同，发现位置调错。

⑦ 轴承因受热而变色，经检查硬度已下降到不能使用。

2）轴承拆卸常用方法。

① 用拉具拆卸。根据轴承的大小，选择适当的拉具，一方面想办法夹住轴承，另一方面把拉具的脚爪紧扣在轴承内圈上，拉具的丝杠顶点要对准转子轴的中心，缓慢匀速地扳动丝杠，即可拆下，如图 7-4-4 所示。

② 放置在圆桶上拆卸。在轴的内圆下面用两块铁板夹住，搁在一只内径略大于转子的圆桶上面，在轴的端面上垫上铜块，用锤子轻轻敲打，着力点对准轴的中心。圆桶内放一些

棉纱头，以防轴承脱下时转子摔坏，当轴承逐渐松动时，用力要减弱，如图7-4-5所示。

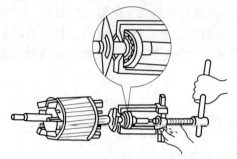 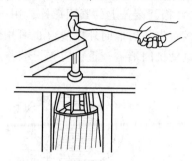

图 7-4-4　用拉具拆卸电动机轴承　　　　　图 7-4-5　轴承放置在圆桶上拆卸

③ 加热拆卸。因轴承装配过紧或轴承氧化锈蚀不易拆卸时，可将100℃的机油淋浇在轴承内圈上，趁热用上述方法拆卸。为了防止热量过快扩散，可先将轴承用布包好再拆。

④ 轴承在端盖内的拆卸。拆卸电动机时，可能遇到轴承留在端盖的轴承孔内的情况，可把端盖止口面朝上，平滑地放在两块铁板上，垫上一直径小于轴承外径的金属棒，用锤子沿轴承外圈敲打金属棒，将轴承敲出，如图7-4-6所示。

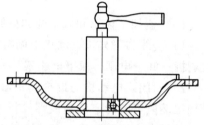

3）轴承的清洗与检查。

① 将轴承放入煤油桶内浸泡，待轴承上油膏落入煤油中，再将轴承放入另一桶比较洁净的煤油中，用细软毛刷将轴承边转边洗，最后在汽油中洗一次，用布擦干即可。

图 7-4-6　轴承在端盖内的拆卸

② 检查轴承有无裂纹、滚道内有无生锈等。再用手转动轴承外圈，观察其转动是否灵活、均匀，是否有卡位或过松的现象。小型轴承可用左手的拇指和食指捏住轴承内圈并摆平，用另一只手轻轻地用力推动外钢圈旋转。如轴承良好，外钢圈应转动平稳，并逐渐减速至停，转动中没有振动和明显的停滞现象，停止转动后的钢圈没有倒退现象。如果轴承有缺陷，转动时会有杂音和振动，停止时像制动一样突然，严重的还会倒退反转，这样的轴承应及时更换。

二、电动机的装配

1. 轴承的装配

（1）敲打法

敲打法是在干净的轴颈上抹一层薄薄的机油，把轴承套上，用一根内径略大于轴颈直径、外径略大于轴承内圈外径的铁管，将铁管的一端顶在轴承的内圈上，用锤子敲打铁管的另一端，将轴承敲进去，如图7-4-7a所示。

（2）热装法

如配合较紧，为了避免把轴承内环胀裂或损伤配合面，可采用热装法。将轴承放在油锅里（或油槽里）加热，油的温度保持在100℃左右，轴承必须浸没在油中，又不能与锅底接触，可用铁丝将轴承吊起架空，加热要均匀，浸30~40min后，把轴承取出，趁热迅速将轴承一直推到轴颈，如图7-4-7b所示。

（3）装润滑脂

在轴承内外圈里和轴承盖里抹的润滑脂应洁净，塞装要均匀。一般两极电动机装满 $1/3 \sim 1/2$ 容积的空间；四极及其以上的电动机装满轴承的 $2/3$ 容积空间。轴承内外盖的润滑脂一般为盖内容积的 $1/3 \sim 1/2$。

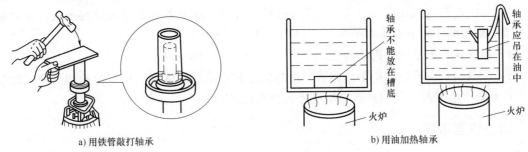

a) 用铁管敲打轴承　　　　　　　　　　　　b) 用油加热轴承

图 7-4-7　轴承装配

2. 转子的安装

安装时转子要对准定子内腔的中心，小心往里送，端盖要对准机座的标记，拧上后盖的螺栓，但不要拧紧。

3. 端盖的安装

1）将端盖洗净、晾干，除去端盖口和机座口的脏物。

2）将前端盖对准机座标记，用木槌轻轻敲击端盖四周。待止口对好后，套上螺栓，按对角线把螺栓拧紧，切不可有松有紧，以免损坏端盖。

3）装前轴承外盖。可先在轴承外盖孔内插入一根螺栓，用手缓慢转动转轴，当轴承内盖的孔转得与外盖的孔对齐时，即可将螺栓拧入轴承盖的螺孔内，再装另外两根螺栓。

也可先用两根硬导线通过轴承外盖孔插入轴承内盖孔中，拧上一根螺栓，挂住内盖螺钉扣，然后依次抽出导线，拧上螺栓。

4. 刷架、风扇叶及风罩的安装

绕线转子异步电动机的刷架要按所做的标记装上，安装前要做好集电环、电刷表面和刷握内壁的清洁工作。安装时，集电环与电刷的吻合要密切，弹簧压力要调匀，风扇的定位螺钉（或销子）要拧到位，且不得松动。

上述零部件装完后，要用手转动转子，检查其转动是否灵活、均匀，无停滞或偏重现象。

5. 带轮或联轴器的安装

1）将抛光布卷在圆木上，把带轮或联轴器的轴孔打磨光滑。

2）用抛光布把转轴的表面打磨光滑。

3）对准键槽把带轮或联轴器套在转轴上。

4）调整好带轮或联轴器与键槽的位置后，将木板垫在键的一端，轻轻敲打，使键慢慢进入槽内。安装大型电动机的带轮时，可先用固定支持物顶住电动机的非负荷端和千斤顶的底部，再用千斤顶将带轮顶入。

三、装配后的检验

1）检查电动机的转子转动是否轻便灵活，如转子转动比较沉重，可用纯铜棒轻敲端盖，同时调整端盖紧固螺栓的松紧程度，使之转动灵活。检查绕线转子电动机刷握位置是否正确，电刷与集电环接触是否良好，电刷在刷握内有无卡阻现象，弹簧压力是否均匀等。

2）检查电动机的绝缘电阻值，用绝缘电阻表测电动机定子绕组相与相之间、各相对地之间的绝缘电阻，绕线转子异步电动机还应检查转子绕组及绕组对地间的绝缘电阻。

3）根据电动机的铭牌与电源电压正确接线，并在电动机外壳上安装好接地线，用钳形电流表分别检测三相电流是否平衡。

4）用转速表测量电动机的转速。

5）让电动机空转运行半个小时后，检测机壳和轴承处的温度，观察振动和噪声。绕线转子电动机在空载时，还应检查电刷有无火花及过热现象。

四、注意事项

1）拆卸带轮或轴承时，要正确使用拉具。

2）电动机解体前，要做好标记，以便组装。

3）端盖螺钉的松动与紧固必须按对角线上下左右依次旋动。

4）不能用锤子直接敲打电动机的任何部位，只能用纯铜棒在垫好木块后再敲击。

5）抽出转子或安装转子时动作要小心。一边送一边接，不可擦伤定子绕组。

6）清洗轴承时，一定要将陈旧的润滑脂排出洗净，再适量加入牌号合适的新润滑脂。

7）电动机装配后，要检查转子转动是否灵活，有无卡阻现象。

8）电动机试车前，应做绝缘检查并有指导教师在现场。

五、工具及仪表（见表 7-4-1）

表 7-4-1　工具及仪表

序　号	名　　称	数　　量
1	三相异步电动机	1 台
2	拉具	1 套
3	活扳手	1 把
4	呆扳手或套筒扳手	若干
5	纯铜棒	1 根
6	小盒(或纸盒)	1 个
7	锤子	1 把
8	油盒	1 只
9	刷子	1 把
10	煤油和钠基润滑脂	若干

任务巩固

7-1　三相异步电动机的旋转磁场是如何产生的？同步转速 n_1 与哪些因素有关？

7-2　三相异步电动机转子转动方向与旋转磁场转向是否一致？为什么转子转速 n 与同步转速 n_1 必须保持异步关系？转子的转速能高于同步转速 n_1 吗？

7-3　怎样才能使三相异步电动机反转？

7-4 三相异步电动机拖动额定负载运行时，若电源电压下降过多，会产生什么后果？

7-5 异步电动机为什么起动电流大而起动转矩并不大？

7-6 同一台三相异步电动机在空载或满载下起动，起动电流和起动转矩大小是否一样？起动过程是否一样快？

7-7 电动机的额定功率是指输出机械功率，还是输入电功率？额定电压是指线电压，还是相电压？额定电流是指定子绕组的线电流，还是相电流？

7-8 在电源电压不变的情况下，如果电动机的三角形联结误接成星形联结，或者星形联结误接成三角形联结，其后果如何？

电 子 篇

任务8
直流稳压电源的制作与调试

任务描述

当今社会人们极大地享受着电子设备带来的便利，但是任何电子设备都有一个共同的电路——电源电路。大到超级计算机，小到袖珍计算器，所有的电子设备都必须在电源电路的支持下才能正常工作。由于电子设备对电源电路的要求就是能够提供持续稳定、满足负载要求的电能，提供这种稳定直流电能的电源就是直流稳压电源。对于直流电源的获取，除了直接采用蓄电池、干电池或直流发电机外，还可以将电网的 380V/220V 交流电通过电路转换的方式转换成直流电来获取。

本任务通过设计并制作直流稳压电源电路，分析交流电转换为直流电的方法，掌握半导体二极管及直流稳压电源的相关知识。

能力目标

1）能使用万用表检测二极管、稳压管等元器件。
2）会查阅二极管、稳压器等器件用户手册资料，并根据要求选取适当的器件。
3）能按电路图安装、制作和调试直流稳压电源。
4）能对电源参数进行测量。
5）能对直流稳压电路典型故障进行分析、判断和处理。

相关知识

1）掌握二极管的结构、符号、分类和作用。
2）理解单相整流电路的组成及工作原理。
3）理解滤波电路的组成及工作原理。
4）熟悉常见集成稳压器的特性及应用电路。
5）理解直流稳压电源的基本组成、工作原理和电路中各元器件的作用。
6）手工焊接技术与工艺。

任务 8.1 半导体二极管

一、半导体

物质为什么会导电？物质的导电性是由其原子结构决定的，一般只有低价元素才导电，如铁、铜、铝等金属，它们的最外层电子受原子核的束缚力很小，因而很容易脱离原子核的束缚变成自由电子。在外电场的作用下，这些自由电子会产生定向移动，从而产生电流，这样物质就具有了导电性。高价元素的最外层电子受原子核的束缚力很强，不容易成为自由电子，因此它们的导电性很差，经常被用作绝缘体。

物质按导电性能可分为导体、绝缘体和半导体。容易传导电流的物质为导体。导体具有良好的导电特性，常温下其内部存在着大量的自由电子，它们在外电场的作用下做定向运动形成较大的电流，因而导体的电阻率很小，只有 $10^{-6} \sim 10^{-4} \Omega \cdot m$。金属一般为导体，如铜、铝、银等。

能够可靠地隔绝电流的物质为绝缘体，绝缘体几乎不导电，如橡胶、陶瓷、塑料等。在这类材料中，几乎没有自由电子，即使受外电场作用也不会形成电流，所以，绝缘体的电阻率很大，一般在 $10^{10} \Omega \cdot cm$ 以上。

半导体的导电能力介于导体和绝缘体之间，而且其导电能力在外界其他因素的作用下会发生显著的变化。例如，在纯净的半导体（通常称为本征半导体）中掺入极其微量的杂质元素，则它的导电能力将大大增强。利用掺杂半导体可以制造出二极管、晶体管、场效应晶体管、晶闸管等半导体器件。温度的变化也会使半导体的电导率发生变化，利用这种热敏效应可以制作出热敏元件，但热敏效应也会使半导体器件的热稳定性下降。光照也可以改变半导体的电导率，利用这种光敏效应可以制作出光敏二极管、光敏晶体管、光耦合器和光敏电池等。综上所述，半导体具有掺杂性、热敏性和光敏性三个特性。

1. 本征半导体

纯净的、不含其他杂质的半导体称为本征半导体。用于制造半导体器件的纯硅和纯锗都是晶体，其原子最外层轨道上有 4 个电子，这些电子称为价电子，它们同属于 4 价元素。在单晶体结构中，原子在空间形成排列整齐的点阵（称为晶格），价电子为相邻的原子所共有，形成图 8-1-1 所示的共价键结构，图中 +4 代表 4 价元素原子核和内层电子所具有的净电荷。共价键中的价电子将受共价键的束缚。在室温或光照下，少数价电子可以获得足够的能量摆脱共价

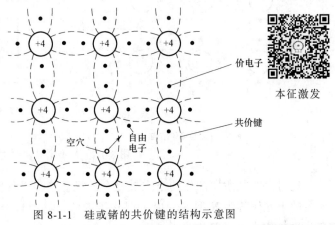

本征激发

图 8-1-1 硅或锗的共价键的结构示意图

键的束缚成为自由电子，同时在共价键中留下一个空位，如图 8-1-1 所示。这种现象称为本征激发，这个空位称为空穴，可见本征激发产生的自由电子和空穴是成对的。

原子失去价电子后带正电，可等效地看成是因为有了带正电的空穴。空穴很容易吸引邻近共价键中的价电子去填补，使空位发生转移，这种价电子填补空位的运动可以看成空穴在运动，但其运动方向与价电子运动方向相反。自由电子和空穴在运动中相遇时会重新结合而成对消失，这种现象称为复合。温度一定时，自由电子和空穴的产生与复合将达到动态平衡，这时自由电子和空穴的浓度一定。

在电场作用下，自由电子和空穴将做定向运动，这种运动称为漂移，所形成的电流称为

漂移电流。自由电子又称电子载流子，空穴又称空穴载流子。因此，半导体中有自由电子和空穴两种载流子参与导电，分别形成电子电流和空穴电流。在常温下本征半导体载流子浓度很低，因此导电能力很弱。

2. 杂质半导体

本征半导体中虽然存在两种载流子，但因本征载流子的浓度很低，所以它们的导电能力很差。为了提高半导体的导电能力，在本征半导体中有控制地掺入少量的特定杂质，如磷、硼、砷、铝等，掺杂后的半导体导电性将产生质的变化。利用这一特性，可以制成各种性能的半导体器件。掺入杂质的半导体称为杂质半导体，根据掺入杂质性质的不同，可以分为 N 型半导体和 P 型半导体。载流子以电子为主的半导体称为电子型半导体或 N 型半导体；载流子以空穴为主的半导体称为空穴型半导体或 P 型半导体。

（1）N 型半导体

在本征半导体（4 价硅或锗的晶体）中掺入微量 5 价元素，如磷、锑、砷等，则原来晶格中的某些硅（锗）原子将被杂质原子代替，如图 8-1-2a 所示，N 型半导体示意图如图 8-1-2b 所示。由于杂质原子的最外层有 5 个价电子，因此它与周围 4 个硅（锗）原子组成共价键时，还多余 1 个电子。该电子不受共价键的束缚，而只受自身原子核的束缚，因此，只要得到较少的能量就能成为自由电子，并留下带正电的杂质离子（不能参与导电）。由于杂质原子可以提供自由电子，故称为"施主原子"。掺入多少杂质原子就能电离产生多少个自由电子，因此自由电子的浓度将大大增加。

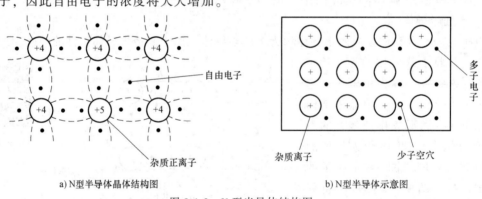

a) N 型半导体晶体结构图　　　　　　　b) N 型半导体示意图

图 8-1-2　N 型半导体结构图

这时由本征激发产生的空穴被复合的机会增多，使空穴浓度反而减少。这种以电子导电为主的半导体称为 N 型（或电子型）半导体，其中自由电子为多数载流子（简称多子），空穴为少数载流子（简称少子）。

（2）P 型半导体

在本征半导体中掺入少量的 3 价杂质元素，如硼、镓和铟等，就形成 P 型半导体，如图 8-1-3a 所示，P 型半导体示意图如图 8-1-3b 所示。杂质原子的 3 个价电子与周围的硅原子形成共价键时，出现一个空位，在室温下这些空位能吸引邻近的价电子来填充，使杂质原子变成带负电的离子。这种杂质因能够吸收电子被称为"受主原子"，这种掺杂使空穴的浓度大大增加，这种以空穴导电为主的半导体称为 P 型（或空穴型）半导体，其中空穴是多数载流子（简称多子），自由电子是少数载流子（简称少子）。

杂质半导体的导电性能主要由掺杂浓度决定。杂质半导体中存在自由电子、空穴和杂质

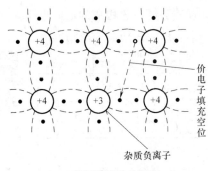

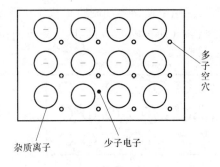

a) P型半导体晶体结构图   b) P型半导体示意图

图 8-1-3 P 型半导体结构图

离子三种带电粒子，其中自由电子和空穴是载流子，杂质离子不能移动，因而不是载流子。由于多子浓度远大于少子浓度，故杂质半导体的导电性能主要取决于多子浓度。多子浓度由掺杂浓度决定，在生产过程中，通过控制掺杂制造出所需要的杂质半导体材料。少子对杂质半导体的导电性能是有影响的，而且温度越高影响越大，这种现象是由于少子是由本征激发产生的，其数量随温度的升高而增多造成的。所以说，半导体的性能对温度敏感（热敏）。

半导体不仅具有热敏特性，还具有光敏、磁敏等特性，这些都是与生俱来的，无法彻底消除。在很多应用中，半导体器件的敏感特性会产生很坏的影响，需要我们千方百计加以克服。然而，任何事物都是一分为二的，利用半导体的敏感特性可制造出各种各样的半导体敏感器件（传感器），应用极其广泛。

3. PN 结

（1）PN 结的形成

在一块完整的本征硅片上，用不同的掺杂工艺使其一边形成 N 型半导体，另一边形成 P 型半导体，在这两种杂质半导体的交界面附近就会形成一个具有特殊性质的薄层（正离子或负离子的区域），这个特殊的薄层就是 PN 结，它是构成各种半导体器件的核心。那么，PN 结是如何产生的，它又有何特性呢？

在日常生活中，当我们把一滴黑色墨水滴入一杯透明的水中时，会产生什么结果呢？显然，墨水会扩散开来，弥漫于整个水杯中，使水变黑。这是一个典型的扩散现象。根据物理学研究：如果自由物质粒子空间存在密度分布不平衡，也就是空间各个不同的局部区域存在密度差（或者浓度差）的时候，扩散运动便开始了。自由粒子总是向着最终平衡的方向，也就是向着密度（浓度）最终处处相同的方向运动。

杂质半导体内部的自由电子和空穴都是自由粒子，当把 N 型半导体和 P 型半导体紧密接触后，也会发生自由电子和空穴的扩散现象。那么，扩散的最终结果是半导体内部的自由电子密度（或空穴密度）达到处处相等而呈现均匀分布吗？事实并非如此。正确的答案是：自由电子和空穴的扩散运动形成了 PN 结。

1）多子扩散。P 型、N 型半导体交界面两侧的两种载流子浓度存在很大的差异：P 区的空穴浓度远大于 N 区的空穴浓度；而 N 区的自由电子浓度远大于 P 区的自由电子浓度。因此，会产生载流子从高浓度区向低浓度区的扩散运动，如图 8-1-4 所示。

2）形成空间电荷区。P 区多子空穴越过交界面扩散到 N 区，然后被 N 区的多子自由电子复合而消失；同时，N 区多子自由电子越过交界面扩散到 P 区，然后被 P 区的多子空穴复合而消失。结果使交界面附近形成了由不能移动的正、负离子构成的空间电荷区，同时建立了内建电场（简称内电场），内电场方向由 N 区指向 P 区，如图 8-1-5 所示。

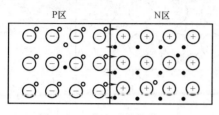

图 8-1-4 载流子的扩散运动

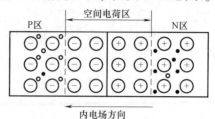

PN 结的形成

图 8-1-5 内电场建立

3）内电场的影响。在电场中，正电荷的受力方向与电场方向相同，而负电荷的受力方向与电场方向相反。P 区多子空穴向 N 区扩散时受到内电场的阻力，N 区多了自由电子向 P 区扩散时也会受到内电场的阻力，所以说内电场阻碍多子的扩散运动。另一方面在两个区靠近交界面处，由于内电场的作用，N 区的空穴（少子）流向 P 区，P 区的自由电子（少子）流向 N 区，内电场使得少子产生漂移运动，如图 8-1-6 所示。

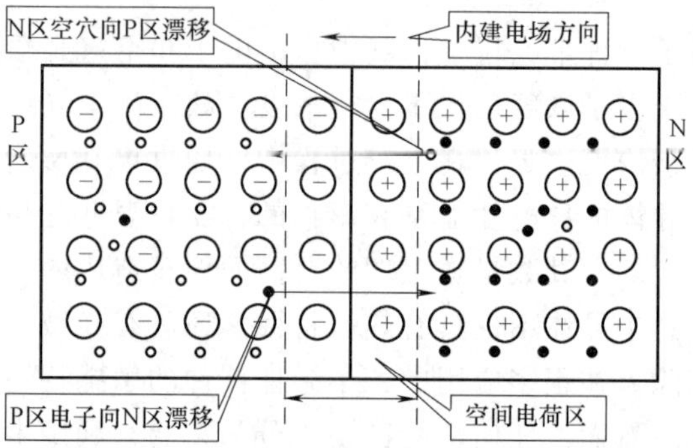

图 8-1-6 内电场的影响

4）扩散和漂移运动的动态平衡。多子的扩散运动使得空间电荷区宽，内电场增强；少子的漂移运动使得空间电荷区变窄，内电场减弱。开始时内电场较小，扩散运动较强，漂移运动较弱，随着扩散的进行，空间电荷区增宽，内电场增大，扩散运动逐渐减弱，漂移运动逐渐加强。当外部条件一定时，扩散运动和漂移运动最终将达到动态平衡，即扩散过去多少载流子必然漂移过来同样多的同类载流子，这时扩散电流等于漂移电流，如图 8-1-7 所示。这时，空间电荷区的宽度一定，内电场一定。我们把 P 型和 N 型半导体交界面附近形成的这个很薄的空间电荷区，称为 PN 结。

由于空间电荷区内没有载流子，所以空间电荷区也称为耗尽区（层）。又因为空间电荷区的内电场对扩散有阻挡作用，好像壁垒一样，所以又称它为阻挡区或势垒区。

（2）PN 结的单向导电性

在 PN 结外加不同方向的电压，就可以破坏原来的平衡，从而呈现出单向导电特性，加在 PN 结上的电压称为偏置电压。

1）正向导通。假设在 PN 结加上一个正向电压，即电源的正极接 P 区，负极接 N

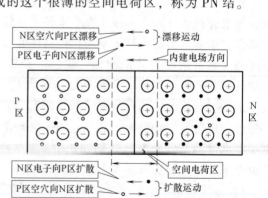

图 8-1-7 扩散和漂移运动的动态平衡

区，PN 结的这种接法称为正向接法或正向偏置（简称正偏），如图 8-1-8a 所示。

采用正向接法时，外电场的方向与 PN 结中内电场的方向相反，因而削弱了内电场。此时，在外电场的作用下，P 区中的空穴向右移动，与空间电荷区内的一部分负离子中和；N 区中的电子向左移动，与空间电荷区内的一部分正离子中和。由于多子移向了耗尽层，使空间电荷区的宽度变窄，这有利于多数载流子进行扩散运动，而不利于少数载流子进行漂移运动。因此，回路中的扩散电流将大大超过漂移电流，最后形成一个较大的正向电流，其方向在 PN 结中是从 P 区流向 N 区，我们把这种工作状态叫作 PN 结导通，导通时流过 PN 结的电流叫作正向电流。正向电流随着正向偏置电压的增大而增大。需要注意的是：回路中串联一个电阻 R，目的是限制回路中的电流，防止 PN 结因正向电流过大而损坏。

PN 结正偏

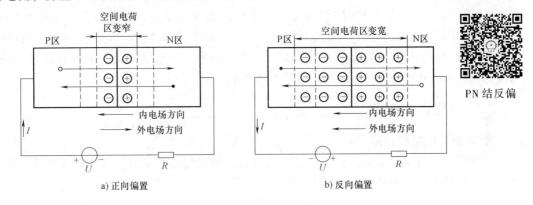

PN 结反偏

a) 正向偏置　　　　　b) 反向偏置

图 8-1-8　PN 结的单向导电性

2) 反向截止。假设在 PN 结上加上一个反向电压，即电源的正极接 N 区，而电源的负极接 P 区，这种接法称为反向接法或反向偏置（简称反偏），如图 8-1-8b 所示。

采用反向接法时，外电场的方向与 PN 结中内电场的方向一致，因而增强了内电场的作用。此时，外电场使 P 区中的空穴和 N 区中的电子各自向着远离耗尽层的方向移动，从而使空间电荷区变宽，这不利于多数载流子进行扩散运动，而有利于少数载流子进行漂移运动。因此，漂移电流将超过扩散电流，于是在回路中形成一个基本上由少数载流子运动产生的反向电流，在 PN 结中从 N 区流向 P 区。因为少数载流子的浓度很低，所以反向电流的数值非常小，这种工作状态称为 PN 结截止。

综上所述，PN 结正偏时导通，呈现很小的电阻，形成较大的正向电流；反偏时截止，呈现很大的电阻，反向电流近似为零。因此，PN 结具有单向导电特性。

（3）PN 结的击穿特性

当加于 PN 结两端的反向电压增大到一定值时，PN 结的反向电流将随反向电压的增加而急剧增大，这种现象称为反向击穿。反向击穿后，只要反向电流和反向电压的乘积不超过 PN 结容许的耗散功率，PN 结一般不会损坏。若反向电压下降到击穿电压以下后，其性能可恢复到原有情况，则这种击穿是可逆的，称为电击穿；若反向击穿电流过大，则会导致 PN 结结温过高而烧坏，这种击穿是不可逆的，称为热击穿。PN 结的反向击穿有雪崩击穿和齐纳击穿两种机理。

1) 雪崩击穿。当反向电压足够高时，阻挡层内电场很强，少数载流子在结区内受强烈电场的加速作用，获得很大的能量，在运动中与其他原子发生碰撞时，有可能将价电子撞出共价键，形成新的电子—空穴对。这些新的载流子与原先的载流子一同在强电场作用下碰撞其他原子撞出更多的电子—空穴对，如此联锁反应，使反向电流迅速增大，这种击穿称为雪崩击穿。

2）齐纳击穿。所谓齐纳击穿是指当 PN 结两边掺入高浓度杂质时，其阻挡层宽度很窄，即使外加反向电压不太高（一般为几伏），在 PN 结内也可形成很强的电场（可达到 $2 \times 10^6 \mathrm{V/cm}$），从而将共价键的价电子直接拉出来，产生电子—空穴对，使反向电流急剧增加，出现击穿现象。

对硅材料的 PN 结，击穿电压大于 6V 时通常是雪崩击穿，小于 4V 时通常是齐纳击穿；在 4~7V 时两种击穿均存在。由于击穿破坏了 PN 结的单向导电性，因此一般使用时应避免出现击穿现象。

发生击穿并不意味着 PN 结被损坏。当 PN 结反向击穿时，注意控制反向电流的数值（一般通过串接电阻 R 实现），使其不要过大，以免因过热而烧坏 PN 结，当反向电压降低时，PN 结的性能就可以恢复正常。稳压二极管正是利用 PN 结的反向击穿特性来实现的，当流过 PN 结的电流变化时，结电压保持基本不变。

二、半导体二极管

1. 二极管的结构外形

半导体二极管又称晶体二极管，简称二极管。根据功能和结构分为不同的类型，常用二极管器件的外形及封装形式如图 8-1-9 所示。

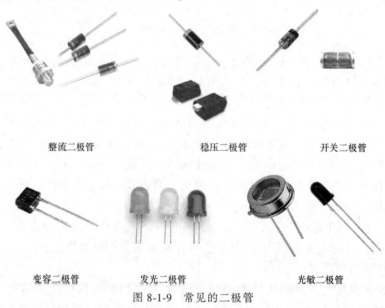

整流二极管　　　　　稳压二极管　　　　　开关二极管

变容二极管　　　发光二极管　　　　　光敏二极管

图 8-1-9　常见的二极管

由于功能不同，二极管外形各异，但内部结构基本相同，二极管结构示意图如图 8-1-10a 所示。将 PN 结用外壳封装起来，并在两端加上电极引线就构成了半导体二极管。其中，从 P 区引出的电极称为阳极（或正极），用"a"表示（或用"+"表示），从 N 区引出的电极称为阴极（或负极），用"k"表示（或用"−"表示）。电路符号如图 8-1-10b 所示。

2. 二极管的类型

半导体二极管的种类有很多，若按结构的不同来分，可分为点接触型和面接触型；若按应用场合的不同来分，可分为整流二极管、稳压二极管、检波二极管、限幅二极管、开关二

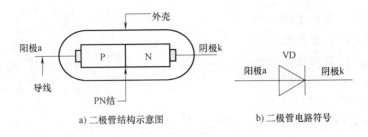

a) 二极管结构示意图　　　　b) 二极管电路符号

图 8-1-10　二极管结构示意图及电路符号

极管和发光二极管等；若按功率的不同来分，可分为小功率二极管、中功率二极管和大功率二极管；若按制作材料的不同来分，可分为锗二极管和硅二极管等。

　　点接触型二极管是由一根很细的金属触丝（如 3 价元素铝）和一块 N 型半导体（如锗）的表面接触，然后在正方向通过很大的瞬时电流，使触丝和半导体牢固地熔接在一起，3 价金属与锗结合构成 PN 结，如图 8-1-11a 所示。由于点接触型二极管金属丝很细，形成的 PN 结面积很小，所以它不能承受大的电流和高的反向电压，同时由于极间电容很小，所以这类管子适用于高频电路。例如，2API 是点接触型锗二极管，其最大整流电流为 16mA，最高工作频率为 150MHz，但最高反向工作电压只有 20V。

　　面接触型二极管的 PN 结是用合金法或扩散法制成的，其结构如图 8-1-11b 所示。这种二极管的 PN 结面积大，可承受较大的电流，但极间电容较大，适用于低频电路，主要用于整流电路。例如，2CZ53C 为面接触型硅二极管，其最大整流电流为 300mA，最大反向工作电压为 100V，而最高工作频率只有 3kHz。

　　图 8-1-11c 所示是硅工艺平面型二极管的结构图，它是集成电路中常见的一种形式。当于高频电路时，要求其 PN 结面积小，当用于大电流电路时，则要求其 PN 结面积大。

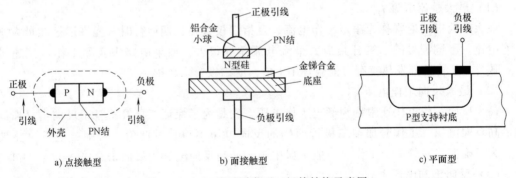

a) 点接触型　　　　　　b) 面接触型　　　　　　c) 平面型

图 8-1-11　三种不同类型二极管结构示意图

3. 二极管的伏安特性

　　二极管的核心是 PN 结，它的特性就是 PN 结的特性——单向导电性。二极管的导电特性可用伏安特性曲线说明。若以电压为横坐标，电流为纵坐标，用作图法把电压、电流的对应值用平滑的曲线连接起来，就构成二极管的伏安特性曲线，如图 8-1-12 所示（图中虚线为锗管的伏安特性，实线为硅管的伏安特性）。

　　（1）正向特性

　　当正向电压较小时，不足以克服 PN 结的内电场，内电场对多子的扩散仍有很大的阻碍作用。只有当加在二极管上的正向电压超过某一数值时，正向电流才明显地增大。正向特性的这一电压值称为开启电压。硅管的开启电压为 0.5V 左右，如图 8-1-12 中 A 点所示，锗管的开启电压为 0.1V 左右，如图 8-1-12 中 A′点所示。

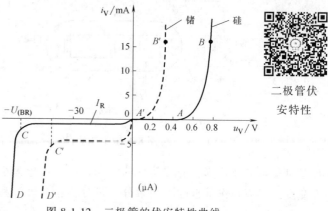

图 8-1-12　二极管的伏安特性曲线

当加在二极管两端的电压超过开启电压后，随着外加电压的增加，二极管的正向电流也迅速增加，这一段区域称为正向导通区，如图 8-1-12 中 A′B′段和 AB 段所示。二极管正向导通时，硅管的压降为 0.7V 左右，锗管的压降为 0.3V 左右，如图 8-1-12 中 B 和 B′点所示。

（2）反向特性

二极管在反向电压作用下，PN 结的阻挡层进一步加宽，阻止了多数载流子的扩散，使少数载流子的漂移运动加强，由于少数载流子数目很少，反向电流很小，因此这一段区域称为反向截止区，如图 8-1-12 中 AC 段和 A′C′段所示。

当反向电压增加到一定数值时，反向电流急剧增大，这种现象称为二极管的反向击穿。这一区域称为二极管伏安特性曲线的反向击穿区，如图 8-1-12 中 CD 和 C′D′段所示。

4. 二极管的主要参数

二极管的参数表示二极管的性能好坏和适用范围的技术指标。在工程上，往往根据生产厂商提供的技术参数来选用二极管。二极管有以下几个主要参数。

（1）最大整流电流 I_F

最大整流电流通常称为额定工作电流，是指二极管在长期运行时，允许通过的最大正向平均电流。不同型号的二极管其最大整流电流差异很大，如果电路中实际工作电流超过了 I_F，那么二极管过分发热就有可能烧坏 PN 结，使二极管永久损坏。

（2）最大反向工作电压 U_{RM}

最大反向工作电压通常称为额定工作电压，它是为了保证二极管不至于反向击穿而规定的最高反向电压。工作时加在二极管两端的反向电压不得超过此值，否则二极管可能被击穿。为了确保二极管安全工作，一般手册中规定最高反向电压为反向击穿电压的 1/3～1/2。

（3）反向饱和电流 I_S

反向饱和电流又称反向漏电流，它指二极管未进入击穿区的反向电流，其值越小，则二极管的单向导电性越好。此外，由于反向电流是由少数载流子形成的，因此 I_S 值受温度的影响很大。温度增加，反向电流就会急剧增大。通常锗管 PN 结温度达到 90℃以上，硅管 PN 结温度达到 150℃以上时，就会因反向电流急剧增加而造成热击穿，所以使用二极管时要注意温度的影响。

（4）最高工作频率 f_M

二极管的 PN 结具有结电容，随着工作频率的升高结电容充放电将加剧影响 PN 结的单向导电特性，所以 f_M 是保证管子正常工作的最高频率。一般小电流二极管的 f_M 高达几百兆赫兹，而大电流的整流管仅几千赫兹。

三、特殊二极管

除了普通二极管外，还有一些二极管由于使用的材料和工艺特殊，从而具有特殊的功能和用途，这种二极管属于特殊二极管，如稳压二极管、变容二极管、发光二极管、光敏二极管等。

1. 稳压二极管

硅稳压二极管是一种特殊的面接触型硅二极管，由于它在电路中能起稳定电压的作用，故称为稳压二极管，简称稳压管。稳压二极管外形如图 8-1-13 所示。

（1）稳压二极管的特性

伏安特性曲线。稳压二极管的符号及通过实验测得的伏安特性曲线如图 8-1-14 所示。

图 8-1-13　稳压二极管外形

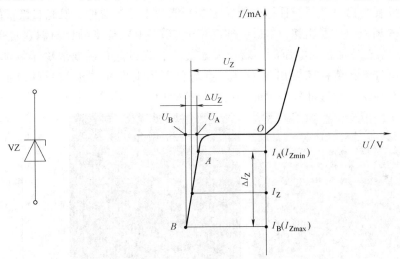

图 8-1-14　稳压二极管的符号和特性曲线

从伏安特性曲线看，稳压管的正向特性曲线和普通二极管相似；反向偏压时，开始一段和二极管一样，当反向电压增大到一定数值时，反向电流突然上升，这一特性称为反向击穿特性，曲线比普通二极管陡直。

值得注意的是，当反向电压增加到一定数值时，如增加到图 8-1-14 中所示的电压值 U_Z，反向电流急剧上升。此后反向电压只要稍有增加，如增加一个 ΔU_Z，反向电流就会增加很多，这种现象就是电击穿，电压 U_Z 称为击穿电压。由此可见，通过稳压二极管的电流在很大范围内变化时，稳压二极管两端电压变化很小，仅为 ΔU_Z。可见，稳压二极管能稳定电压正是利用其反向击穿后电流剧变，而二极管两端的电压几乎不变的特性来实现的。

此外，由击穿转化为稳压，还有一个值得注意的条件，就是要适当限制通过稳压二极管的反向电流。否则过大的反向电流，如超过 I_{zmax}，将造成稳压二极管击穿后的永久性损坏（热击穿）。因此，在电路中应将稳压二极管串联适当阻值的限流电阻。

通过以上分析可知，稳压二极管若要实现稳压功能，则必须具备以下两个基本条件：

1）稳压二极管两端需加上一个大于其击穿电压的反向电压。

2）采取适当措施限制击穿后的反向电流值。例如，将稳压二极管与一个适当的电阻串联后，再反向接入电路中，使反向电流和功率损耗均不超过其允许值。

（2）稳压二极管的主要参数

1）稳定电压 U_Z。U_Z 是指稳压管在正常工作状态下稳压管两端的电压值。由于制造上的原因，即使同种型号的稳压管，这个电压值也稍有差异，使用时要注意选择。例如，型号为 2CW11 的稳压管的稳定电压为 3.2~4.5V，但就某一只稳压管而言，U_Z 应为确定值。

2）稳定电流 I_Z。I_Z 指稳压管在稳定电压下的工作电流。稳压管的稳定电流有一定的允许变化范围。当工作电流低于 I_Z 时，稳压效果变差，甚至不能稳压，故常将 I_Z 记作 I_{Zmin}。只要不超过稳压管的额定功率，电流越大，稳压效果越好，但要多消耗电能。

3）最大耗散功率 P_{ZM} 和最大工作电流 I_{ZM}。稳压管的稳定电压 U_Z 与最大稳定电流 I_{Zmax} 的乘积，称为稳压管的耗散功率。在使用中若超过这个数值，稳压管将被烧毁。

2. 发光二极管

发光二极管（LED）是一种把电能转变成光能的半导体器件。发光二极管的实物图和符号如图 8-1-15 所示。它是由镓（Ga）、砷（As）、磷（P）等半导体材料制成的。由这些材料构成的 PN 结在外加正向电压时，就会发出光来，光的颜色主要取决于制造所用的材料，如砷化镓发出红光，磷化镓发出绿光等。目前，市场上发光二极管的颜色主要有红、黄、绿、蓝、白 5 种，按外形可分为圆形、长方形等数种。

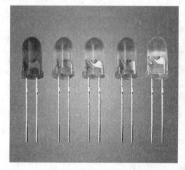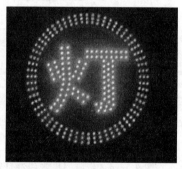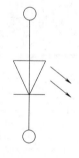

图 8-1-15　发光二极管的实物图和符号

发光二极管的导通电压比普通二极管大，一般为 1.2~2.5V，而反向击穿电压一般比普通二极管低，一般在 5V 左右。LED 是目前使用比较普遍的一种显示器件，就是由于它具有亮度高、电压低、体积小、可靠性高、寿命长、响应速度快、颜色鲜艳等一系列优点。

发光二极管主要用作显示器件，可单个使用，也可制成七段数字显示器以及矩阵式器件。近年来在数字仪器仪表、计算机显示、电子钟表上的应用越来越广，并且在高档家电、音响装置、大屏幕汉字、图形显示中发挥作用，其应用范围还在不断扩展，LED 各种驱动器集成电路芯片也在不断推出。发光二极管的另一个重要用途是将电信号变为光信号，通过光缆传输，然后用光敏二极管接收并再现电信号，从而组成光电传输系统，应用于光纤通信和自动控制系统中。此外，发光二极管还可以与光敏晶体管一起构成光耦合器件。

3. 光敏二极管

光敏二极管又称光电二极管或远红外线接收管，是一种将光能与电能进行转换的器件，是将光信号转换为电信号的特殊二极管，其结构及符号如图 8-1-16 所示。

光敏二极管的结构与普通二极管一样，其基本结构也是一个 PN 结，但是它的 PN 结面积较大，同时管壳上开有一个嵌着玻璃的窗口，以便于光线射入。它是利用 PN 结在施加反向电压时，在光线照射下反向电阻由大变小的原理来工作的。也就是说，当没有光照射时反向电阻很大，反向电流很小（约 $0.1\mu A$）。当有光照射时，反向电阻减小，反向电流

图 8-1-16　光敏二极管的外形和符号

增大，通过接在回路中的电阻 R 就可获得电压信号，从而实现了光电转换。

硅光敏二极管对红外光最为敏感，锗光敏二极管对远红外光最为敏感，常用于光的测量和光电自动控制系统，如光纤通信中的光接收机、电视机和家庭音响的遥控接收装置等。大面积的光敏二极管可用来作为能源，即光电池。线性光电器件通常称之为光耦合器，可以实现光与电的线性转换，在信号传送和图形图像处理领域有广泛的应用。

四、二极管的应用

利用二极管的单向导电性可以组成整流、限幅、钳位、检波及续流等应用电路。

1. 二极管"与门"电路

[例 8-1]　二极管构成的"与门"电路如图 8-1-17 所示，设 VD_1、VD_2 均为理想二极管，当输入电压 U_A、U_B 为低电压 0V 和高电压 5V 的不同组合时，求输出电压 U_o 的值。

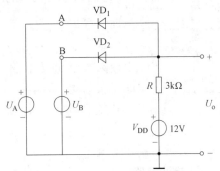

图 8-1-17　二极管"与门"电路

解：（1）当 $U_A = U_B = 0V$ 时，VD_1、VD_2 均为正向偏置而导通，$U_o \approx U_A = U_B = 0V$。

（2）当 $U_A = 0V$，$U_B = 5V$ 时，VD_1 导通，VD_2 截止，$U_o = 0V$。

（3）当 $U_A = 5V$，$U_B = 0V$ 时，VD_1 截止，VD_2 导通，$U_o = 0V$。

（4）当 $U_A = U_B = 5V$ 时，VD_1、VD_2 均为正向偏置而导通，$U_o = 5V$。

可见 U_A 和 U_B 均为高电平 5V 时，输出端为 5V，只要有一个输入为低电平 0V，则输出电压为 0V，实现了"与"功能。

2. 限幅电路

在电子电路中，为了限制输出电压的幅度，常利用二极管构成限幅电路。当输入信号电压在一定范围内变化时，输出电压也随着输入电压做相应变化；当输入电压高于某一数值时，输出电压保持不变，这就是限幅电路。当输入信号幅度变化较大时，为了使信号幅度能够限制在一定范围内，可将输入信号接入限幅电路。开始不变的电压称为限幅电平，它分为上限幅和下限幅。当输入电压高于限幅电平时，输出电压保持不变的限幅称为上限幅；当输入电压低于限幅电平时，输出电压保持不变的限幅称为下限幅。

[例 8-2]　图 8-1-18 为二极管双向限幅电路。已知 $u_i = 1.41\sin\omega t V$，图中二极管均为硅管。设导通时其管压降为 0.7V，试画出输出电压 u_o 的波形。

分析：由图示电路和输入电路电压的波形图可看出：当输入电压 $u_i > +0.7V$ 时，二极管 VD_1 导通，VD_2 截止，输出电压维持在 0.7V 的导通电压值不变；当 $u_i < -0.7V$ 时，VD_2 导通，VD_1 截止，输出电压维持在 -0.7V 不变。除此两段时间外，输入电压均小于 ±0.7V，两

个二极管均为截止状态，所以输出、输入相等。可见，该电路中的二极管在电路中起着限幅作用。电路输出电压波形如图 8-1-19 所示。

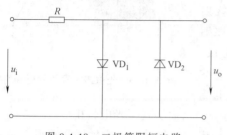

图 8-1-18　二极管限幅电路

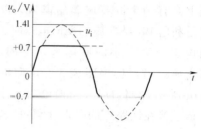

图 8-1-19　电路输出电压波形

3. 钳位电路

将电路中某点电位值钳制在选定的数值上而不受负荷变动影响的电路称为钳位电路。这种电路可组成二极管门电路，实现逻辑运算。如图 8-1-20 所示的电路，只要有一条串路输入为低电平，输出即为低电平，仅当全部输入为高电平时，输出才为高电平，从而实现逻辑"与"运算。

分析：当图中输入端 A 点电位低于 V_+ 时，二极管 VD 正偏导通，若忽略二极管的管压降，则输出端 F 的数值被钳位在 A 点电位；当输入端 A 点电位较 V_+ 高时，二极管则处于反偏不能导通，此时电阻 R 上无电流通过，输出端 F 的电位就被钳制在 V_+ 电位。

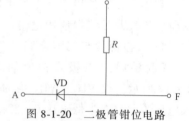

图 8-1-20　二极管钳位电路

4. 检波电路

将低频信号从高频调幅信号上分离出来的过程，称为检波。检波电路一般由检波二极管、检波电容和检波负载电阻组成。检波电路利用二极管的单向导电性，只让正半周的高频调幅信号通过，再利用电容和电阻构成的高频滤波电路，将高频载波信号旁路，留下直流分量和低频信号输出，如图 8-1-21 所示。

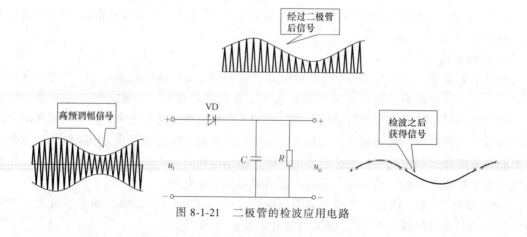

图 8-1-21　二极管的检波应用电路

五、二极管的识别与检测

普通二极管是由一个 PN 结构成的半导体器件，具有单向导电性。通过用万用表检测其正、反向电阻值，可以判别出二极管的电极，还可以推测出二极管是否损坏。

1. 二极管极性识别

（1）观察法

从外观判别二极管的极性。二极管外壳上均印有型号和标记。标记方法有

图 8-1-22 二极管的极性

箭头、色点、色环三种，靠近色环的一端为二极管的负极，有色点的一端为正极，如图 8-1-22 所示。

（2）数字万用表法

将数字万用表测量档位选择"二极管"档，将红、黑表笔分别接二极管的两个引脚。若显示为"1."，如图 8-1-23b 所示，说明测得是反向特性。交换测试笔再次测试，则应出现数值，此数值是以小数表示的二极管正向压降值，如图 8-1-23a 所示。由此，可判断二极管的极性。显示正向压降值时红表笔所接引脚为二极管的阳极，黑表笔所接引脚为二极管的阴极，正向压降为 0.2V 左右为锗二极管，0.7V 左右为硅二极管。若正、反向测量所得压降值均显示"0V"，说明二极管内部短路；若正、反向测量所得压降值均显示"1."，说明二极管开路失效。

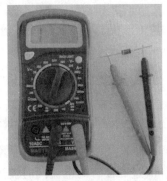

a) 正向测量   b) 反向测量

图 8-1-23　数字万用表判别二极管极性与质量

2. 二极管质量好坏检测

判别二极管好坏的测量方法为：将两表笔分别接在二极管的两个电极上，读出测量的阻值，然后将表笔对换，再测量一次，记下第二次阻值。

若两次阻值相差很大，说明该二极管性能良好。根据测量电阻小的那次的表笔接法（正向连接）判断出与红表笔连接的是二极管的正极，与黑表笔连接的是二极管的负极。

如果两次测量的阻值都很小，说明二极管已经击穿。

如果两次测量的阻值都很大，说明二极管内部已经断路。在这两种情况下，二极管都不能使用了。

任务8.2　二极管整流电路

家用电器表面上看是使用交流 220V 供电，但实质上，在这些家用电器内部，都是使用了二极管，才把交流电变成了直流电。交流变直流的第一步就是整流，即利用二极管的单向

导电性将交流电变换为脉动直流电。

本任务重点分析单相半波整流电路、单相桥式整流电路的工作原理和主要性能指标。在分析整流电路时，由于电路工作电压高、电流大，而二极管的正向压降及反向电流对电路的影响较小，可将二极管视为理想开关器件，即正向导通时电压为零，看成短路；反向截止时电流为零，看成开路。

一、单相半波整流电路

由于在一个周期内，二极管导通半个周期，负载只获得半个周期的电压，故称为半波整流。经半波整流后获得的是波动较大的脉动直流电。

1. 电路结构

单相半波整流电路由整流二极管、电源变压器和用电负载构成，如图 8-2-1 所示。Tr 为电源变压器，VD 为整流二极管，R_L 为负载电阻。

2. 工作原理

设变压器二次侧的电压为

$$u_2 = \sqrt{2}\,U_2\sin\omega t$$

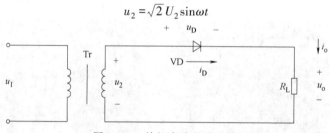

图 8-2-1 单相半波整流电路

当 u_2 为正半周期时，假设变压器二次绕组的极性是上 "+" 下 "–"，则二极管 VD 承受正向电压导通，流过二极管的电流同时流过负载电阻，即如果忽略 VD 的管压降，负载电阻上的电压 $u_o = u_2$。

当 u_2 为负半周期时，假设变压器二次绕组的极性是上 "–" 下 "+"，则二极管 VD 承受反向电压截止，$i_o = 0$，因此输出电压 $u_o = 0$，此时 u_2 全部加在二极管两端，即二极管承受反向电压 $u_D \approx u_2$。

第二个周期开始又重复上述过程。电路中电压和电流的波形如图 8-2-2 所示，由图可见，负载上得到单方向的脉动电压。由于该电路只在 u_2 的正半周期有输出，所以称为半波整流电路。

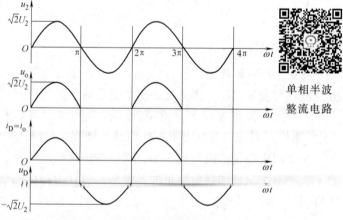

图 8-2-2 单相半波整流电路波形

单相半波整流电路

3. 参数计算

负载上获得的是脉动直流电压，其大小用平均值 U_o 来衡量，即

$$U_o = \frac{1}{2\pi} \int_0^\pi \sqrt{2}\, U_2 \sin\omega t\, d(\omega t) = \frac{\sqrt{2}\, U_2}{\pi} = 0.45U_2 \qquad (8\text{-}2\text{-}1)$$

流过负载电阻 R_L 的整流电流 i_o 的平均值

$$I_o = \frac{U_o}{R_L} = 0.45\frac{U_2}{R_L} \qquad (8\text{-}2\text{-}2)$$

在交流电压的负半周，二极管截止，u_2 电压全部加在二极管上，二极管所承受的最高反向电压 U_{DM} 为 u_2 的峰值，即

$$U_{DM} = \sqrt{2}\, U_2 \qquad (8\text{-}2\text{-}3)$$

二极管导通时的电流为负载电流，所以二极管平均电流

$$I_D = I_o \qquad (8\text{-}2\text{-}4)$$

4. 特点

单相半波整流电路简单，元器件少，但输出电流脉动很大，变压器利用率低，因此半波整流仅适用于要求不高的场合。

二、单相桥式整流电路

为了克服半波整流的缺点，多采用单相桥式整流电路，它由四只二极管接成电桥形式构成，图 8-2-3 所示为桥式整流电路及其简化图。

1. 电路结构

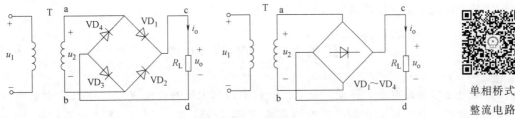

图 8-2-3　单相桥式整流电路

2. 工作原理

设变压器二次电压 $u_2 = \sqrt{2}\, U_2 \sin\omega t$，波形如图 8-2-4a 所示。当 u_2 为正半周期，即 a 点为正、b 点为负时，VD_1、VD_3 承受正向电压而导通，此时有电流流过 R_L，电流路径为 a→VD_1→c→R_L→d→VD_3→b，此时 VD_2、VD_4 因反偏而截止，负载 R_L 上得到一个半波电压，如图 8-2-4b 所示。若略去二极管的正向压降，则 $u_o = u_2$。

当 u_2 为负半周期，即 a 点为负、b 点为正时，VD_1、VD_3 因反偏而截止，VD_2、VD_4 因正偏而导通，此时有电流流过 R_L，电流路径为 b→VD_2→c→R_L→d→VD_4→a。这时 R_L 上得到另一个半波电压如图 8-2-4b 所示，若略去二极

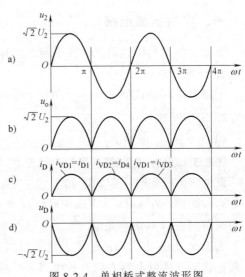

图 8-2-4　单相桥式整流波形图

管的正向压降，$u_o = -u_2$，由此可得输出电压波形，它是单方向的脉动电压，上述电路称为桥式整流电路。

3. 参数计算

全波整流电路的整流电压的平均值 U_o 比半波整流增加了一倍，即

$$U_o = 2\frac{\sqrt{2}\,U_2}{\pi} = 0.9U_2 \tag{8-2-5}$$

流过负载电阻的电流 i_o 的平均值 I_o 为

$$I_o = \frac{U_o}{R_L} = 0.9\frac{U_2}{R_L} \tag{8-2-6}$$

每两只二极管串联导通半个周期，在一个周期内负载电阻均有电流流过，且方向相同。而每只二极管流过的电流平均值 I_D 是负载电流 I_o 的一半，即

$$I_D = \frac{1}{2}I_o \tag{8-2-7}$$

若 VD_1、VD_3 两只二极管导通，就将 u_2 加到了二极管 VD_2、VD_4 的两端，使这两只二极管因承受反向电压而截止，二极管承受的最高反向电压为

$$U_{DM} = \sqrt{2}\,U_2 \tag{8-2-8}$$

4. 特点

桥式整流电路比半波整流电路复杂，但输出电压脉动比半波整流小一半，变压器的利用率也较高，因此桥式整流电路得到了广泛应用。

任务8.3 滤波电路

整流电路将交流电变为脉动直流电，但其中含有大量的交流成分（称为纹波电压）。为了获得平滑的直流电压，必须利用滤波器将交流成分滤掉。常用的滤波电路有电容滤波电路、电感滤波电路和复合式滤波电路等。

一、电容滤波电路

下面介绍单相桥式电容滤波电路的工作原理。

1. 电路组成

电路由单相桥式整流电路、大容量电容 C 和负载 R_L 组成，电路如图 8-3-1a 所示。

2. 工作原理

（1）不接 R_L 的情况

图 8-3-1a 所示电路中，开关 S 打开。

设电容上已充有一定电压 u_C，当 u_2 为正半周期时，二极管 VD_1 和 VD_3 仅在 $u_2 > u_C$ 时才导通；同样，在 u_2 为负半周期时，仅当 $|u_2| > u_C$ 时，二极管 VD_2 和 VD_4 才导通；二极管在导通期间，u_2 对电容充电。

无论 u_2 在正半周期还是负半周期，当 $|u_2| < u_C$ 时，由于 4 只二极管均受反向电压而处于截止状态，所以电容 C 没有放电回路，故电容 C 很快地充到 u_2 的峰值，并保持不变。

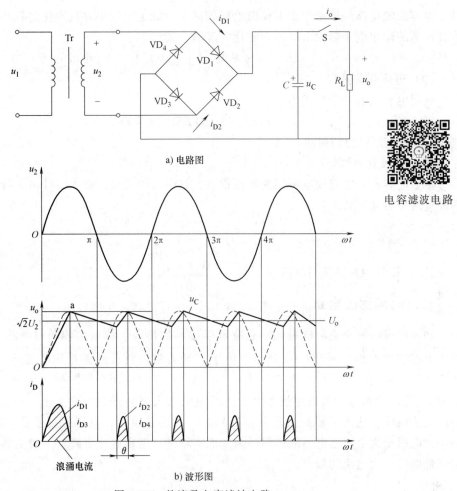

a) 电路图

电容滤波电路

b) 波形图

图 8-3-1 整流及电容滤波电路

（2）接 R_L 的情况

图 8-3-1a 所示电路中，开关 S 闭合。

电容 C 两端并上负载 R_L 后，当在 u_2 正半周期或负半周期时，只要 $|u_2|>u_C$，则 VD_1 和 VD_3 与 VD_2 和 VD_4 轮流导通，u_2 不仅对负载 R_L 供电，还对电容器 C 充电。

当 $|u_2|<u_C$ 时，4 只二极管均受反向电压而处于截止状态，而电容器 C 将向负载 R_L 放电，以后重复上述充放电过程，便可得图 8-3-1b 所示的输出电压波形。

3. 特点

电容滤波电路虽然简单，但输出直流电压的平滑程度与负载有关。当负载减小时，时间常数 $R_L C$ 减小，输出电压的波纹增大，所以电容滤波不适用于负载变化较大的场合。电容滤波也不适用于负载电流较大的场合，因为这时只有增大电容的容量才能取得好的滤波效果。但电容容量太大，会使电容体积增大，成本上升，而且大的充电电流也容易引起二极管损坏。

4. 主要参数

（1）输出电压平均值

电容滤波电路一般用于要求输出电压较高、负载电流较小并且变化也较小的场合。电容滤波电路的输出电压随输出电流而变化，经验上通常取

$$U_o = U_2 \quad （半波） \quad ; U_o = 1.2U_2 \quad （全波） \tag{8-3-1}$$

（2）电容器的选择

确定电容值的经验公式为

$$R_L C \geq (3 \sim 5)T/2 \quad （全波） \tag{8-3-2}$$

式中，T 是交流电源的周期。

（3）二极管的选择

由于电容在开始充放电瞬间的电流很大，这时二极管流过较大的冲击尖峰电流，所以在实际应用中有如下要求：

1）二极管的额定电流

$$I_F \geq (2 \sim 3)\frac{U_L}{2R_L} \tag{8-3-3}$$

2）二极管的最高反向电压

$$U_{RM} \geq \sqrt{2}\, U_2 \tag{8-3-4}$$

二、电感滤波电路

利用电感线圈交流阻抗很大、直流电阻很小的特点，将电感线圈与负载电阻 R_L 串联，组成电感滤波电路，如图 8-3-2 所示。电感 L 起着阻止负载电流变化使之趋于平直的作用。整流电路输出的电压中，其直流分量由于电感近似于短路而全部加到负载 R_L 两端，即 $U_o = 0.9U_2$。交流分量由于 L 的感抗远大于负载电阻而大部分降在电感 L 上，负载 R_L 上只有很小的交流电压，达到了滤除交流分量的目的。电感量越大，电压就越平稳，滤波效果就越好。但电感量大会引起电感的体积过大，成本增加，输出电压下降。一般电感滤波电路只应用于低电压、大电流的场合。

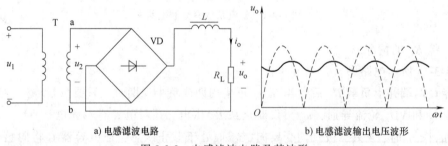

a）电感滤波电路　　　　　　　　b）电感滤波输出电压波形

图 8-3-2　电感滤波电路及其波形

与电容滤波相比，电感滤波有以下特点：

1）电感滤波的外特性好。

2）电感滤波电路导通瞬间，电流增加，而电感 L 将产生一个自感电流，与原电流方向相反，阻碍了电流的增加。在一个周期中，整流二极管大约导通半个周期，远大于电容滤波电路中的整流二极管的导通角，所以，电感滤波不会出现浪涌电流现象。

3）电感滤波输出的电压比电容滤波低，而负载电流越大，电感滤波效果越好，所以电感滤波电路适用于输出电压不高、输出电流较大及负载变化较大的场合。

4）电感越大，滤波效果越好，但必须增大电感的体积，这样成本会远高于电容。

三、复式滤波电路

复式滤波电路常用的有电感电容滤波器和 π 形滤波器两种形式（图 8-3-3），它们的电路组成原则是：把对交流阻抗大的元件（如电感、电阻）与负载串联，以降落较大的纹波电压；把对交流阻抗小的元件（如电容）与负载并联，以旁路较大的纹波电流。其滤波原理与电容、电感滤波类似。

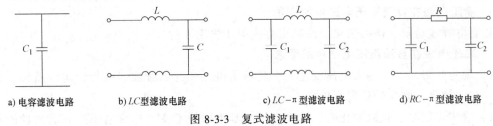

a) 电容滤波电路　　　b) LC 型滤波电路　　　c) $LC-\pi$ 型滤波电路　　　d) $RC-\pi$ 型滤波电路

图 8-3-3　复式滤波电路

任务 8.4　稳 压 电 路

目前，大多数直流电源都是通过将电网 220V 的交流电源经过整流、滤波和稳压来获得的。前面已了解整流、滤波电路的工作过程，下面将重点介绍串并联型稳压电路及集成稳压电路的工作原理。

一、直流稳压电源的组成

几乎所有的电子设备都需要稳定的直流电源，而这些通常都是由交流电网供电的，因此需要将交流电转变成稳定的直流电。直流稳压电源的作用就是将交流电经过整流变成脉动的直流电，然后再经过滤波和稳压转换成稳定的直流电。

小功率直流电源通常采用单相整流获得，主要是利用二极管的单向导电特性，将交流电变为脉动直流电。直流稳压电源一般由交流电源变压器、整流电路、滤波电路和稳压电路四部分组成，如图 8-4-1 所示。

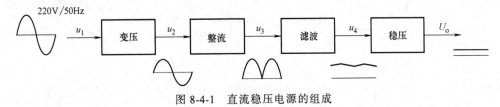

图 8-4-1　直流稳压电源的组成

1. 电源变压器
电源变压器的任务是将交流电的幅度转换为直流电源所需要的幅度。

2. 整流电路
整流电路的目的是利用具有单向导电性能的整流元件，将正负交替的正弦交流电压整流成为单方向的脉动电压。

3. 滤波电路
滤波电路的功能是将整流后的单向脉动电压中的脉动成分尽可能地过滤掉，使输出电压成为比较平滑的直流电压。该电路由电容、电感等储能元件组成。

4. 稳压电路

稳压电路的功能是减小电源电压波动、负载变化和温度变化的影响，以维持输出电压的稳定。

二、稳压电路在直流稳压电源中的作用及要求

1. 稳压电路在直流稳压电源中的作用

克服电源波动及负荷的变化，使输出直流电压恒定不变。

2. 稳压电路在直流稳压电源中的要求

1）稳定性好。由于输入电压变化而引起输出电压变化的程度，称为稳定度指标，输出电压的变化越小，电源的稳定度越高。

2）输出电阻小。负载变化时，输出电压应基本保持不变。稳压电源这方面的性能可用输出电阻表征。输出电阻越小，负载变化时输出电压的变化也越小。

3）电压温度系数小。当环境温度变化时，会引起输出电压的漂移。良好的稳压电源应在环境温度变化时有效地抑制输出电压的漂移，保持输出电压稳定。

4）输出电压纹波小。所谓纹波电压，是指输出电压中频率为 50Hz 或 100Hz 的交流分量，通常用有效值或峰值表示。经过稳压作用，可以使整流滤波后的波纹电压大大降低。

三、并联型稳压电路

1. 电路结构

有滤波的整流电路虽然能提供平滑的直流电压，但是由于交流电源电压的波动和负载电流的变化，会引起输出直流电压的不稳定，直流电压的不稳定会使电子设备、控制装置、测量仪表等的工作不稳定，产生误差，甚至不能正常工作。为此，需要在整流滤波电路之后再加上稳压电路。利用稳压二极管就可以组成稳压电路。

稳压二极管并联型稳压电路如图 8-4-2 所示。点画线框内为稳压电路，R 为限流电阻，VZ 为稳压二极管。U_I 是整流滤波后的输入电压，U_Z 是稳压管的稳定电压，即电路的输出电压 U_o。

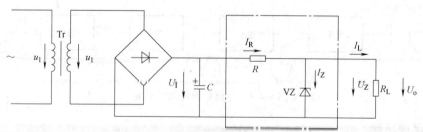

图 8-4-2　硅稳压二极管并联型稳压电路

2. 工作原理

在图 8-4-2 中，当电网电压升高时，稳压电路的输入电压 U_I 随之增加，使输出电压 U_o 趋于增加；由于 $U_Z = U_o$，并且稳压二极管两端的电压 U_Z 的微小增大会导致其工作电流 I_Z 急剧增加，进而使得限流电阻的电流 I_R 急剧增加，因此，U_I 的增加导致限流电阻 R 上的电

压 $U_R = I_Z R$ 随之增加；由于 $U_o = U_I - U_R$，所以输入电压 U_I 的增加量大部分落在了 R 上，即 $\Delta U_I = \Delta U_R$，而 U_o 增加很少。即电网电压 $u_1 \uparrow \rightarrow u_2 \uparrow \rightarrow U_I \uparrow \rightarrow U_o(U_Z) \uparrow \rightarrow I_Z \uparrow \rightarrow I_R \uparrow \rightarrow U_R$ $\uparrow \rightarrow U_o \downarrow$。

当电网电压下降时，电路中各点电压、电流的变化过程与上述相反，即电网电压 $u_1 \downarrow \rightarrow u_2 \downarrow \rightarrow U_I \downarrow \rightarrow U_o(U_Z) \downarrow \rightarrow I_Z \downarrow \rightarrow I_R \downarrow \rightarrow U_R \downarrow \rightarrow U_o \uparrow$。

3. 特点

一般只在高档机或专业的场合采用，但稳压值不能随意调节，而且输出电流很小。

四、集成稳压器

前面介绍的稳压二极管稳压电路虽然电路结构很简单，但其输出的负载电流太小，稳压精度也不够高，一般只能应用于小负载的场合。当负载电流较大时，可采用集成稳压器来稳压。

集成稳压器将串联稳压电路和各种保护电路集成在一起。它具有稳压性能好、体积小、重量轻、价格便宜、使用方便、过电流过热保护等优点，在现代电子技术中得到了广泛应用。集成稳压器的种类较多，按其输出电压是否可调，可分为输出电压不可调集成稳压器和输出电压可调集成稳压器，按输出电压极性的不同，可分为正输出电压集成稳压器和负输出电压集成稳压器。下面介绍应用比较广泛的 7800、7900 系列三端集成稳压器。

图 8-4-3 集成稳压器外形

1. 三端固定输出集成稳压器

（1）外形和引脚排列

图 8-4-3 所示为常用的固定式三端集成稳压器。

三端固定式稳压器有输入端、输出端和公共端 3 个引出端，其引脚排列规则如图 8-4-4 所示。

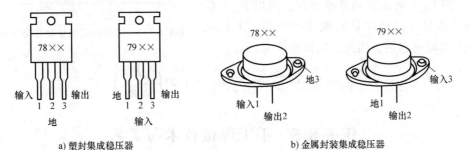

a) 塑封集成稳压器   b) 金属封装集成稳压器

图 8-4-4 集成稳压器引脚排列

（2）基本应用电路

图 8-4-5 所示为三端固定式集成稳压器的基本应用电路。图中输入端电容 C_1 用于减少输入电压的脉动和防止过电压，通常取 $0.33\mu F$；输出端电容 C_2 用于削弱电路的高频干扰，并具有消振作用，通常取 $0.1\mu F$。

2. 三端可调式集成稳压器

（1）型号和引脚排列

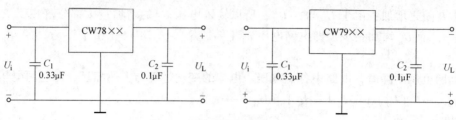

图 8-4-5　集成稳压器应用电路

　　三端可调式集成稳压器是在三端固定式集成稳压器的基础之上发展起来的，用少量外部元器件就可构成可调稳压电路，应用灵活简单。

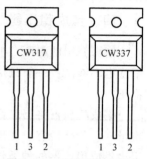

　　三端可调式集成稳压器不仅输出电压可调，且其稳压性能优于固定式集成稳压器。常见的产品型号有 CW217、CW317、CW237、CW337 等，字母后面两位数字为 17，为正电压输出；若为 37，则为负电压输出。CW317 与 CW337 外形与引脚排列如图 8-4-6 所示，三个接线端分别为输入端，输出端和调整端。CW317 的第 1 引脚为调整端，第 2 引脚为输入端，第 3 引脚为输出端。CW337 的第 1 引脚为调整端，第 2 引脚为输出端，第 3 引脚为输入端。

图 8-4-6　三端可调式集成稳压器引脚排列

　　（2）基本应用电路

　　三端可调式集成稳压器的典型应用电路如图 8-4-7 所示。三端可调式集成稳压器的引脚分为输入端、输出端和调整端。调整电位器 RP，可改变取样电压值，从而控制输出电压的大小。由于三端可调式集成稳压器的内部在输出端和调整端之间是 1.25V（用 U_{REF} 表示）的基准电压，所以 R_1 上的电流值基本恒定。而调整端流出的电流（I_a）很小，在计算时可忽略，因此，输出电压为

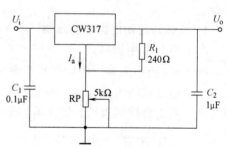

图 8-4-7　三端可调式集成稳压器应用电路

$$U_o = U_{REF} + \frac{U_{REF}}{R_1}R_{RP} + I_a R_{RP} \approx 1.25\left(1 + \frac{R_{RP}}{R_1}\right) \qquad (8-4-1)$$

任务8.5　手工焊接技术与工艺

　　随着电子元器件的封装更新换代加快，电子发展已朝向小型化、微型化发展，手工焊接难度也随之增加，在焊接中稍有不慎就会损伤元器件，或引起焊接不良，所以手工焊接人员必须对焊接原理、焊接过程、焊接方法、焊接质量的评定及电子基础有一定的了解。

一、焊接原理

　　锡焊是通过加热的烙铁将固态焊锡丝加热熔化，再借助于助焊剂的作用，使其流入被焊金属之间，待冷却后形成牢固可靠的焊接点。

当焊料为锡铅合金、焊接面为铜时，焊料先对焊接表面产生润湿，伴随着润湿现象的发生，焊料逐渐向金属铜扩散，在焊料与金属铜的接触面形成附着层，使两侧牢固地结合起来。所以焊锡是通过润湿、扩散和冶金结合这三个物理化学过程来完成的。

二、焊接工具电烙铁

电烙铁是熔解锡进行焊接的工具，主要用来焊接，使用时只要用电烙铁头对准所焊元器件焊接即可。

1. 电烙铁的种类和规格

电烙铁的种类比较多，可分为外热式、内热式、恒温式、吸锡式等。

1）外热式电烙铁：烙铁头安装在烙铁心里面的电烙铁。

2）内热式电烙铁：烙铁心装在烙铁头里面的电烙铁。

3）恒温式电烙铁：在烙铁头内装有磁铁式的温度控制器，控制通电时间而实现温度控制的电烙铁。

4）吸锡式电烙铁：将活塞式吸锡器与电烙铁融为一体的拆焊工具。

2. 电烙铁的规格

电烙铁的规格常有 25W、30W、40W、60W 等。

3. 焊接通常用的工具

焊接通常用的工具有电烙铁、焊锡丝、烙铁架、剪钳、锡渣盒。

4. 焊锡的作用

①固定零件与 PCB；②起导电作用，使零件与 PCB 形成闭合回路。

5. 电烙铁的保养

1）烙铁应放在烙铁架上，应轻拿轻放，决不要将烙铁上的锡乱甩。

2）第一次使用时，必须让烙铁嘴"吃锡"，平时不用烙铁的时候，要让烙铁嘴上保持有一定量的锡。

3）电烙铁通电后温度高达 250℃ 以上，不用时应放在烙铁架上，但较长时间不用时应切断电源，防止高温"烧死"烙铁头（被氧化）。要防止电烙铁烫坏其他元器件，尤其是电源线，若其绝缘层被烙铁烧坏而不注意便容易引发安全事故。

4）拿起烙铁开始使用时，需清洁烙铁嘴，但在使用过程中无需将烙铁嘴拿到海绵上清洁，只需将烙铁嘴上的锡放入锡渣盒内，这样保持烙铁嘴之温度不会急速下降。

5）烙铁嘴发黑，不可用刀片之类的金属器件处理，而是要用松香或锡丝来解决。

三、手工焊接操作的具体手法

手工锡焊接技术是一项基本功，就是在大规模生产的情况下，维护和维修也必须使用手工焊接。因此，必须通过学习和实践操作练习才能熟练掌握。

1. 手握烙铁的姿势

焊接时，一手握烙铁，一手握焊锡丝。电烙铁的握法一般有三种，如图 8-5-1 所示。对于小功率烙铁的握法是"握笔法"或"正握法"，就像用手握笔一样。对于电子线路的焊接，使用功率比较小的铬铁，并且烙铁头都是直型，常用这种握法。对于大功率的铬铁，比较大，也较重，所以采用"拳握法"，就像握拳头一样，握住烙铁柄。

焊锡丝一般有两种拿法，如图 8-5-2 所示。由于焊丝成分中，铅占一定比例，众所周知，铅是对人体有害的重金属，因此操作时应戴手套或操作后洗手，避免食入。

a) 拳握法　　　　b) 正握法　　　c) 握笔法　　　　　a) 连续锡焊时焊锡丝拿法　　b) 断续锡焊时焊锡丝拿法

图 8-5-1　电烙铁的拿法　　　　　　　　　　图 8-5-2　焊锡丝的拿法

2. 手工烙铁锡焊的基本步骤

手工烙铁焊接时，一般应按以下五个步骤进行（简称五步操作法），如图 8-5-3 所示。

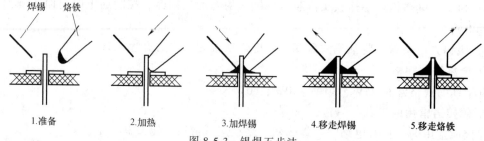

1.准备　　　　　2.加热　　　　　3.加焊锡　　　　4.移走焊锡　　　5.移走烙铁

图 8-5-3　锡焊五步法

（1）准备

将被焊件、电烙铁、焊锡丝、烙铁架等准备好，并放置于便于操作的地方。焊接前要先将加热到能熔锡的烙铁头放在松香或蘸水海绵上轻轻擦拭，以去除氧化物残渣，然后把少量的焊料和助焊剂加到清洁的烙铁头上，也就是常称之为让铬铁头吃上锡，使烙铁随时处于可焊接状态。

（2）加热

将烙铁头放置在被焊件的焊接点上，使焊接点升温。烙铁头上带有少量焊料（在准备阶段时带上），可使烙铁头的热量较快传到焊点上。

（3）加焊锡

将焊接点加热到一定温度后，用焊锡丝触到焊接件处，熔化适量的焊料。注意，焊锡丝应从烙铁头的对称侧加入到被加热的焊接点处，而不是直接将焊锡加在烙铁头上。

（4）移走焊锡

当焊锡丝适量熔化后，迅速移开焊锡丝。焊锡量的多少控制，是非常重要的，要在熔化焊料时注意观察和控制。

（5）移走烙铁

当焊接点上的焊料流散接近饱满，助焊剂尚未完全挥发，也就是焊接点上的温度适当、焊锡最光亮、流动性最强的时刻，迅速拿开烙铁头。移开烙铁头的时机、方向和速度，决定着焊接点的焊接质量。正确的方法是先慢后快，烙铁头沿 45°角方向移动，并在将要离开焊接点时快速往回一带，然后迅速离开焊接点，检查焊接质量。

完成以上锡焊各步骤，一般在 3~5s 内，对于小元器件和集成电路引脚的焊接时间甚至更短。这需要在装配实践中熟练掌握和细心体会其操作要领，达到熟能生巧。

对于初学焊接者，要特别指出的是：锡焊接是用烙铁加热被焊元器件和焊锡，使焊锡熔化将被焊元器件和电路焊接在一起，不是用烙铁将熔化的焊锡像泥工弄水泥一样将元器件粘在电路板上。

四、手工焊接的要点

1）注意烙铁头与焊件和焊盘两者间的接触。不要只将烙铁与元器件引脚接触而远离焊盘，或只与焊盘接触而远离被焊元器件。

2）要掌握好焊接时间，加热时间太短，加温不够，会造成焊接质量差，而加热时间过长会使被焊元器件损坏、印制电路板变形、敷铜皮脱落、塑料材料损坏等。贴片元器件单点焊接时间不能超过3s，插座器件单点焊接时间不能超过5s，线材焊接以不烫伤绝缘层为宜。

3）控制好焊锡量，在焊接时应注意观察焊锡丝熔化量和控制焊锡丝的进给速度。

五、焊接质量检查

1）元器件不得有错装、漏装、错连和歪斜松动等。

2）元器件面应渗锡均匀，焊点应吃锡饱满，无毛刺、针孔、气泡、裂纹、挂锡、拉点、漏焊、碰焊、虚焊等缺陷。

3）焊点的表面应光洁且应包围引线360°，焊料适量，最多不得超过焊盘外缘，最少不应少于焊盘面积的80%。

4）导线和元器件引脚离焊点面长度为1~1.5mm。

5）焊接后印制板上的金属件表面应无锈蚀和其他杂质。

6）经焊接后的印制板不得有斑点、裂纹、气泡、发白等现象，铜箔及敷形涂覆层不得脱落、起翘、分层。

7）焊接完毕后，清理焊点处的焊料（包括：PCB表面发黑的助焊剂残留、锡渣、锡球等）。

🔄 任务实施

一、DS1104Z型数字示波器使用方法

DS1000系列数字示波器如图8-6-1所示，它具有多重波形显示、分析和数学运算、波形设置、位图文件存储、自动光标跟踪测量、波形录制和回放功能等，还支持即插即用USB存储设备和打印机。

1. DS1104Z数字示波器前操作面板

（1）垂直控制区

CH1、CH2、CH3、CH4：模拟通道设置键。4个通道标签用不同颜色标识，并且屏幕中的波形和通道输入连接器的颜色也与之对应。按下任一按键打开相应通道菜单，再次按下关闭通道，如图8-6-2所示。

MATH：按MATH→Math可打开A+B、A-B、A×B、A/B、FFT、A&&B、A││B、A^

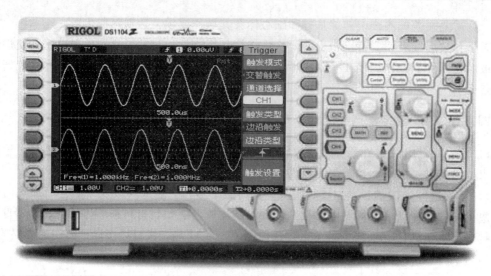

图 8-6-1　数字示波器

B、! A、Intg、Diff、Sqrt、Lg、Ln、Exp 和 Abs 等多种运算。

⬛REF：按下该键打开参考波形功能，可将实测波形和参考
波形比较。

垂直 ⚙ **POSITION**：修改当前通道波形的垂直位移。
顺时针转动增大位移，逆时针转动减小位移。修改过程中波形
会上下移动，同时屏幕左下角弹出的位移信息实时变化。按下
该旋钮可快速将垂直位移归零。

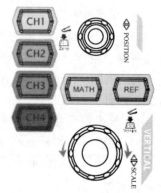

垂直 ⚙ **SCALE**：修改当前通道的垂直档位。顺时针转
动减小档位，逆时针转动增大档位。修改过程中波形显示幅度
会增大或减小，同时屏幕下方的档位信息实时变化。按下该旋
钮可快速切换垂直档位调节方式为"粗调"或"微调"。

图 8-6-2　垂直控制区

MSO1000Z/DS1000Z 系列数字示波器的 4 个通道复用同一组垂直 ⚙ **POSITION** 和垂
直 ⚙ **SCALE** 旋钮。如需设置某一通道的垂直档位和垂直位移，
请首先按 CH1、CH2、CH3 或 CH4 键选中该通道，然后旋转垂直
⚙ **POSITION** 和垂直 ⚙ **SCALE** 旋钮进行设置。

（2）水平控制区

如图 8-6-3 所示，主要用于设置水平时基。

水平 ⚙ **POSITION**：修改水平位移。转动旋钮时触发点相
对屏幕中心左右移动。修改过程中，所有通道的波形左右移动，同
时屏幕右上角的水平位移信息实时变化。按下该旋钮可快速复位
水平位移（或延迟扫描位移）。

MENU：按下该键打开水平控制菜单。可开关延迟扫描功能，
切换不同的时基模式。

图 8-6-3　水平控制区

水平 **SCALE**：修改水平时基。顺时针转动减小时基，逆时针转动增大时基。修改过程中，所有通道的波形被扩展或压缩显示，同时屏幕上方的时基信息实时变化。按下该旋钮可快速切换至延迟扫描状态。

（3）触发控制区

用于触发系统的设置，如图8-6-4所示。

MODE：按下该键切换触发方式为 Auto、Normal 或 Single，当前触发方式对应的状态背光灯会变亮。

触发 **LEVEL**：修改触发电平。顺时针转动增大电平，逆时针转动减小电平。修改过程中，触发电平线上下移动，同时屏幕左下角的触发电平消息框中的值实时变化。按下该旋钮可快速将触发电平恢复至零点。

MENU：按下该键打开触发操作菜单。

FORCE：按下该键将强制产生一个触发信号，主要用于触发方式中的"Normal"和"Single"模式。

图8-6-4 触发控制区

（4）功能菜单区

功能菜单区如图8-6-5所示。

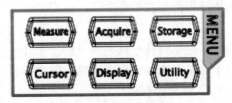

图8-6-5 功能菜单区

Measure：按下该键进入测量设置菜单。可设置测量信源、打开或关闭频率计、全部测量、统计功能等。按下屏幕左侧的 MENU，可打开37种波形参数测量菜单，然后按下相应的菜单软键快速实现"一键"测量，测量结果将出现在屏幕底部。

Acquire：按下该键进入采样设置菜单。可设置示波器的获取方式、Sin(x)/x 和存储深度。

Storage：按下该键进入文件存储和调用界面。可存储的文件类型包括：图像存储、轨迹存储、波形存储、设置存储、CSV 存储和参数存储。支持内、外部存储和磁盘管理。

Cursor：按下该键进入光标测量菜单。示波器提供手动、追踪、自动和 XY 四种光标模式。其中，XY 模式仅在时基模式为"XY"时有效。

Display：按下该键进入显示设置菜单。设置波形显示类型、余辉时间、波形亮度、屏幕网格和网格亮度。

Utility：按下该键进入系统功能设置菜单。设置系统相关功能或参数，例如接口、声音、语言等。此外，还支持一些高级功能，例如通过/失败测试、波形录制等。

（5）执行按键区

执行按键区如图8-6-6所示。

CLEAR：按下该键清除屏幕上所有的波形。如果示波器处于"RUN"状态，则继续显示新波形。

AUTO：按下该键，示波器将根据输入的信号，自动设置和调整垂直、水平及触发方式等各项控制值，使波形显示达到最佳适宜观察状态，如需要，还可进行手动调整。

RUN/STOP：按下该键，"运行"或"停止"波形采样。运行（RUN）状态下，该键黄色背光灯点亮；停止（STOP）状态下，该键红色背光灯点亮。

SINGLE：按下该键，将示波器的触发方式设置为"Single"。单次触发方式下，按FORCE 键立即产生一个触发信号。

图 8-6-6　执行按键区

（6）多功能旋钮

多功能旋钮如图 8-6-7 所示。

调节波形亮度：转动该旋钮可调整波形显示的亮度，亮度可调节范围为 0~100%。顺时针转动增大波形亮度，逆时针转动减小波形亮度。按下旋钮将波形亮度恢复至 60%。也可按 Display→波形亮度，使用该旋钮调节波形亮度。

多功能：菜单操作时，该旋钮背光灯变亮，按下某个菜单软键后，转动该旋钮可选择该菜单下的子菜单，然后按下旋钮可选中当前选择的子菜单。该旋钮还可以用于修改参数、输入文件名等。

图 8-6-7　多功能旋钮

2. 信号的测量

示波器 CH1~CH4 通道的垂直设置是独立的，每个项目都要按不同的通道进行单独设置，但 4 个通道功能菜单的项目及操作方法则完全相同。

在功能菜单区按 MEASURE （自动测量）键，弹出自动测量功能菜单，如图 8-6-8 所示。其中电压测量参数有：峰峰值（波形最高点至最低点的电压值）、最大值（波形最高点至 GND 的电压值）、最小值（波形最低点至 GND 的电压值）、幅值（波形顶端至底端的电压值）、顶端值（波形平顶至 GND 的电压值）、底端值（波形平底至 GND 的电压值）、过冲（波形最高点与顶端值之差与幅值的比值）、预冲（波形最低点与底端值之差与幅值的比值）、平均值（1 个周期内信号的平均幅值）、方均根值（有效值）共 10 种。

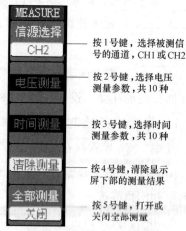

图 8-6-8　测量功能菜单

3. 测量实例

用数字示波器进行任何测量前，都先要将探头菜单衰减系数和探头上的开关衰减系数设置一致。例如：将探头上的开关设定为"10×"，需将菜单的探头衰减系数设定为"10×"，显示的测量值才会正确，如图 8-6-9 所示。

【实例】：观测电路中一未知信号，显示并测量信号的频率和峰峰值。其方法步骤如下：

（1）正确捕捉并显示信号波形

1）将 CH1 的探头连接到电路被测点。

2）按 $\boxed{\text{AUTO}}$（自动设置）键，示波器将自动设置使波形显示达到最佳。在此基础上，可以进一步调节垂直、水平档位，直至波形显示符合要求。

（2）进行自动测量

示波器可对大多数显示信号进行自动测量。现以测量信号的频率和峰峰值为例。

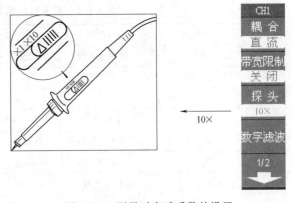

图 8-6-9　测量时衰减系数的设置

1）测量峰峰值。

按 $\boxed{\text{MEASURE}}$ 键以显示自动测量功能菜单→按 1 号功能菜单操作键选择信源 CH1 或 CH2→按 2 号功能菜单操作键选择测量类型为电压测量，并转动多功能旋钮 ⟳ 在下拉菜单中选择峰峰值，按下 ⟳。此时，屏幕下方会显示出被测信号的峰峰值。

2）测量频率。

按 3 号功能菜单操作键，选择测量类型为时间测量，转动多功能旋钮 ⟳ 在时间测量下拉菜单中选择频率，按下 ⟳。此时，屏幕下方峰峰值后会显示出被测信号的频率。

测量过程中，当被测信号变化时测量结果也会跟随改变。当信号变化太大，波形不能正常显示时，可再次按 $\boxed{\text{AUTO}}$ 键，搜索波形至最佳显示状态。

二、稳压电路的制作与调试

1. 原理图及元件

一般电子设备都采用直流供电，将交流电转变为直流电的设备称为直流稳压电源。本项目制作一个输出电压为+12V 的直流稳压电源，原理图如图 8-6-10 所示。

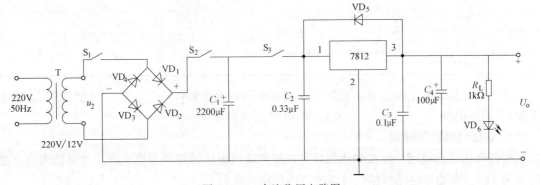

图 8-6-10　直流稳压电路图

项目所用的元器件清单如表 8-6-1 所示。

2. 电路焊接

1）判断所用元器件的极性以及质量的好坏。

表 8-6-1　直流稳压电源元器件清单

序号	元器件代号	名称	型号及参数	功　能
1	CT	电源输入线	5A/250V	220V 交流电输入
2	T	变压器	220V/12V	变压:220V 变为 12V 交流电
3	VD_1、VD_2、VD_3、VD_4	二极管	1N4007	构成桥式整流电路:将 12V 交流电变换为脉动直流电
4	C_1	电解电容	2200μF/50V	滤波:滤除脉动直流电中高频交流成分
5	IC	三端集成稳压器	L7812CV	稳压:将平滑直流电变换为稳定直流电
6	C_2	瓷介电容	0.33μF	滤波:滤除脉动直流电中高频交流成分
7	C_3	瓷介电容	0.1μF	滤波:减小输出端电压波动
8	C_4	电解电容	100μF/25V	滤波:减小输出端电压波动
9	R	电阻	1kΩ	负载限流:保护发光二极管
10	VD_5	二极管	1N4007	保护:防止过电压,导致稳压器损坏
11	VD_6	发光二极管	LED-Φ3	状态指示
12	S_1、S_2、S_3	单刀单掷开关		控制电路的通、断,便于调试
13	排针、排母、杜邦线			引出作为测试点,便于替换元器件

2）按照电路图 8-6-10 完成电路焊接,焊接过程中元器件按照电路信号流向进行布局。

3）焊接完成后对照电路图进行检查,重点检查新增元器件（稳压器、二极管、电解电容）焊接是否正确,利用数字万用表的蜂鸣档判断电路是否有短路或断路,检查无误后进行通电测量。

3. 测试内容

仪器设备连接完毕,然后闭合开关 S_1、S_2 和 S_3,调整负载电阻 R_L 的电阻值,用万用表测量输出电压 U_o 的值,同时用示波器测量输出的波纹电压,将数据记录到表 8-6-2 中。

表 8-6-2　稳压电路的数据测试

R_L	稳压后输出电压 U_o/V	输出纹波电压/mV
1kΩ		
2kΩ		
5kΩ		
10kΩ		

结论:当负载发生改变时,直流稳压电源输出的电压值＿＿＿＿＿＿＿（变化很大/基本不变）,稳压电路＿＿＿＿＿＿＿（可以/不可以）实现稳压。

4. 稳压电路故障调试

交流电在经过整流、滤波和稳压后可以得到输出电压稳定的直流电压,并且输出的直流电压为 12V。在稳压电路焊接后可能出现的故障现象有:

（1）示波器观察不到输出波形

即当前观察到的输出电压为零。请首先测量稳压器的输入电压（即 1 号引脚处）是否为零,如果为零则说明前面的整流或滤波电路存在问题,按照前面任务的调试方法进行调试;如果稳压器输入电压不为 0,则检查稳压电路部分,先检查集成稳压器的引脚是否错误，然后检查焊接的线路是否存在断路。

（2）接通电源后，输出电压过大，超过 12V

通常是由于稳压电路中起保护作用的二极管接反导致的，请检查二极管 VD₅ 的极性是否接反。

（3）输出电压过小

对于集成稳压器，如果输入电压过小将起不到稳压作用，因此，首先检测稳压器输入端的电压值是否大于 14V，如果是，则怀疑稳压器损坏，如果不是，则逆向检测滤波后的输出电压值、整流后电压值以及变压后电压值，导致电压值低的原因可能是滤波电容断路、整流桥中的二极管极性错误或者损坏。

任务巩固

8-1　半导体的特性是什么？

8-2　从晶体二极管的伏安特性曲线看，硅管和锗管有什么区别？

8-3　有 A、B 两个二极管。它们的反向饱和电流分别为 5mA 和 0.2μA，在外加相同的正向电压时的电流分别为 20mA 和 8mA，你认为哪一个管的性能较好？

8-4　温度对二极管的正向特性影响小，对其反向特性影响大，这是为什么？

8-5　电路如图 8-7-1 所示，设二极管为理想的，试判断下列情况下，电路中二极管是导通还是截止，并求出 AO 两端电压 U_{AO}。（1）$V_{DD1} = 6V$，$V_{DD2} = 12V$；（2）$V_{DD1} = 6V$，$V_{DD2} = -12V$；（3）$V_{DD1} = -6V$，$V_{DD2} = -12V$。

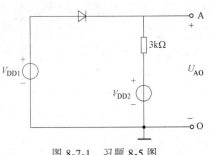

图 8-7-1　习题 8-5 图

8-6　设二极管为理想的，试判断图 8-7-2 所示电路中各二极管是导通还是截止，并求出 AO 两端电压 U_{AO}。

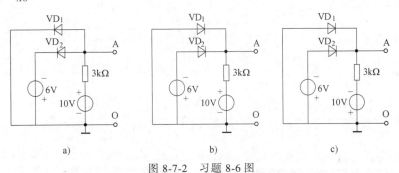

a)　　　　　　　　　　b)　　　　　　　　　　c)

图 8-7-2　习题 8-6 图

8-7　图 8-7-3 所示电路中，若稳压二极管 VZ₁、VZ₂ 的稳定电压分别为 $U_{Z1} = 8.5V$、$U_{Z2} = 6V$，试求 A、B 两端的电压 U_{AB}。

8-8　如果要求某一单相桥式整流电路的输出直流电压 U_o 为 36V，直流电流 I_o 为 1.5A，试选用合适的二极管。

8-9　电路如图 8-7-4 所示，已知发光二极管的导通电压为 1.6V，正向电流 ≥5mA 即可发光，最大正向电流为 20mA。为使发光二极管发光，试求电路中 R 的取值范围。

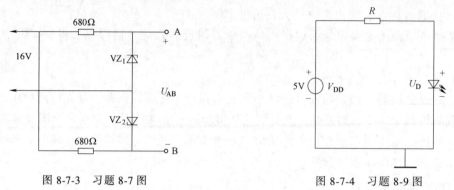

图 8-7-3　习题 8-7 图　　　　　　　图 8-7-4　习题 8-9 图

8-10　直流稳压电源如图 8-7-5 所示，试回答下列问题：（1）电路由哪几部分组成？各组成部分包括哪些元器件？（2）输出电压 U_o 等于多少？（3）U_2 最小值为多大？

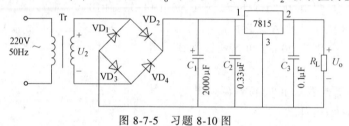

图 8-7-5　习题 8-10 图

任务9

扩音机电路的组装与调试

任务描述

　　放大电路的作用是将微弱的电信号（电压、电流、电功率等）放大成较大的信号。放大电路一般由两部分组成：电压放大电路和功率放大电路。先由电压放大电路将微弱的信号放大去驱动功率放大电路，再由功率放大电路输出足够大的功率去推动执行元件。电压放大电路按组成器件可分为分立元器件放大电路和集成电路放大电路。本任务在基本放大电路的基础上，按照放大电路基本要求制作一个扩音机音频放大电路。

能力目标

1）查阅资料，能识别与选取晶体管。
2）能正确使用万用表、交流毫伏表以及示波器等仪器。
3）能绘制电子元器件布置图、原理草图。
4）能识读电路原理图、元器件布置图、组装接线图。
5）能根据元器件布置图进行电气元器件布置。
6）能根据安装接线图，按照装配工艺标准进行焊接、组装，并能进行产品的检验。
7）能够对扩音机电路进行调试，检测故障及排除故障。
8）能够对操作过程进行评价，具有独立思考能力、分析判断与决策能力。

相关知识

1）晶体管的结构及符号。
2）晶体管电流放大特性、主要参数、特性曲线及温度的影响。
3）共射极放大电路主要元器件的作用。
4）直流通路与交流通路；了解小信号放大器各性能指标。
5）温度对放大电路静态工作点的影响。
6）估算静态工作点、输入电阻、输出电阻和电压放大倍数。

任务9.1　放大电路概述

一、放大的概念

在电子技术中，经常要对微弱信号进行处理。例如当我们做心电图检查时，心电图机从人体体表拾取的心电信号一般只有 $0.05\sim5mV$。在电子秤称重的过程中，传感器检测到的信号往往只有毫伏或微伏数量级，而细胞电生理实验中所检测到的细胞膜离子单通道电流甚至只有皮安（pA，$10^{-12}A$）量级。这些能量过于微弱的信号，根本不能驱动负载，芸至无法直接显示。要对这样的信号进行处理，必须首先进行放大，这就需要放大电路。

扩音机是一个典型的放大电路，它的组成框图如图 9-1-1 所示。其工作原理如下：声音通过传声器转换成随声音强弱变化的电压和电流，称为音频信号；由传声器输出的音频信号是很微弱的，把它送入扩音机的输入端，经过电压放大和功率放大后，从扩音机输出端较强的音频信号，最后通过扬声器转换成比原来响亮得多的声音。

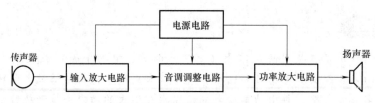

图 9-1-1　扩音机组成框图

传声器输出的音频电压信号是毫伏数量级的，音频电流也很小，也就是说能量很小。如果把它直接加到扬声器上，扬声器根本不会发出声音。因此，扩音机中设有输入放大电路。输入放大电路是一个电压放大器，它输出的音频电压达到伏级至更高，尽管如此，因为电压放大器的输出电流小，所以仍然不能驱动扬声器。功率放大器既放大电压又放大电流，音频信号经过功率放大器后获得足够的能量，可驱动扬声器发出响亮的声音。功率放大器和传声器二者输出的音频信号电压除了幅度不同之外，它们的波形应该是相同的，否则就会产生声音失真，这就要求放大电路在进行放大的时候不能产生失真（理想情况）。

放大器的功能就是把微弱的电信号幅度不失真地放大到所需要的水平。放大电路是电子设备中应用最广泛的基本单元电路，无论是日常使用的手机、收音机、电视机、音响设备等消费类电子产品，还是精密测试仪器、自动控制系统都包含有各种各样的放大电路。

二、对放大电路的基本要求

放大电路应满足一定的控制要求，也就是它的性能指标要符合电路要求。基本要求如下：

（1）要有足够的放大倍数

$A_u = u_o/u_i$，A_u 是电压放大倍数，用来衡量放大电路不失真电压放大能力，要求它足够大，满足放大需求。

（2）尽可能小的波形失真

即要求放大电路有足够的稳定性，在不同的工作条件下稳定放大信号。

（3）输入电阻较大，输出电阻较小

输入电阻 $R_i = u_i/i_i$，即从放大电路输入端看进去的等效交流电阻。用来衡量电路对前级或信号源的影响强弱，R_i 越大，影响越小。

输出电阻 $R_o = u_o/i_o$，即从放大电路输出端看过去的等效交流电阻。用来衡量电路的带负载能力，R_o 越小，带负载能力越强。

三、放大电路的分类

放大电路的种类很多，按照不同的方式分类如下：

1）按照放大元器件的不同，一般分为分立元器件（如晶体管、场效应晶体管等）放大电路和集成电路放大电路。

2）按照放大系数不同，一般分为电压、电流和功率放大电路。

3）按照电路结构不同，一般分为单级和多级放大电路。

4）按照信号频率不同，一般分为直流、低频、高频、选频放大电路等多种类型。

任务9.2 晶 体 管

一、晶体管的结构与符号

晶体管又称为半导体晶体管、双极性晶体管或简称 BJT。晶体管是放大电路的基本器件之一，其外形结构如图 9-2-1 所示。

a）大功率低频晶体管　　b）中功率低频晶体管　　c）小功率高频晶体管

图 9-2-1　晶体管外形图

1. 结构

晶体管内部由两个 PN 结组成，如图 9-2-2 所示，按 PN 结的组合方式不同分为 NPN 型和 PNP 型，它们都有三个区（发射区、基区和集电区）和三个电极（发射极、基极和集电极）以及两个结（发射结和集电结）。晶体管中 E 表示发射极，B 表示基极，C 表示集电极。

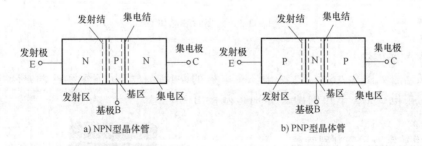

a）NPN型晶体管　　　　　　　　b）PNP型晶体管

图 9-2-2　晶体管结构图

2. 符号

晶体管的符号如图 9-2-3 所示，其中图 a 为 NPN 型晶体管符号，图 b 是 PNP 型晶体管符号，图中箭头的方向表示发射结加正向电压时电流的方向。

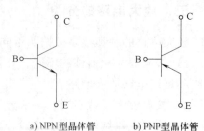

a) NPN型晶体管　　　b) PNP型晶体管

图 9-2-3　晶体管符号

二、晶体管分类

1）按其结构类型分为 NPN 管和 PNP 管。

2）按其制作材料分为硅管和锗管。

3）按工作频率分为高频管和低频管。

4）按功率分为小功率管和大功率管。

5）按用途分有普通晶体管和开关管。

国产晶体管按照半导体器件命名法，都可以从型号上区分其类别，例如：3DG 表示高频小功率 PNP 型硅晶体管；3BX 表示低频小功率 NPN 型锗晶体管；3CG 表示高频小功率 PNP 型硅晶体管；3DD 表示低频大功率 NPN 型硅晶体管；3AK 表示 PNP 型开关锗晶体管。

三、晶体管的检测

1. 从封装及外形上判别管脚

（1）中小功率塑料晶体管

中小功率晶体管如图 9-2-4 所示。平面朝向自己，三个引脚朝下放置，一般从左到右依次为发射极 E、基极 B、集电极 C。

（2）金属封装晶体管

金属封装晶体管如图 9-2-5 所示。金属帽底端有一个小突起，距离这个突起最近的是发射极 E，然后顺时针依次是基极 B、集电极 C。没有突起的，顺时针管脚仍然依次为发射极 E、基极 B、集电极 C。

图 9-2-4　中小功率晶体管

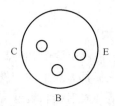

图 9-2-5　金属封装晶体管

（3）贴片晶体管

贴片晶体管如图 9-2-6 所示。一般三个电极的贴片晶体管从顶端往下看有两边，上边只有一脚的为集电极 C，下边的两脚分别是基极 B 和发射极 E。

2. 使用数字万用表判别管脚

当无法判断晶体管的管脚或需要测定晶体管的极性时，需要用晶体管的等效原理进行测量。根据晶体管的结构，我们可以把晶体管想象成由两个二

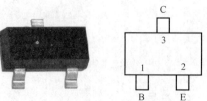

图 9-2-6　贴片晶体管

极管同极相连而成，如图 9-2-7 所示。

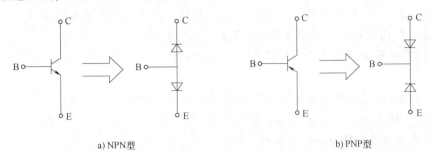

a) NPN型　　　　　　　　　　　　　　b) PNP型

图 9-2-7　晶体管等效示意图

（1）找基极，定管型

首先找到基极并判断是 PNP 还是 NPN 管。由图 9-2-7 可知，对于 PNP 管的基极是两个负极的共同点，NPN 管的基极是两个正极的共同点。这时可以用数字万用表的二极管档去测基极，如图 9-2-8 所示。

对于 NPN 型管子，数字万用表置于二极管档位，红表笔接基极，黑表笔分别接另外两个电极时，万用表两次显示结果都应该是 0.7V 左右。反过来说，如果红表笔接某一个管脚，黑表笔分别接另外两个管脚时，万用表的两次显示结果都是 0.7V 左右，则可以判定这个管脚必为基极，如图 9-2-9 所示。不妨把这种测试基极的方法叫作固定红表笔法。

图 9-2-8　万用表二极管档

对于 PNP 型管子，数字万用表置于二极管档位，黑表笔接基极，红表笔分别接另外两个电极时，万用表两次显示结果都应该是 0.7V 左右。反过来说，如果黑表笔接某一个管脚，红表笔分别接另外两个管脚时，万用表的两次显示结果都是 0.7V 左右，则可以判定这个管脚必为基极。不妨把这种测试基极的方法叫作固定黑表笔法。

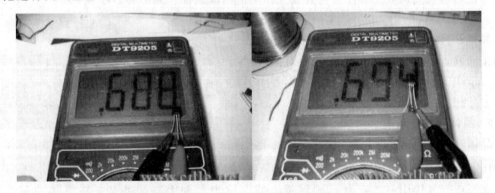

图 9-2-9　判断 S9013 的 B 极和管型

（2）确定集电极和发射极

确定基极后，判定晶体管发射极和集电极的具体步骤如下：

1）将数字万用表置于 h_{FE} 档位（测量 β 值），如图 9-2-10 所示。

2）将已经确定基极和类型的晶体管插入万用表的 h_{FE} 测量插座。插入方法：要根据管子类型插入相应的 NPN 或者 PNP 型 h_{FE} 插座；晶体管基极 B 插入 h_{FE} 插座 B 孔，其他两个管脚分别插入 E 孔和 C 孔，万用表显示 β 值。

3）晶体管基极 B 位置不变，将其他两个管脚对调，重新插入 h_{FE} 测量插座，万用表再次显示 β 值。

4）比较两次测试结果，显示 β 值大的那一次测量，管脚插入正确，即晶体管三个管脚与万用表 h_{FE} 测量插座标识是一致的。这样就确定了发射极和集电极。一般情况下，两次测试结果相差非常悬殊，很容易做出判断。

图 9-2-11 给出了一个 NPN 管子确定基极后，判定其发射极和集电极的实例。

图 9-2-10　万用表 h_{FE} 档

图 9-2-11　判断 C、E 极

四、晶体管的电流放大作用

1. 产生放大作用的条件

（1）内部条件

1）发射区面积比集电区小，但发射区杂质浓度>>基区>>集电区。

2）基区很薄。

上述结构特点构成了晶体管具有放大作用的内部条件，如图 9-2-12 所示。

（2）外部条件

晶体管具有电流放大作用的外部条件是：发射结正向偏置；集电结反向偏置。即对 NPN 管，要求 $U_{BE}>0$，$U_{BC}<0$，即 $V_C>V_B>V_E$；对 PNP 管，要求 $U_{BE}<0$，$U_{BC}>0$，即 $V_C<V_B<V_E$。

2. 晶体管的三种组态

晶体管有三个端子，一个可作为输入端，另一个作为输出端，第三个作为输入和输出的公用

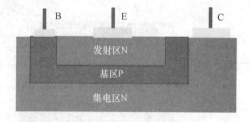

图 9-2-12　硅平面管的管芯结构剖面图

端。在实现放大作用时，它有三种连接方式，称为三种组态即共基、共集和共射，如图 9-2-13 所示。

3. 晶体管内部载流子的运动

晶体管内部载流子的传输过程如图 9-2-14 所示。

发射区：发射载流子。集电区：收集载流子。基区：传送和控制载流子。

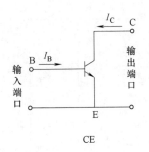
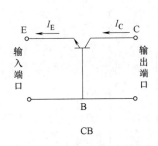
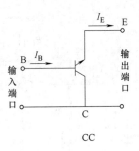

图 9-2-13　晶体管的三种组态

① 发射结加正向电压，扩散运动形成发射极电流 I_E。

② 扩散到基区的自由电子与空穴的复合运动形成基极电流 I_B。

③ 集电极加反向电压，漂移运动形成集电极电流 I_C。

4. 晶体管的电流分配关系

晶体管的电流分配关系如图 9-2-15 所示。

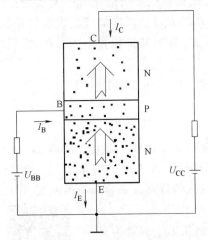

图 9-2-14　载流子的传输过程

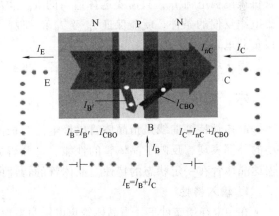

图 9-2-15　晶体管的电流分配关系

设发射极电流为 I_E；基极电流为 I_B；集电极电流为 I_C；反向漂移电流为 I_{CBO}；基区被复合掉的电子流为 I_B'；集电区收集到的电子流为 I_{nC}。

根据传输过程可知：$I_E = I_B + I_C$；$I_C = I_{nC} + I_{CBO}$；$I_B = I_B' - I_{CBO}$。

电流分配关系为 $I_{CEO} = (1+\beta)I_{CBO}$；$\alpha = I_C / I_E$；$\beta = I_C / I_B$。

五、晶体管共发射极电流放大电路

为满足电流放大作用外部条件，一般将供电电源接成共发射极式，其电路有两种基本形式：双电源供电电路和单电源供电电路，如图 9-2-16 所示。

晶体管 VT 具有电流放大作用，是放大电路的核心元件。不同的晶体管有不同的放大倍数。产生放大作用的外部条件是：发射结为正向电压偏置，集电结为反向电压偏置。集电极直流电源 U_{CC} 确保晶体管工作在放大状态。集电极负载电阻 R_C 将晶体管集电极电流的变化转变为电压变化，以实现电压放大。基极偏置电阻 R_B 为放大电路提供基极偏置电压。

耦合电容 C_1 和 C_2 隔直流通交流。电容 C_1 和 C_2 具有通交流的作用，交流信号在放大器

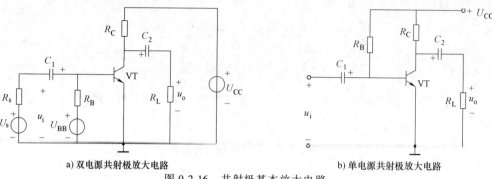

a) 双电源共射极放大电路　　　　　b) 单电源共射极放大电路

图 9-2-16　共射极基本放大电路

之间的传递叫耦合，C_1 和 C_2 正是起到这种作用，所以叫耦合电容。C_1 为输入耦合电容，C_2 为输出耦合电容。电容 C_1 和 C_2 还具有隔直流的作用，因为有 C_1 和 C_2，放大电路的直流电压和直流电流才不会受到信号源和输出负载的影响。

在图 9-2-16b 所示单电源供电电路中，U_{CC} 既要为晶体管提供基极电流 i_B，又要为晶体管供集电极电流 i_C，只需要选择适当的 R_B 和 R_C（一般 $R_B \gg R_C$），同样能满足发射结正偏、集电结反偏的条件，就能保证 i_C 受 i_B 的控制，$i_C = \beta i_B$，R_B 称为基极偏置电阻；R_C 为集电极负载电阻。

由于单电源供电电路只需一个电源，电路简单、方便，因此在实际中得到广泛应用。

六、晶体管特性曲线

晶体管特性曲线是指晶体管电极电流与极间电压之间的关系曲线，是管子内部载流子运动的外部表现，反映了晶体管的性能，是分析放大电路的依据。它的优点是能直观、准确地表达晶体管在一定状态的特性。晶体管的特性曲线包括输入特性曲线和输出特性曲线。

1. 输入特性

在一定环境条件下，当晶体管集电极与发射极之间的电压 U_{CE} 保持为某一固定数值时，基极电流 I_B 与加在晶体管基极与发射极之间的电压 U_{BE} 之间的关系曲线，即为输入特性曲线。

（三极）晶体管的输入特性

由图 9-2-17a 可见，晶体管的输入特性是非线性的，与二极管正向特性相似，也有一段死区（硅管约为 0.5V，锗管约为 0.2V）。当晶体管正常工作时，发射结压降变化不大，此时的电压称为导通电压（硅管为 0.6~0.7V，锗管为 0.2~0.3V）。

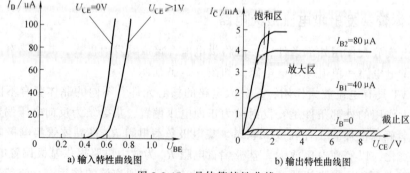

a) 输入特性曲线图　　　　　b) 输出特性曲线图

图 9-2-17　晶体管特性曲线

2. 输出特性

在基极电流一定时，集电极电流 I_C 与加于集电极和发射极之间的电压 U_{CE} 之间的关系曲线，即为输出特性曲线。输出特性曲线一般分为三个工作区，如图 9-2-17b 所示。

（三极）晶体管的输出特性

（1）截止区

当基极电流 $I_B = 0$ 时，$I_C \approx 0$ 的工作状态，即为截止区。此时晶体管的 C、E 极间相当于一个关断的开关，晶体管的发射结电压一般小于或等于死区电压。在晶体管输出特性曲线图中对应于 $I_B = 0$ 时的曲线与横坐标所夹区域，即将 $I_B \le 0$ 的区域称为截止区。使晶体管工作在截止区的条件是：发射结反偏，集电结反偏。对于 NPN 型晶体管，$V_C > V_E > V_B$，集电极 C 与发射极 E 之间如同一个开关处于断开状态，相当于开路。

在截止区 $I_B = 0$、$I_C = I_{CEO} \approx 0$，无放大作用，$U_{CE} = V_{CC}$，I_{CEO} 是集电极-发射极穿透电流，因为 I_{CEO} 不受 I_B 控制，同时明显随温度变化。

（2）放大区

当基极电流 $I_B \ne 0$ 且 U_{CE} 较大时，I_C 基本与 U_{CE} 无关，只取决于 I_B 大小的工作状态。此时晶体管的 C、E 极之间相当于一个受 I_B 控制的电流源。晶体管工作在放大区的条件是发射结正向偏置而集电结反向偏置，I_C 大小受 I_B 控制，即 $I_C = \beta I_B$。在晶体管输出特性曲线图上对应于右侧弯曲虚线与 $I_B = 0$ 时的曲线所夹区域。

（3）饱和区

当基极电流 $I_B \ne 0$ 而 U_{CE} 较小时，管子的集电极电流 I_C 基本上不随基极电流 I_B 而变化，这种现象称为饱和。一般认为，当 $U_{CE} = U_{BE}$，即 $U_{CB} = 0$ 时，晶体管达到临界饱和状态，当 $U_{CE} < U_{BE}$ 时称为饱和。使晶体管工作在饱和状态时的条件是：发射结正偏，集电结也正偏。此时，对于 NPN 型晶体管，集电极 C 与发射极 E 之间如同一个开关处于闭合状态，相当于短路。

除此之外，当 U_{CE} 增加到一定大小时，集电极电流会急剧增加，此时晶体管被击穿，击穿将损坏晶体管内部结构，所以正常工作时不允许出现。

七、晶体管的主要参数

1. 共发射极电流放大倍数

此参数表示晶体管在共发射极接法时，基极电流对于集电极电流的控制能力。当晶体管加直流电压时，将 $\bar{\beta} = \dfrac{I_C}{I_B}$ 称为直流电流放大倍数；当晶体管加交流信号时，将 $\beta = \dfrac{\Delta I_C}{\Delta I_B}$ 称为交流电流放大倍数。

在中频区，由于二者近似相等，一般将 β 统称为电流放大倍数。管子的 β 值可以在手册上查到，选用时 β 值太小，电流放大作用差；β 值太大，管子的工作稳定性差。

值得注意的是，由于晶体管极间电容的存在，其电流放大能力将随着频率的升高而逐渐下降，直至为零。

2. 特征频率 f_T

通常将 β 值下降到 1 时的频率称为晶体管的特征频率，用符号 f_T 表示。

特征频率是晶体管的一个重要参数。当$f>f_T$时，β值将小于1，表示晶体管已失去放大能力，因而不允许晶体管工作在这个频率范围。f_T是选用晶体管的重要依据之一，一般低频率小功率晶体管的f_T值为几兆至几十兆赫兹，高频小功率晶体管的f_T值为几十兆至几百兆赫兹。

3. 极间反向电流

晶体管的极间反向电流有两个。

（1）集电结反向饱和电流I_{CBO}

如图9-2-18a所示，在发射极开路的情况下给集电结加一反向电压，此时集电结上有极小的电流流过，形成的电流即集电结反向饱和电流I_{CBO}。该值越小表明晶体管性能越好。I_{CBO}是由少数载流子的漂移运动所形成的电流，受温度的影响大。对于同一个晶体管，工作温度升高，该值会变大。

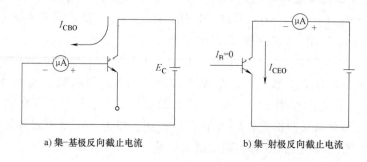

a) 集-基极反向截止电流　　　　b) 集-射极反向截止电流

图9-2-18　晶体管极间反向电流

（2）C、E极间的穿透电流I_{CEO}

如图9-2-18b所示，在基极开路的情况下，给集电极与发射极之间加一定的反向电压时，流过集电极和发射极之间的反向电流即为C、E极间的穿透电流I_{CEO}。因为I_{CEO}不受I_B控制，对于放大是无用的，所以该值越小，晶体管的性能越好。但I_{CEO}受温度的影响大，随着温度的升高，晶体管的I_{CEO}值也会增大。

4. 极限参数

为了保证晶体管安全可靠地工作，要求晶体管工作时不能超过以下极限参数：

（1）集电极最大允许电流I_{CM}

指能够流过集电极的最大直流电流或交流电流的平均值。在选择晶体管时，一般选用额定值大约为通常使用状态最大电流的2倍以上的管子。

（2）集电极最大允许耗散功率P_{CM}

指集电结上允许功率损耗的最大值。P_{CM}取决于晶体管允许的温升，消耗功率过大，温升过高会烧坏晶体管。

$$P_C \leqslant P_{CM} = I_C U_{CE}$$

硅管允许结温约为150℃，锗管约为75℃。对于大功率晶体管，为提高P_{CM}值，可以在晶体管表面加装一定面积的散热器。

任务9.3　晶体管放大电路

晶体管放大电路一般包括三部分：晶体管电流放大电路、输入电路和输出电路。输入电路将信号源或上一级电路的输出信号可靠、有效地送达晶体管电流放大的输入回路中。晶体管电流放大电路通过晶体管的电流放大作用将输入电信号的微弱变化转换成电信号的较大变化。输出电路将晶体管电流放大电路输出的电压信号可靠、有效地送达下一级电路或执行元件（负载）。

一、共发射极基本放大电路

1. 电路组成

共发射极基本放大电路如图 9-3-1 所示。在图中，晶体管 VT、基极偏置电阻 R_B、集电极负载电阻 R_C 以及电源 U_{CC} 构成放大器的电流放大电路。电源 U_{CC} 通过电阻 R_B 和 R_C 为晶体管 VT 提供适当的工作电压、电流，使晶体管工作在线性放大状态，保证集电极电流 I_C 与基极输入电流 I_B 成正比，即 $I_C = \beta I_B$。

晶体管 VT 具有放大作用，是放大电路的核心。

电源 U_{CC} 和 U_{BB} 一方面保证晶体管的发射结正偏，集电结反偏，使晶体管处在放大状态，同时也为输出信号提供能量，一般在几伏到十几伏之间。

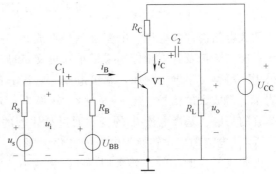

图 9-3-1　共发射极基本放大电路

基极偏置电阻 R_B 用来调节基极偏置电流 I_B，使晶体管有一个合适的工作点，一般为几十千欧到几百千欧。

集电极负载电阻 R_C 将集电极电流 i_C 的变化转换为电压的变化，实现电压放大，一般为几千欧。

耦合电容 C_1、C_2 用来传递交流信号，起耦合的作用，同时又使放大电路和信号源及负载间直流相隔离，起隔直作用。为了减小传递信号的电压损失，C_1、C_2 应选得足够大，一般为几微法至几十微法，通常采用电解电容器。

2. 原理

1）无输入信号（$u_i = 0$）时：无输入信号电压时，晶体管各电极都是恒定的电压和电流：I_B、U_{BE} 和 I_C、U_{CE}，$u_{BE} = U_{BE}$，$u_{CE} = U_{CE}$，$u_o = 0$，如图 9-3-2 所示。

2）有输入信号（$u_i \neq 0$）时：加上输入信号电压后，各电极电流和电压的大小均发生了变化，都在直流量的基础上叠加了一个交流量，如图 9-3-3 所示。

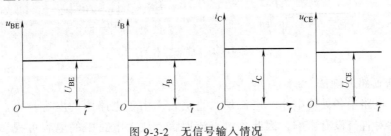

图 9-3-2　无信号输入情况

$$u_{\mathrm{BE}} = U_{\mathrm{BE}} + u_{\mathrm{i}} \quad u_{\mathrm{CE}} = U_{\mathrm{CE}} + u_{\mathrm{o}} \quad u_{\mathrm{o}} \neq 0$$

$$u_{\mathrm{CE}} = U_{\mathrm{CC}} - i_{\mathrm{C}} R_{\mathrm{C}}$$

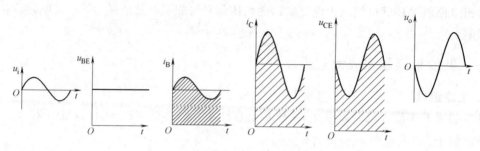

图 9-3-3　有信号输入情况

放大电路内部各电压、电流都是交直流共存的。其直流分量及其下角标均采用大写英文字母；交流分量及其下角标均采用小写英文字母；叠加后的总量用英文小写字母，但其下角标采用大写英文字母。例如：基极电流的直流分量用 I_{B} 表示；交流分量用 i_{b} 表小；总量用 i_{B} 表示。需放大的信号电压 u_{i} 通过 C_1 转换为放大电路的输入电流，与基极偏流叠加后加到晶体管的基极，基极电流 i_{B} 的变化通过晶体管的以小控大作用引起集电极电流 i_{C} 变化；i_{C} 通过 R_{C} 使电流的变化转换为电压的变化，即 $u_{\mathrm{CE}} = U_{\mathrm{CC}} - i_{\mathrm{C}} R_{\mathrm{C}}$。

由此式可看出：当 i_{C} 增大时，u_{CE} 就减小，所以 u_{CE} 的变化正好与 i_{C} 相反，这就是它们反相的原因。u_{CE} 经过 C_2 滤掉了直流成分，耦合到输出端的交流成分即为输出电压 u_{o}。若电路参数选取适当，u_{o} 的幅度将比 u_{i} 幅度大很多，即输入的微弱小信号 u_{i} 被放大了，这就是放大电路的工作原理。

二、放大电路的分析方法

1. 静态分析

静态是指无交流信号输入时，电路中的电流、电压都不变的状态。静态时晶体管各极电流和电压值称为静态工作点 Q（主要指 I_{BQ}、I_{CQ} 和 U_{CEQ}），如图 9-3-4 所示。静态分析主要是确定放大电路中的静态值 I_{BQ}、I_{CQ} 和 U_{CEQ}。

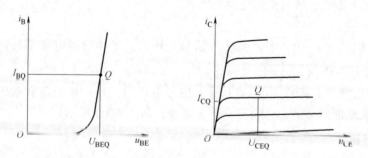

图 9-3-4　静态工作点

（1）直流通路的画法

静态时，电路中各处的电压、电流均为直流量。由于电路中的电容、电感等电抗元件对直流没有影响，因此，对直流而言，放大电路中的电容可视

共发射极放大
电路直流通路

为开路、电感可视为短路。据此所得到的等效电路称为放大电路的直流通路，如图9-3-5所示。

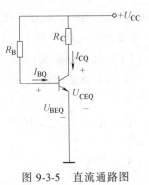

（2）估算法

对直流通路进行电路分析，根据电路结构和参数，采用计算的形式获得放大电路静态工作点大致的数据。由图可得

$$I_{BQ} = \frac{U_{CC} - U_{BEQ}}{R_B}$$

$$I_{CQ} = \beta I_{BQ}$$

$$U_{CEQ} = U_{CC} - I_{CQ} R_C$$

图9-3-5　直流通路图

[例9-1]　如图9-3-1所示共射极放大电路中，已知$U_{CC} = 12V$，$R_B = 300k\Omega$，$R_C = 2k\Omega$，$\beta = 80$，求放大电路的静态工作点。

解： 根据相应估算公式可得

$$I_{BQ} \approx \frac{U_{CC}}{R_B} = \frac{12}{300}mA = 0.04mA$$

$$I_{CQ} = \beta I_{BQ} = 80 \times 0.04mA = 3.2mA$$

$$U_{CEQ} = U_{CC} - R_C I_{CQ} = 12V - (2 \times 3.2)V = 5.6V$$

（3）图解法

图解法是在知道晶体管特性曲线的基础上，通过作图的方法获得放大电路静态工作点数据的一种方法。图解法能直观地分析和了解静态值的变化对放大电路的影响。

如图9-3-6所示，图解步骤如下：

1）用估算法求出基极电流I_{BQ}（如40μA）。

2）根据I_{BQ}在输出特性曲线中找到对应的曲线。

3）作直流负载线。根据集电极电流I_C与集、射极电压U_{CE}的关系式$U_{CE} = U_{CC} - I_C R_C$可画出一条直线，该直线在纵轴上的截距为$U_{CC}/R_C$，在横轴上的截距为$U_{CC}$，其斜率为$1/R_C$，只与集电极负载电阻$R_C$有关，称为直流负载线。

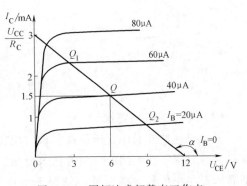

图9-3-6　图解法求解静态工作点

4）求静态工作点Q，并确定U_{CEQ}、I_{CQ}的值。晶体管的I_{CQ}和U_{CEQ}既要满足$I_B = 40μA$的输出特性曲线，又要满足直流负载线，因而晶体管必然工作在它们的交点Q，该点就是静态工作点。由静态工作点Q便可在坐标上查得静态值I_{CQ}和U_{CEQ}。

2. 动态分析

动态是指放大电路加入交流信号输入时，电路中的电流、电压随输入信号做相应变化的状态。由于动态时放大电路是在直流电源U_{CC}和交流输入信号u_i共同作用下工作，电路中的电压u_{CE}、电流i_B和i_C均包含两个分量。动态时，放大电路输入的是交流微弱小信号，电路内部各电压、电流都是交直流共存的叠加量，放大电路输出的则是被放大的输入信号。求解放大电路

共发射极放大电路交流通路

的动态输入电阻 r_i、输出电阻 r_o 及电压放大倍数 A_u 等参量的过程称为动态分析。

（1）交流通路的画法

交流通路是指在 u_i 单独作用下的电路。由于电容 C_1、C_2 足够大，容抗近似为零，相当于短路，直流电源 U_{CC} 去掉相当于短接，如图 9-3-7 所示。

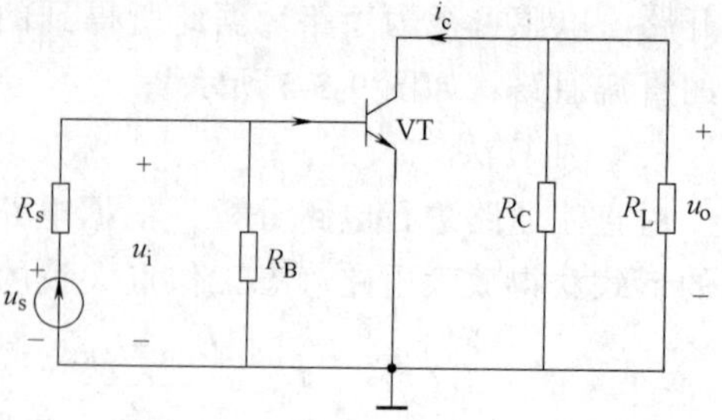

图 9-3-7　基本放大电路的交流通路

（2）图解法

如图 9-3-8 所示，图解步骤如下：

1）根据静态分析方法，求出静态工作点 Q。

2）根据 u_i 在输入特性上求 u_{BE} 和 i_B。

3）作交流负载线。

4）由输出特性曲线和交流负载线求 i_C 和 u_{CE}。

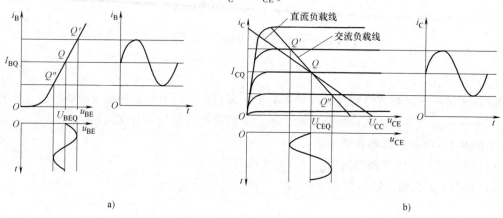

a)　　　　　　　　　　　　　　b)

图 9-3-8　动态分析图解法

（3）微变等效电路法

把非线性器件晶体管所组成的放大电路等效成一个线性电路，就是放大电路的微变等效电路，然后用线性电路的分析方法来分析，这种方法称为微变等效电路分析法。等效的条件是晶体管在小信号（微变量）情况下工作。这样就能在静态工作点附近的小范围内，用直线段近似地代替晶体管的特性曲线。

输入特性曲线在 Q 点附近的微小范围内可以认为是线性的，如图 9-3-9 所示。当 u_{BE} 有一微小变化 ΔU_{BE} 时，基极电流变化 ΔI_B，两者的比值称为晶体管的动态输入电阻，用 r_{be} 表示，即

$$r_{be} = \frac{\Delta U_{BE}}{\Delta I_B} = \frac{u_{be}}{i_b}$$

$$r_{be} = 300 + (1+\beta)\frac{26(\mathrm{mV})}{I_{EQ}(\mathrm{mA})}$$

输出特性曲线在放大区域内可认为呈水平线，集电极电流的微小变化 ΔI_C 仅与基极电流的微小变化 ΔI_B 有关，而与电压 u_{CE} 无关，故集电极和发射极之间可等效为一个受 i_B 控制

的电流源，即 $i_C = \beta i_B$。

晶体管微变等效电路如图 9-3-10 所示，放大电路的交流通路及微变等效电路如图 9-3-11 所示。

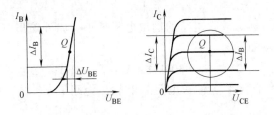

图 9-3-9 晶体管在放大区中较小动态范围内的特性

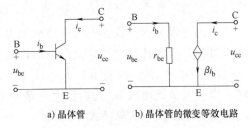

a) 晶体管   b) 晶体管的微变等效电路

图 9-3-10 晶体管及微变等效电路

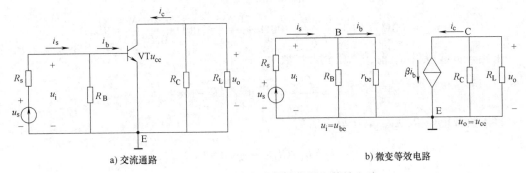

a) 交流通路   b) 微变等效电路

图 9-3-11 放大电路交流通路及微变等效电路

（4）估算放大器常用性能指标

1）电压放大倍数。电压放大倍数反映了放大电路对电压的放大能力，定义为输出电压比输入电压，用 A_u 表示，即

$$A_u = \frac{u_o}{u_i}$$

放大电路的电压放大倍数为

$$A_u = \frac{u_o}{u_i} = \frac{-\beta i_b R'_L}{i_b r_{be}} = -\frac{\beta R'_L}{r_{be}}$$

式中负号"–"表示输出信号 u_o 与输入信号 u_i 反相，这种现象称为共射放大电路的倒相作用。

放大电路的输出端接负载时，集电极负载电阻 R_C 与放大电路的负载电阻 R_L 是并联的，并联后称为交流等效负载 R'_L，即

$$R'_L = R_C // R_L = \frac{R_C R_L}{R_C + R_L}$$

放大电路的输出端未接负载时，$R'_L = R_C$。

2）输入电阻和输出电阻。从放大器的输入端看进去的交流等效电阻 r_i 称为放大器的输入电阻，

$$r_i = \frac{u_i}{i_i} = R_B // r_{be}$$

一般情况下，放大电路的输入电阻大，表示向前一级电路吸取的电流小，有利于减小前一级电路的负担。

从放大电路的输出端看进去的电阻就是放大电路的输出电阻 r_o，则

$$r_o \approx R_C$$

输出电阻是衡量放大电路带负载能力的性能指标。放大电路的输出电阻越小，向外输出信号时，自身消耗越少，放大电路的带负载能力越强。

[例 9-2]　共射极基本放大电路中，已知 $U_{CC} = 12V$，$R_B = 300k\Omega$，$R_C = R_L = 2k\Omega$，$\beta = 80$。求接入负载电阻 R_L 前后放大电路的电压放大倍数 A_u、输入电阻 r_i 和输出电阻 r_o。

解：根据相应估算公式可得

$$I_{BQ} \approx \frac{U_{CC}}{R_B} = \frac{12}{300}\text{mA} = 0.04\text{mA}$$

$$r_{be} \approx 300\Omega + (1+\beta)\frac{26\text{mV}}{I_{EQ}} = 300\Omega + \frac{26\text{mV}}{I_{BQ}} = 300\Omega + \frac{26\text{mV}}{0.04\text{mA}} = 950\Omega$$

未接入负载电阻 R_L 前，电压放大倍数

$$A_u = -\frac{\beta R_C}{r_{be}} = -\frac{80 \times 2000}{950} \approx -168$$

接入负载电阻 R_L 后，电压放大倍数

$$R_L' = R_C // R_L = \frac{2 \times 2}{2+2}\text{k}\Omega = 1\text{k}\Omega$$

$$A_u = -\frac{\beta R_L'}{r_{be}} = -\frac{80 \times 1000}{950} \approx -84$$

输入电阻
$$r_i = \frac{u_i}{i_i} = R_B // r_{be} = \frac{300 \times 950}{300 + 950}\Omega = 228\Omega$$

输出电阻
$$r_o \approx R_C = 2\text{k}\Omega$$

由此例可见，放大电路接上负载电阻后，电压放大倍数将下降。

三、静态工作点的设置与波形失真

1. 失真问题

所谓失真，指输入信号经放大器输出后产生了畸变。

1）饱和失真。静态工作点 Q 设置偏高，当 i_b 按正弦规律变化时，Q' 进入饱和区，输出电压 u_o（即 u_{ce}）的负半周出现平顶畸变，如图 9-3-12a 所示。可通过增大 R_B 减小 I_{BQ}，从而降低静态工作点，减小或消除饱和失真。

2）截止失真。Q 点设置偏低，则进入截止区，输出电压 u_o 的正半周出现平顶畸变，如图 9-3-12b 所示。可通过减小 R_B 增大 I_{BQ}，从而提高静态工作点，减小或消除截止失真。

饱和失真和截止失真都是由于工作点进入晶体管非线性区而引起的，统称为非线性失真。若调节 R_B 不能消除失真，也可以考虑调节 U_{CC} 和 R_C。

2. 静态工作点稳定

合理设置静态工作点是保证放大电路正常工作的先决条件。但是放大电路的静态工作点常因外界条件的变化而发生变动。例如当晶体管所处环境温度升高时，晶体管内部载流子运

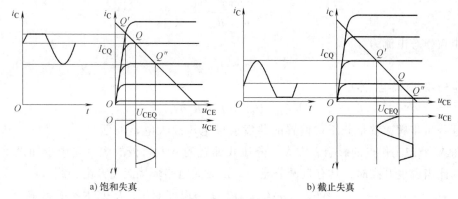

a) 饱和失真　　　　　　　b) 截止失真

图 9-3-12　非线性失真

动加剧，因此将造成放大电路中的各参量将随之发生变化。

温度 $T\uparrow \rightarrow Q$ 点 $\uparrow \rightarrow I_C\uparrow \rightarrow U_{CE}\downarrow \rightarrow V_C\downarrow$

如果 $V_C<V_B$，则集电结就会由反偏变为正偏，当两个 PN 结均正偏时，电路出现"饱和失真"。为不失真地传输信号，实用中需对上述电路进行改造。分压式偏置的共发射极放大电路可通过反馈环节有效地抑制温度对静态工作点的影响。

图 9-3-13a 所示为分压式偏置放大电路，是一种应用最广泛的工作点稳定的放大电路。它与共射基本放大电路的区别是在基极增加了一个偏置电阻，在发射极增加了一个射极电阻 R_E。两个基极偏置电阻 R_{B1} 和 R_{B2} 对直流电源 U_{CC} 分压，使基极电位 V_B 近似不变（忽略基极静态电流 I_B），因此称为分压式偏置电路。

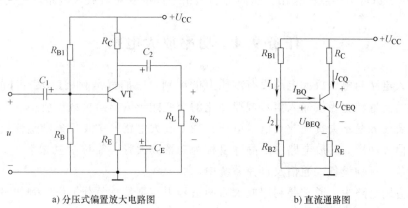

a) 分压式偏置放大电路图　　　　　　b) 直流通路图

图 9-3-13　分压式偏置放大电路

静态分析时，此电路需满足 $I_1\approx I_2\gg I_B$ 的小信号条件。偏置电阻 R_{B1} 和 R_{B2} 应选择适当数值，使之符合 $I_1\approx I_2\gg I_B$ 的条件。在小信号条件下，I_B 可近似视为 0 值。忽略 I_B 时，R_{B1} 和 R_{B2} 可以对 U_{CC} 进行分压。即

忽略基极静态电流，基极电位为

$$U_{BQ}\approx \frac{R_{B2}}{R_{B1}+R_{B2}}U_{CC}$$

发射极静态电流为

$$I_{EQ} = \frac{U_{BQ} - U_{BE}}{R_E}$$

集电极静态电流为

$$I_{CQ} \approx I_{EQ}$$

集电极-发射极电压为

$$U_{CEQ} = U_{CC} - (R_E + R_C)I_{CQ}$$

上述分析步骤，就是分压式偏置的共发射极电压放大电路的估算法。显然，基极电压 V_B 的高低对静态工作点的影响非常大。分压式偏置的共发射极放大电路由于加设了负反馈环节，因此当温度升高时，具有自调节能力。设放大电路环境温度升高，此时：

$$T \uparrow \rightarrow I_C \uparrow \rightarrow I_E \uparrow \rightarrow U_E \uparrow \rightarrow U_{BE} \downarrow \rightarrow I_B \downarrow \rightarrow I_C \downarrow \rightarrow 温度变化，I_C 基本不受影响。$$

由于电路具有对温度变化的自调节能力，因此集电极电流通常恒定。

通过分析可知，交流放大电路中如果不设置静态工作点，输入的交流信号就无法全部通过放大电路，造成传输过程中信号的严重失真；若静态工作点设置不合适，同样会发生传输过程中的饱和失真和截止失真。

设置合适的静态工作点显然是放大电路保证传输质量的必要条件，其设置的原则是保证正常的输入信号不失真的输出且保证静态工作点的相对稳定。

分压式偏置的共射放大电路显然可以实现上述原则。通过选择合适的分压电阻 R_{B1} 和 R_{B2}，可获得一个恰当的基极电压 V_B 值，以确保晶体管的发射结正偏和集电结反偏。这样，在信号传输的过程中晶体管就会始终工作在放大区，使放大电路正常工作。电路中的反馈电阻 R_E 则起到了稳定工作点的作用，从而抑制了由于温度变化对放大电路产生的影响。

任务9.4　功率放大电路

功率放大电路与电压放大电路没有本质上的区别。它们都是利用放大器件的控制作用，把直流电源的能量转化为按输入信号规律变化的交变能量输出给负载。所不同的是：电压放大电路的主要任务是不失真地放大信号电压，功率放大电路的主要任务则是使负载得到尽可能不失真的信号功率。功放电路中的晶体管称为功率放大管，简称"功放管"。它广泛用于各种电子设备、音响设备、通信及自控系统中。

在实际应用电路中，通常要利用放大后的信号去控制某一负载工作，例如声音信号放大后驱动扬声器发声，传感器微弱的感应信号经电路放大后驱动继电器动作等，都需要电路有足够大的功率输出才能实现。一般，电压放大电路的信号输入幅度小，解决的主要问题是电压的放大，其输出的功率比较小，而功率放大器的主要目的就是要把电压放大电路输出的电压信号进行功率放大，向负载提供足够大的输出功率。因此，功率放大电路不同于电压放大电路，它们具有以下特点：

① 以输出足够大的功率为主要目的。

② 大信号输入，动态工作范围很大。

③ 通常采用图解分析方法。

④ 分析的主要指标是输出功率、效率和非线性失真等。

一、功率放大电路的基本要求

功率放大电路不仅要有足够大的电压变化量，还要有足够大的电流变化量，这样才能有足够大的功率，使负载正常工作。因此，对功率放大电路有以下几个基本要求：

1. 输出功率要大

功率放大器的主要目的是为负载提供足够大的输出功率。在实际应用时，除了要功放管具有较高工作电压和较大的工作电流外，选择适当的功率放大电路、实现负载阻抗匹配等，也是电路有较大功率输出的关键。

2. 效率要高

功率放大电路的输出功率由直流电源 U_{CC} 提供。由于功放管及电路自身的损耗，电源提供的功率 P_V 一定大于负载获得的输出功率 P_O，我们把 P_O 与 P_V 之比称为电路的效率 $\eta = \dfrac{P_O}{P_V}$。显然，功率放大电路的效率越高越好。

3. 非线性失真要小

由于功率放大电路工作在大信号放大状态，信号的动态范围较大，功率放大管工作易进入非线性范围。因此，功率放大电路必须想办法解决非线性失真问题，使输出信号的非线失真尽可能地减小。

4. 功放管的散热保护措施

功率放大电路在工作时，功率放大管消耗的能量将使其自身温度升高，不但影响其工作性能，甚至可能导致其损坏，为此，功放管需要采取安装散热片等散热保护措施。另外，为了使功放管安全工作，还应采用过电压、过电流等保护措施。

二、功率放大电路的分类

1. 按工作状态分

按功放中功放管的导电方式不同，可以分为甲类功放（又称 A 类）、乙类功放（又称 B 类）、甲乙类功放（又称 AB 类）。如图 9-4-1 所示，甲类功放静态工作点在负载线线性段的中间，在整个周期内（正弦波的正负两个半周）都有电流 i_C，导通角为 360°。甲类放大器工作时会产生高热，效率很低，但固有的优点是不存在交越失真。乙类功放静态工作点移至截止点，电流 i_C 仅在半个信号周期内存在，导通角为 180°。乙类放大器的优点是效率高，缺点是会产生交越失真。甲乙类功放介于甲类和乙类之间，其静态工作点移至接近截止点，其电流 i_C 流通的时间为多半个周期，导通角为 180°~360°。甲乙类放大有效解决了乙类放大器的交越失真问题，效率又比甲类放大要高。

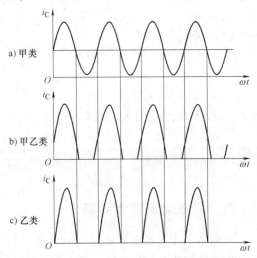

图 9-4-1 功率放大电路的三种工作状态

2. 按放大器功能分

1）前级功放：主要作用是对信号源传输

过来的信号进行必要的处理和电压放大后，再输出到后级放大器。

2）后级功放：对前级放大器送出的信号进行不失真放大，以强劲的功率驱动负载系统。除放大电路外，还设计有各种保护电路，如短路保护、过电压保护、过热保护、过电流保护等。前级功放和后级功放一般只在高档机或专业的场合采用。

3）合并式放大器：将前级放大器和后级放大器合并为一台功放，兼有前二者的功能，通常所说的放大器都是合并式的，应用范围较广。

三、互补推挽功率放大器

乙类、甲乙类功率放大器虽然效率高，但它的输出波形严重失真，为了妥善解决失真和效率的矛盾，采用了互补推挽式电路，如图 9-4-2 所示。当 $u_i = 0$，VT_1、VT_2 截止，$u_o = 0$，当 u_i 为正半周时，VT_2 截止，VT_1 放大，负载上有电流流过，负半周时，VT_1 截止，VT_2 放大，两只管子在无信号时均不工作。而有信号时，轮流导通，故称互补推挽式电路。

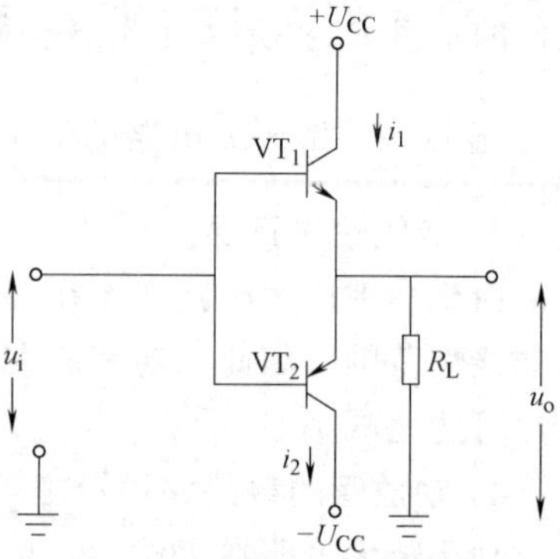

VT_1、VT_2 的静态工作点分别为 Q_1（$U_{eq1} = 0$，$I_{eq1} = 0$）、Q_2（$U_{eq2} = 0$，$I_{eq2} = 0$），鉴于 VT_1、VT_2 特性完全对称。

若 $u_i = U_{im}\sin\omega t$，输出信号的电压幅值为 U_{om}，输出信号的电流幅值为 I_{om}，晶体管 VT_1、VT_2 的交流电压幅值和电流幅值分别为 U_{cem}、I_{cm}。

图 9-4-2　互补对称式推挽功率
放大器原理图

（1）输出功率

$$P_{om} = U_o I_o = \frac{U_{om} I_{om}}{\sqrt{2}\ \sqrt{2}} = \frac{1}{2} U_{om} I_{om}$$

由图 9-4-2 可知 $U_{cem(max)} \approx U_{CC}$

所以

$$P_{om(max)} = \frac{U_{CC}}{2R_L}$$

（2）效率 η

$$\eta_{max} = \frac{\pi U_{CC}}{4 U_{CC}} = \frac{\pi}{4} = 78.5\%$$

当 U_{cem} 最大时，P_o 最大，效率最大。

所以

$$\eta_{max} = \frac{\pi U_{CC}}{4 U_{CC}} = \frac{\pi}{4} = 78.5\%$$

四、集成功率放大器简介

集成功率放大器由集成功放电路和一些外部阻容元件构成。集成功率放大器和分立元件功率放大器相比具有体积小、重量轻、调试简单、效率高、失真小、使用方便等优点，已经成为在音频领域中应用十分广泛的功率放大器。功率放大电路的电路形式很多，有单电源供电的 OTL 功放电路、双电源供电的 OCL 互补对称功放电路及 BTL 桥式推挽功放电路等。

1. LM386 集成功率放大器及其应用电路

LM386 是小功率音频放大器集成电路，图 9-4-3 是它的外形和引脚排列图，采用 8 脚双列直插式塑料封装，其额定工作电压范围为 4～16V，当电源电压为 6V 时静态工作电流为 4mA，因而极适合用电池供电，脚 1 和脚 8 之间用来外接电阻、电容元件以调整电路

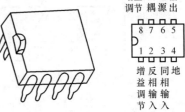

图 9-4-3　LM386 集成功率放大器

的电压增益。电路的频响范围较宽，可达数百千赫。最大允许功耗为 660mW（25℃），使用时不需加散热片。工作电压为 4V，负载电阻为 4Ω 时输出功率（失真为 10%）约 300mW；工作电压为 6V，负载电阻分别为 4Ω、8Ω、16Ω 时输出功率分别为 340mW、325mW、180mW。

LM386 引脚功能如下：

1 脚和 8 脚是增益调整端，当两脚悬空时电路的增益由内部设计决定，当在 1 脚和 8 脚接入几十微法以上的电容时，电路的内部增益达到最大，电路的增益可根据实际需要调整。2 脚是反相输入端，3 脚是同相输入端，4 脚是接地端，5 脚是功率输出端，6 脚是正电源输入端，7 脚是滤波旁路端。

LM386 有两个信号输入端，当信号从 2 端输入时，构成反相放大器，从 3 端输入时，构成同相放大器。每个输入端的输入阻抗都为 50Ω，而且输入端对地的直流电位接近于零，即使与地短路，输出直流电平也不会产生大的偏离。上述输入特性使 LM386 的使用显得灵活和方便。下面介绍它的两个应用电路实例。

图 9-4-4 是用 LM386 组成 OTL 功放电路的应用电路。7 脚接去耦电容 C，5 脚输出端所接 10Ω 和 0.1μF 串联网络都是为防止电路自激而设置的，通常可以省去不用。1、8 脚所接阻容网络是为了调整电路的电压增益而附加的，电容的取值为 10μF，R 约为 20kΩ。R 值越小，增益越大。1 脚、8 脚间也可开路使用。综上所述，LM386 用于音频功率放大时，最简电路只需一只输出电容接扬声器。

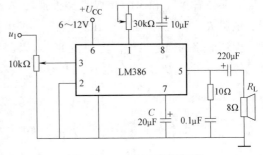

图 9-4-4　LM386 应用电路

当需要高增益时，也只需再增加一只 10μF 电容短接在 1 脚和 8 脚之间。例如，在用作唱机放大器时，可采用最简电路；在用作收音机检波输出端时，可用高增益电路。

2. TDA2822 引脚排列及应用电路

TDA2822 是双声道音频功率放大电路，其电源电压范围宽（1.8～15V），电源电压可低至 1.8V 仍能工作，因此，该电路适合在低电源电压下工作，适用于单声道桥式（BTL）或立体声线路两种工作状态。闭环电压增益 39dB；在独立的双通道模式下当 $U_{CC} = 6V$，$R_L = 8Ω$，谐波失真 THD = 10% 时输出功率可以达到 380mW。TDA2822M 采用 8 脚双列直插封装结构，引脚排列如图 9-4-5 所示，应用电路如图 9-4-6 所示。

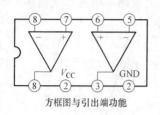

引出端序号	符号	功能	引出端序号	符号	功能
1	OUT_1	输出端1	5	$IN_2(-)$	反相输入端2
2	V_{CC}	电源	6	$IN_2(+)$	正相输入端2
3	OUT_2	输出端2	7	$IN_1(+)$	正相输入端1
4	GND	地	8	$IN_1(-)$	反相输入端1

图 9-4-5　TDA2822M 管脚排列及功能图

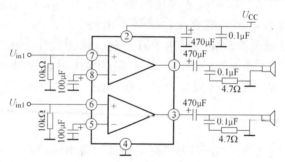

图 9-4-6　TDA2822 应用电路

任务实施

一、电路原理

　　扩音机电路图如图 9-5-1 所示。它由晶体管 VT_1 和 VT_2 构成的两极放大电路作为前置放大器，晶体管 VT_3 和 VT_4 构成乙类推挽功率放大器。在扩音器电路中，MIC 是驻极体传声器，电阻 R_1 为它提供了一个工作电压。电阻 R_2 和电解电容 C_1 为滤波退耦电路，能避免自激，保证电路的稳定工作。电位器 RP 可以调节输入放大器的信号强度，是音量调节器。电解电容 C_2、C_3、C_4 是耦合电容，电容 C_8 接在晶体管 VT_1 的基极和发射极之间，作用是滤

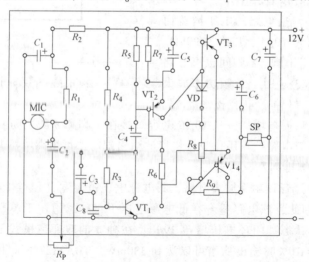

图 9-5-1　扩音机的印制板电路图

除杂波，电容 C_5 是 VT_2 发射极旁路电容，既能稳定静态工作点，又使交流信号不受反馈的影响。C_6 的作用是防止直流电压加到扬声器上而产生噪声。C_7 为电源滤波电容。晶体管 VT_1 的电阻 R_3、R_4 组成了电压并联负反馈，电阻 R_5、R_6 为晶体管 VT_2 提供了一个稳定的工作电压，电阻 R_7 为晶体管 VT_2 发射极的负反馈电阻，保证了电路静态工作点的稳定。R_8、R_9 和二极管 VD 是晶体管 VT_2 的集电极负载，调节 R_8 的大小，可以改变晶体管 VT_3 和 VT_4 的静态工作点。晶体管 VT_3 和 VT_4 构成乙类推挽功率放大器。

二、工具及仪表（见表9-5-1）

表 9-5-1　工具及仪表

代号	名称	规格型号	数量	代号	名称	规格型号	数量
R_1	电阻	100kΩ	1	VT_1	晶体管	9014	1
R_2	电阻	22kΩ	1	VT_2	晶体管	9015	1
R_3	电阻	750kΩ	1	VT_3	晶体管	8050	1
R_4	电阻	4.7kΩ	1	VT_4	晶体管	8550	1
R_5	电阻	5.6kΩ	1	VD	二极管	1N4148	1
R_6	电阻	27kΩ	1	C_1、C_5	电容	47μF/16V	2
R_7	电阻	47kΩ	1	$C_2 \sim C_4$	电容	10μF/16V	3
R_8	电阻	100kΩ	1	C_6、C_7	电容	470μF/16V	2
R_9	电阻	1kΩ	1	MIC	传声器		
RP	电阻	51kΩ	1	SP	扬声器		

三、内容及步骤

1）电路元器件检测。

2）电路的安装。电路板装配应遵循"先低后高、先内后外"的原则，先安装电阻 $R_1 \sim R_8$ 及二极管 VD，再安装晶体管 $VT_1 \sim VT_4$、电位器 RP 和电解电容，然后安装传声器和扬声器，最后接电源线。

3）电路安装工艺要求。按图9-5-1所示印制板电路图安装和焊接电路板。

① 将所有元器件正确装入印制电路板的相应位置上后，采用单面焊接方法焊接电路板，要求无错焊、漏焊和虚焊。

② 元器件（零部件）距印制电路板的高度 $H = 0 \sim 1mm$。

③ 元器件（零部件）引线保留的长度 $h = 0.5 \sim 1.5mm$。

④ 元器件面相应元器件的高度应平整、一致。

四、测试

先调整测试前置两级放大电路和功放电路的静态工作点，再测试前置放大的输出电压和功放输出电压。

1）仔细检查、核对电路与元器件，确认无误后加入规定的交流电 220V（1 ± 10%）/50Hz。

2）电路两级放大和功率放大电路静态工作点的测试与调整：在通电情况下，输入信号

$U_i = 0$，用万用表测量晶体管 VT_1 和 VT_2 3 个极的直流电压以及功放输出极 VT_3 和 VT_4 各电极的直流电压，判断各晶体管是否处于放大状态。

3）电路正常工作时，交流信号放大倍数的测量：用低频信号发生器在电路输入端输入 1kHz 的正弦波信号，用示波器测量晶体管 VT_1 和 VT_2 的输出电压，计算出电压放大倍数。

4）电路最大不失真输出功率的测量：用低频信号发生器在电路输入端输入 1kHz 的正弦波信号，加到电路输入端，用 $8\Omega/10W$ 的负载电阻代替扬声器。增大输入信号幅度，使输出信号波形最大不失真。记录此时输出信号幅度 U_{OM}，并计算出电路的最大不失真输出功率 P_{OM}。

任务巩固

9-1　画出固定偏置式放大器电路图（NPN 管），说出各元器件的名称和作用。

9-2　画出分压偏置式放大器电路图（PNP 管），说出各元器件的名称和作用。简述 Q 点稳定过程。

9-3　画出图 9-6-1 所示各电路的直流通路和交流通路。

9-4　图 9-6-2 所示是一个共射极放大器的电路图，NPN 型硅管的 $\beta = 100$。

（1）估算静态工作点；

（2）求放大器的输入电阻和输出电阻；

（3）画出放大器的微变等效电路；

（4）求出放大器的电压放大倍数。

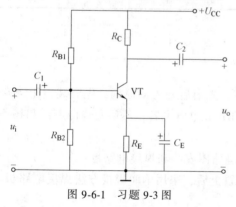

图 9-6-1　习题 9-3 图

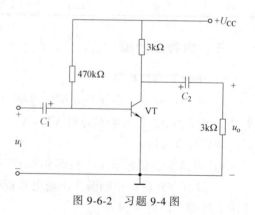

图 9-6-2　习题 9-4 图

任务10

收音机电路的组装与调试

🔧 任务描述

集成电路就是在很小的一块硅材料的基础上，采用现代半导体集成工艺和手段，制造出电路所需的电阻、电容、二极管以及晶体管等元器件，将它们按一定顺序连接起来，构成具有相对完整功能的电路。因此，基于集成电路的集成放大电路在电子技术领域得到越来越广泛的应用。本任务就是利用集成运算放大器来制作一个收音机电路，进而熟悉集成电路的特点、集成放大电路的组成、特性及主要应用。

🔧 能力目标

1）能够查阅资料，正确识别和选取集成运算放大器。
2）能对集成音频放大电路进行安装、调试与检测。
3）能熟练使用万用表、电压表、示波器。

🔧 知识目标

1）理解集成电路的内部结构特点。
2）掌握集成运算放大器的结构、主要性能指标与理想特性。
3）会分析集成运算放大器线性应用基本电路。

任务 10.1　集成运算放大器的认识

一、集成电路

集成电路是利用特殊的工艺技术，把晶体管、电阻、电容、电路和导线等元件制作在一个半导体芯片上，形成不可分割的整体，完成特定的功能。集成电路中，元件密度高、连线短、焊点少、外部引线少，因此大大提高了电子线路及电子设备的灵活性和可靠性。它具有通用性强、可靠性高、体积小、重量轻、功耗小及性能优越等特点，而且调试极为方便，现在已经广泛应用于自动测试、自动控制、信息处理以及通信工程等各个电子技术领域。

集成电路的种类繁多，按照所完成的功能不同，主要分为模拟集成电路和数字集成电路两大类。模拟集成电路是以电压或电流为变量对模拟量进行放大、转换、调制的集成电路，它可分为线性集成电路和非线性集成电路。线性集成电路是指输入信号和输出信号的变化成线性关系的电路，如集成运算放大器。非线性集成电路是指输入、输出信号的变化成非线性关系的集成电路，如集成稳压器。

二、集成运算放大器

集成运算放大器实质上是一种电压放大倍数高、输入电阻大和输出电阻很小的直接耦合多级放大电路，具有体积小、重量轻、可靠性高、造价低廉、使用灵活方便等优点，因而在计算机、测量、自动控制、信号变换等方面获得了广泛应用。由于其发展初期主要应用于计算目的，所以至今仍被称为"集成运算放大器"。

1. 集成运算放大器的组成

集成运算放大器的种类、型号繁多，内部电路结构也不尽相同，但其基本结构都是由输入级、中间级、输出级和偏置电路四部分组成的，如图 10-1-1 所示。

输入级是运算放大器的关键部分，主要由差分放大电路组成，目的是为了减小放大电路的零点漂移，提高输入电阻。中间级一般由一级或二级共射极放大电路组成，它的主要任务是提供足够大的电压放大倍数。输出

图 10-1-1　集成运算放大器的组成

级一般由互补对称的射极输出器构成，主要起阻抗变换作用，使输出电阻低。偏置电路一般由各种恒流源电路构成，作用是为上述各级电路提供稳定、合适的偏置电压、电流，决定各级的静态工作点。

2. 集成运算放大器的符号

目前国产集成运算放大器有多种型号，它们都是由输入级、中间级和输出级等部分组成的。在具体应用时，对使用者来说，最关心的是需要知道它们的几个引脚的用途及放大器的主要参数，至于它们的内部结构如何无关紧要。

集成运算放大器的封装方式有扁平封装式、陶瓷或塑料双列直插式、金属圆壳式或菱形等几种，有 8～14 个引脚，它们都按一定顺序用数字编号，每个编号的引脚都连接着内部电路的某一特定位置，以便于与外部电路连接。如图 10-1-2 所示，1 为调零端，2 为反相输入端，3 为同相输入端，4 为电源端（$-V_{EE}$），5 为调零端，6 为输出端，7 为电源端（$+V_{CC}$），8 为空脚。

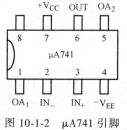

图 10-1-2　μA741 引脚
排列及功能图

集成运放引脚的识别

集成运算放大器的电路符号如图 10-1-3 所示。它有两个输入端，标"+"的输入端称为同相输入端，输入信号由此端输入时，输出信号与输入信号相位相同；标"-"的输入端称为反相输入端，输入信号由此端输入时，输出信号与输入信号相位相反。有一个输出端，输出电压与反相输入端输入电压的相位相反，而与同相输入端输入电压的相位相同。

三、集成运算放大器的主要性能参数

参数是评价运算放大器性能好坏的主要指标，是正确选择和使

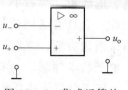

图 10-1-3　集成运算放大器的电路符号

用运算放大器的重要依据。

1. 开环电压放大倍数（差模电压放大倍数）A_{od}

A_{od} 是指集成运算放大器在没有外接反馈电路情况下，输入端加一小信号，测得的电压放大倍数。它是决定运算放大器精度的主要参数，其值越大，精度越高。目前集成运算放大器的 A_{od} 可以达 $10^5 \sim 10^{8.5}$ 或（100~170dB），理想运算放大器的 A_{od} 值为无穷大。

2. 共模抑制比 K_{CMR}

它表示运算放大器的差模电压放大倍数 A_{od} 与共模电压放大倍数 A_{OC} 之比的绝对值。

K_{CMR} 越大，说明运算放大器的共模抑制性能越好，一般为 60~160dB。

3. 开环输入电阻（差模输入电阻）R_{id}

指运算放大器开环时，输入电压的变化与由它引起输入电流的变化之比，即两个输入端之间的等效电阻。R_{id} 越大，表明运算放大器由差模信号源输入的电流就越小，精度越高。一般为几兆欧，国产高输入阻抗的运算放大器其值可达到 $10^{12}\Omega$。

4. 开环输出电阻 R_{od}

指运算放大器输出级的输出电阻。R_{od} 越小，运算放大器带负载能力越强。一般为几十欧姆到几百欧姆。

四、理想运算放大器

1. 理想运算放大器的条件

在讨论模拟信号的运算电路时，为了使问题分析简化，通常把集成运算放大器看成理想器件。理想运算放大器应满足如下几个条件：

1）开环电压放大倍数 $A_{od} \to \infty$。

2）差模输入电阻 $R_{id} \to \infty$。

3）开环输出电阻 $R_{od} \to 0$。

4）共模抑制比 $K_{CMR} \to \infty$。

根据上述条件，当运算放大器工作于线性状态时，即可视为一个理想的运算放大器。目前用户能买到的许多集成运算放大器都很接近理想运算放大器，因此，在分析集成运算放大器的应用电路时将它视为理想运算放大器是符合实际的，会给电路分析带来较大的方便，虽然会产生一些误差，但往往都是在工程允许范围之内的。

2. 理想运算放大器的特性

理想运算放大器工作在线性区时，输出电压与输入电压呈现线性关系，其中，u_o 是集成运算放大器的输出电压；u_+ 和 u_- 分别是同相输入端及反相输入端的电压；A_{od} 是开环差模电压放大倍数。根据理想运算放大器的特征，可以导出工作在线性区时集成运算放大器的两个重要特点。

（1）理想运算放大器的差模输入电压等于零

由于理想运算放大器的开环差模电压放大倍数等于无穷大，而输出电压为确定数值，同相输入端电压与反相输入端电压近似相等，如同将 u_+ 和 u_- 两点短路一样，但两点的短路是虚假的短路，是等效短路，并不是真正的短路，所以把这种现象称为"虚短"。

由 $u_o = A_{od} u_i = A_{od}(u_+ - u_-)$ 得

集成运放
工作原理

$$u_+ - u_- = \frac{u_o}{A_{od}}$$

由于 $A_{od} = \infty$，得 $u_+ = u_-$ 即理想运算放大器两个输入端的电位相等。因此集成运算放大器的两个输入端之间的电压为零，可视为短路。

若信号从反相输入端输入，而同相输入端接地，则 $u_+ = u_- = 0$，即反相输入端的电位为地电位，通常称为"虚地"。

（2）理想运算放大器的输入电流等于零

由于理想运算放大器的开环输入电阻 $R_{id} \to \infty$，因此它不向信号源索取电流，两个输入端都没有电流流入集成运放。此时，同相输入端电流和反相输入端电流都等于零，即 $i_+ = i_- = 0$。如同两点断开一样，而这种断开也不是真正的断路，是等效断路，所以把这种现象称为"虚断"。

"虚短"和"虚断"是分析理想运放工作在线性区的两条重要结论。

五、集成运算放大器使用常识

1. 调零

为了消除集成运算放大器的失调电压和失调电流引起的输入误差，以达到零输入时零输出的要求，必须进行调零。

对有外接调零端的集成运算放大器可通过外接调零元件进行调零。调零时，必须将输入端接地，调节调零元件使输出电压为零。

当集成运算放大器没有调零端时，可采用外加补偿电压的方法进行调零。它的基本原理是：在其输入端施加一个补偿电压，以抵消失调电压和失调电流的影响，从而使输出为零。

2. 消除自激振荡

由于集成运算放大器增益很高，消除自激振荡是其动态调试的重要内容。在线性应用时，外电路大多采用深度负反馈电路。由于内部电路级数较多，电路中极间电容、分布电容的存在，使得信号在传输过程中产生附加相移，产生正反馈。即使在没有输入电压的情况下，也会有一定频率、一定幅度的输出电压产生，电路的这种现象就称为自激振荡。消除自激振荡的方法有内置和外加电抗元件、RC 移相网络的方法进行相位补偿。目前，由于电路的改进或已经内置了补偿电路，大部分的集成运算放大器内部已不需要外加补偿网络。

3. 集成运算放大器的选用

根据集成运算放大器的性能不同分类，集成运算放大器有高增益的通用型以及高输入阻抗、低漂移、低功耗、高速、高压、高精度和大功率等各种专用型。在选用时要考虑性能价格比，要以较低的价格达到较高的性能。一般来说，专用型集成运算放大器性能较好，但价格较高。在工程实践中不能一味地追求高性能，而且专用型集成运算放大器仅在某一方面有优异性能，所以在使用时，应根据电路的要求，查阅集成运算放大器的有关参数，合理地选用。

任务 10.2　差分放大电路

一、直接耦合方式

交流放大电路级与级之间采用了阻容耦合方式。耦合电容具有隔直流、通交流的作用，既保证了交流信号的逐级放大、逐级传递，又隔断了级间的直流通路，使各级静态工作点各自独立，互不影响。直接耦合放大电路则不同，级与级之间采用直接耦合方式，如图10-2-1所示，前一级的集电极输出端与后一级基极的输入端相连。由于前后级采用了直接耦合方式，虽然它能把变化缓慢的信号或直流信号逐级放大，但也带来了一些问题，其中最主要的是零点漂移问题。

一个理想的直接耦合放大电路，当输入信号 $u_i = 0$ 时，其输出电压 u_o 应保持不变（不一定为零）。实际上，把直接耦合放大电路的输入端短接（即 $u_i = 0$），在输出端 u_o 也会偏离初始值，有一定数值的无规则缓慢变化电压输出，这种现象称为零点漂移，简称零漂，如图10-2-2所示。

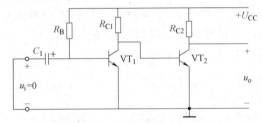

图 10-2-1 直接耦合放大电路

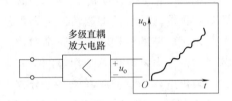

图 10-2-2 零点漂移

引起零点漂移的原因很多，如晶体管参数（I_{CBO}、U_{BE}、β）随温度的变化而变化，电源电压的波动，电路元件参数变化等，其中以温度变化的影响最为严重。温度引起静态工作点的变化，所以零点漂移也称温漂。在多级直接耦合放大电路各级漂移中，又以第一级的漂移影响最为严重。因前级工作点的微小变化将会逐级传输放大，级数越多，放大倍数越高，在输出端产生的零点漂移越严重。在输入信号较小时，零点漂移的电压可能把有用信号电压完全掩盖，一真一假，互相纠缠在一起，难以分辨出是有用信号还是漂移电压。如果漂移量大到足以和有用信号相比时，放大电路就无法正常工作。因此，减小输入级的零点漂移，成为多级直接耦合放大电路一个至关重要的问题。解决零点漂移最有效的办法是采用差分放大电路。

二、差分放大电路

1. 电路基本结构及抑制零漂的原理

差分放大电路的基本结构如图10-2-3所示，它的主要特点是电路结构对称，元器件特性及参数值也对称。

图中 VT_1、VT_2 为一对特性及参数均相同的晶体管（工程上称为差动对管），R_C 为集电极负载电阻，R_E 为发射极公共电阻，$+U_{CC}$ 和 $-U_{EE}$ 分别是正、负电源的（对"地"）电压。它有两个输入端（VT_1、VT_2 的基极）和两个输出端（VT_1、VT_2 的集电极）。当无输入信号（$u_i = 0$）时，由于电路完全对称，故输出信号 $u_o = 0$。

差分放大电路的输入信号一般采用差模方式输

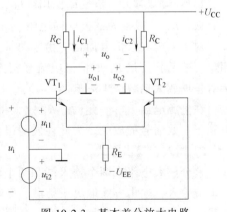

图 10-2-3 基本差分放大电路

入，即加在两个输入端的信号电压大小相等、极性（或相位）相反，称为差模输入信号，如图 10-2-3 所示。若信号 $u_{i1}>0$，则必有 $u_{i2}<0$。在它们的作用下，集电极电流 i_{C1} 将增大，i_{C2} 将减小，于是两管的集电极电位将向不同的方向变化，即 VT_1 管的集电极电位下降，VT_2 管的集电极电位升高，输出端便有输出信号 u_o。可以证明，差分放大电路对差模输入信号的电压放大倍数等于单管放大电路的电压放大倍数。

差分放大电路对零漂的抑制，一是利用电路对称性，二是利用发射极电阻 R_E 的深度负反馈。

当外加信号 $u_i=0$ 时，若温度变化，或电源电压波动，将引起两管集电极电流 i_{C1}、i_{C2} 同时增大或减小，这就是零漂现象，相当于在两管的输入端同时加进一对大小相等、极性（或相位）相同的信号 u_{iC1}、u_{iC2}，称为共模输入信号，如图 10-2-4 所示。分析差分放大电路对共模输入信号的抑制情况，即可衡量它对零漂或其他外部干扰信号的抑制能力。

由于电路的结构和参数完全对称，对于共模输入信号，两集电极电位总是相等的。若采用双端输出方式，输出电压为零，或者说，差分放大电路的共模电压放大倍数 $A_{od}=0$，即差分电路可以有效地抑制零漂。但要使电路完全对称是很困难的，即使用同样工艺做在同一芯片上的两个晶体管，其特性和参数也很难完全相同。

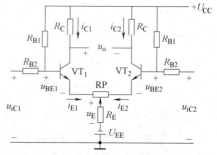

图 10-2-4　差分放大电路对零点漂移的抑制

为提高电路的对称性，常在发射极（有时在集电极）电路中接入一个调零电位器 RP，如图 10-2-4 所示。当 $u_i=0$ 时，调节 RP 使 $u_o=0$。发射极电阻具有电流负反馈作用，故 RP 将降低差模电压放大倍数 A_{od}，因而 RP 的阻值不能太大，一般在几十到几百欧之间。RP 对电路对称程度的补偿是很有限的，特别是在单端输出时，无法利用电路的对称性来抑制零漂。

从根本上说，要有效地抑制零漂，实质上是要稳定晶体管的集电极电流，使它不受外部因素（温度、电源电压等）变化的影响。为此，可在发射极电路中接入电阻 R_E（见图 10-2-4）。当加入共模信号时，R_E 中流过的电流 i_E 是两管发射极电流之和，R_E 将对共模信号产生强烈的电流负反馈作用，抑制了两管因共模信号引起的电流变化。

显然，R_E 越大，负反馈作用越强，抑制零漂的效果越好，而且对于双端和单端输出同样有效。R_E 一般称为共模反馈电阻。

对于差模输入信号而言，由于两管的集电极信号电流和发射极信号电流极性（或相位）相反，故两管流过 R_E 的信号电流互相抵消，R_E 上的差模信号压降为零，可视为短路，故不会对差模放大倍数产生影响。

在电源电压 U_{CC} 一定时，R_E 过大将使集电极静态电流过小，晶体管的静态工作点过低，不利于有效信号的放大。为此在发射极电路中接入负电源 U_{EE}，以补偿 R_E 两端的直流压降。

2. 输入、输出方式

差分放大电路有两个输入端和两个输出端。输入方式由信号源决定，既可双端输入，又可单端输入；输出方式取决于负载，既可双端输出，又可单端输出。因此，按照输入、输出方式，差分放大器有四种接法。

（1）双端输入-双端输出

这种接法的输入信号接在两管的基极之间，输出信号从两管集电极取出，如图 10-2-5 所示。这种接法零漂很小，故应用广泛，但信号源和负载都不能有接"地"端。

（2）双端输入-单端输出

这种接法的输出信号是从一管的集电极和"地"之间取出，常用于将差模信号转换为单端输出的信号，以便与负载或后级放大器有公共接"地"端，如图 10-2-6 所示。由于是单端输出，因而无法利用电路的对称性抑制零漂，静态时输出端直流电位也不为零。

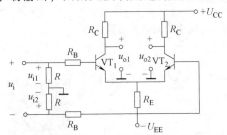

图 10-2-5 双端输入-双端输出方式

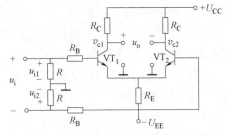

图 10-2-6 双端输入-单端输出方式

（3）单端输入-双端输出

输入信号接在一管的输入端（基极与"地"之间），经发射极电阻 R_E 耦合到另一管的输入端，如图 10-2-7 所示。这种接法的信号源可以有一端接"地"，并将单端输入信号转换为双端输出信号，作为下一级差分放大电路的差模输入信号。

（4）单端输入-单端输出

输入、输出信号都可以有一端接"地"，如图 10-2-8 所示。这种接法的差分放大电路比之于单管放大电路，显然有较强的抑制零漂的能力。

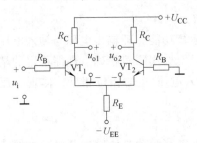

图 10-2-7 单端输入-双端输出方式

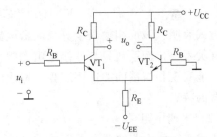

图 10-2-8 单端输入-单端输出方式

任务 10.3 集成运算放大器的线性应用

集成运算放大器在信号方面的应用是运算放大器的线性应用，为此，必须在运算放大器电路中引入深度负反馈，以确保运算放大器工作在线性区。使用不同的电路元件构成负反馈电路，就能够完成不同的运算功能，如比例运算、加法、减法、积分、微分和乘、除法运算等。

一、比例运算电路

以下将要介绍的反相输入比例运算电路和同相输入比例运算电路，除了能够完成自身的比例运算功能外，还是构成其他线性应用电路的基础，其分析方法在线性应用中普遍适用。

1. 反相输入比例运算电路

反相比例运算电路如图 10-3-1 所示，同相输入端经电阻 R_2 接地，输入信号 u_i 经过电阻 R_1 加入运算放大器的反相输入端，是反相输入运算电路。电路通过电阻 R_F 引入了负反馈，使运算放大器工作在线性区。这时电路具有"虚短"和"虚断"的特点，这样的特点在反相输入运算放大器电路中的具体表现就是"虚地"。

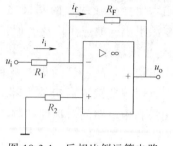

反向比例
运算电路

图 10-3-1　反相比例运算电路

根据虚断：$i_+ = i_- \approx 0$，流过电阻 R_2 的电流近似为零，故同相输入端对地电位 $u_+ \approx 0$，且 $i_i \approx i_f$。

根据虚短：$u_+ \approx u_- \approx 0$

集成运放好
坏的判断

此式表明，在反相输入运算放大器电路中，反相输入端对地的电位 u_- 也近似为零，相当于接地，但又不是真正接地，故称"虚地"。

虚地是反相输入运算放大器电路的重要特点，也是分析这一基本运算放大器电路的关键，应深入理解，并灵活应用。

（1）电压放大倍数 A_{uf}

根据 $u_+ \approx u_- \approx 0$，输入信号端电流 $i_i = (u_i - u_-)/R_1 \approx u_i/R_1$，反馈电路电流 $i_f = (u_- - u_o)/R_F \approx -u_o/R_F$。

根据 KCL 得 $i_i = i_f + i_d$，又根据"虚断"特点得 $i_d = i_- = 0$，故 $i_i = i_f$，则 $u_i/R_1 = -u_o/R_F$，所以输出电压 $u_o = -u_i(R_F/R_1)$，电压放大倍数为

$$A_{uf} = u_o/u_i = -R_F/R_1$$

此式表明，该反相输入运算放大器电路具有比例运算功能，即输出电压与输入电压呈正比线性关系，比例系数只与外接电阻的阻值有关系。只要选用阻值精确、性能稳定的精密电阻，就能实现相当精确的比例运算。输出电压 u_o 与输入电压 u_i 的相位相反，体现了反相输入方式的特点。

（2）平衡电阻

集成运算放大器的两个输入端就是输入级差分放大电路两个晶体管的基极，而保持两个基极输入电路的对称是十分必要的。静态时，反相输入端到地的等效电阻是 $R_1 /\!/ R_F$，故应取 $R_2 = R_1 /\!/ R_F$，以保证输入电路的对称，并称 R_2 为平衡电阻。

［例 10-1］　在图 10-3-1 所示反相输入比例运放电路中，已知 $R_1 = 20\text{k}\Omega$、$R_F = 200\text{k}\Omega$。计算电路的电压放大倍数 A_{uf} 和平衡电阻 R_2。

解： 根据电压放大倍数公式

$$A_{uf} = -R_F/R_1 = -200/20 = -10$$

根据平衡电阻公式

$$R_2 = R_1 /\!/ R_F = (20 \times 200)/(20 + 200)\text{k}\Omega = 18.18\text{k}\Omega$$

2. 同相输入比例运算电路

同相比例运算电路如图 10-3-2 所示，输入信号 u_i 经过电阻 R_2 加入同相输入端，反馈电

阻 R_F 仍跨接在输出端和反相输入端之间，反相输入端经过电阻 R_1 接地。

根据虚断（$i_+ = 0$）：　　$u_i \approx u_+$

根据虚短：　　　　　$u_i \approx u_+ \approx u_-$

即同相输入端和反相输入端对地电压相等，且都等于外加输入信号电压 u_i。

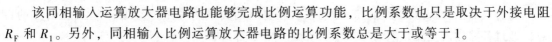

图 10-3-2　同相比例运算电路

（1）电压放大倍数 A_{uf}

反相输入端对地电压：

$$u_- = u_o R_1 / (R_1 + R_F)$$

因为 $u_i = u_+ = u_-$，故输出电压为

$$u_o \approx u_i (1 + R_F / R_1)$$

电压放大倍数为 $A_{uf} = u_o / u_i = 1 + R_F / R_1$。

该同相输入运算放大器电路也能够完成比例运算功能，比例系数也只是取决于外接电阻 R_F 和 R_1。另外，同相输入比例运算放大器电路的比例系数总是大于或等于 1。

（2）平衡电阻 $R_2 = R_1 /\!/ R_F$

[例 10-2]　在图 10-3-2 所示运算放大器电路中，$R_1 = 100\text{k}\Omega$、$R_F = 50\text{k}\Omega$，输入信号电压 $u_i = 0.3\sin\omega t\text{V}$。计算输出电压 u_o 和平衡电阻 R_2 的数值。

解： 根据输出电压公式

$$u_o = (1 + R_F / R_1) u_i = (1 + 50/100) \times 0.3\sin\omega t\text{V} = 0.45\sin\omega t\text{V}$$

根据平衡电阻公式

$$R_2 = R_1 /\!/ R_F = (100 \times 50)/(100 + 50)\text{k}\Omega = 33.33\text{k}\Omega$$

二、加法运算电路

加法运算电路有多个输入端，它的输出电压与多个输入信号之和成正比关系。加法运算电路是在比例运算电路的基础上加以改进形成的。

图 10-3-3 所示为反相输入加法运算电路，该电路给出了具有三个输入端的反相加法运算电路。可以看出，这个加法运算电路实际上是在反相比例运算电路的基础上加以扩展而得到的。

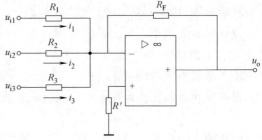

图 10-3-3　反相输入加法运算电路

根据反相输入运算电路"虚断"的特点

$$u_+ = u_- = 0$$

输出电流为

$$i_1 = u_{i1} / R_1$$
$$i_2 = u_{i2} / R_2$$
$$i_3 = u_{i3} / R_3$$

反馈支路电流为

$$i_F = -u_o / R_F$$

根据"虚断"得 $i_- = 0$，所以 $i_1 + i_2 + i_3 = i_F$，综合以上分析，可得

$$u_{i1}/R_1 + u_{i2}/R_2 + u_{i3}/R_3 = -u_o/R_F$$

所以输出电压为

$$u_o = -\left(\frac{R_F}{R_1}u_{i1} + \frac{R_F}{R_2}u_{i2} + \frac{R_F}{R_3}u_{i3} \right)$$

可见，电路的输出电压 u_o 反映了输入电压 u_{i1}、u_{i2} 和 u_{i3} 相加所得的结果，即电路能够实现求和运算。如果电路中电阻的阻值满足关系 $R_1 = R_2 = R_3 = R$，则上式成为

$$u_o = -\frac{R_F}{R}(u_{i1} + u_{i2} + u_{i3})$$

平衡电阻 $R' = R_1 // R_2 // R_3 // R_F$

当然，按照同样的原则，可以将求和电路的输入端扩充到三个以上，电路的分析方法是相同的。

通过上面的分析可以看出，反相输入求和电路的实质是利用"虚地"和"虚断"的特点，通过各路输入电流相加的方法来实现输入电压的相加。

这种反相输入电路的优点是，当改变某一输入回路的电阻时，仅仅改变输出电压与该路输入电压之间的比例关系，对其他各路没有影响，因此调节比较灵活方便。另外，由于"虚地"，因此，加在集成运算放大器输入端的共模电压很小。在实际工作中，反相输入方式的求和电路应用比较广泛。

三、减法运算电路

减法运算电路如图 10-3-4 所示。这个电路的特点是它有两个输入信号 u_{i1} 和 u_{i2} 分别加入运算放大器的反相输入端和同相输入端，构成差分输入方式。反馈电阻 R_F 从输出端接回反相输入端，引入电压负反馈，保证运算放大器工作在线性区。正是由于运算放大器工作在线性区，可以用叠加定理分析输出 u_o 与输入 u_{i1}、u_{i2} 之间的关系。

设反相输入端信号 u_{i1} 单独作用，产生的输出电压分量是 u_o'，电路如图 10-3-5a 所示。此时 u_{i2} 不作用，$u_{i2} = 0$，对应输入端相当于对地短路。

根据反相输入比例运算电压输入公式，得

$$u_o' = -u_{i1} \cdot R_F/R_1$$

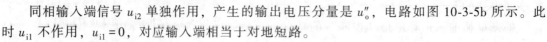

图 10-3-4　减法运算电路

同相输入端信号 u_{i2} 单独作用，产生的输出电压分量是 u_o''，电路如图 10-3-5b 所示。此时 u_{i1} 不作用，$u_{i1} = 0$，对应输入端相当于对地短路。

同相输入端对地电压

$$u_+ = u_{i2}R_3/(R_2 + R_3)$$

根据同相输入比例运算电压输入公式，得

$$u_o'' = u_+ \cdot (1 + R_F/R_1) = u_{i2}R_3/(R_2 + R_3) \cdot (1 + R_F/R_1)$$

减法运算电路的输出 u_o 是 u_o' 与 u_o'' 的叠加，即

$$u_o = u_o' + u_o'' = -u_{i1}R_F/R_1 + u_{i2}R_3/(R_2 + R_3) \cdot (1 + R_F/R_1)$$

如果取电阻阻值 $R_1 = R_2$，$R_3 = R_F$，经过整理可得

$$u_o = (u_{i2} - u_{i1})R_F/R_1$$

此式表明，输出电压 u_o 与两个输入信号 $(u_{i2}-u_{i1})$ 的差值成正比。如果取电阻阻值 $R_1 = R_2 = R_3 = R_F$，则该电路具有减法运算功能。

$$u_o = (u_{i2} - u_{i1})$$

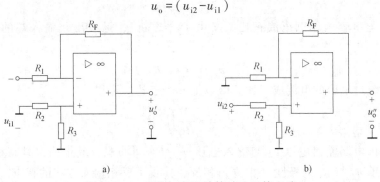

a)   b)

图 10-3-5 用叠加定理计算减法运算电路

[**例 10-3**] 差分输入运算电路如图 10-3-4 所示，电阻 $R_1 = R_2 = 20\text{k}\Omega$，$R_3 = R_F = 40\text{k}\Omega$，输入 $u_{i1} = 0.3\text{mV}$，$u_{i2} = 0.8\text{mV}$，计算输出电压 u_o。

解：根据减法运算电路电压输出公式，可得

$$u_o = (u_{i2} - u_{i1})R_F/R_1 = (0.8 - 0.3) \times 40/20\text{V} = 1\text{V}$$

四、积分运算电路

积分电路是一种应用比较广泛的模拟信号运算电路。它是组成模拟计算机的基本单元，用以实现对微分方程的模拟。同时，积分电路也是控制和测量系统中常用的重要单元，利用其充放电过程可以实现延时、定时以及各种波形的产生。

1. 电路组成

电容两端的电压 u_C 与流过电容的电流 i_C 之间存在着积分关系，即

$$i_C = C\text{d}u_C/\text{d}t$$

即

$$u_C = \frac{1}{C}\int i_C \text{d}t$$

如能使电路的输出电压 u_o 与电容两端的电压 u_C 成正比，而电路的输入电压 u_1 与流过电容的电流 i_C 成正比，则 u_o 与 u_1 之间即可成为积分运算关系。利用理想运算放大器工作在线性区时"虚短"和"虚断"的特点可以实现以上要求。

在图 10-3-6 中，输入电压通过电阻 R 加在集成运放的反相输入端，并在输出端和反相输入端之间通过电容 C 引回一个深度负反馈，即可组成基本积分电路。为使集成运算放大器两个输入端对地的电阻平衡，通常使同相输入端的电阻为

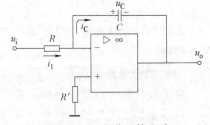

图 10-3-6 积分运算电路

$$R' = R$$

可以看出，这种反相输入基本积分电路实际上是在反相比例电路的基础上将反馈回路中

的电阻 R_F 改为电容 C 而得到的。

由于集成运算放大器的反相输入端"虚地",故

$$u_o = -u_C$$

可见输出电压与电容两端电压成正比。又由于"虚断",运放反相输入端的电流为零,则 $i_1 = i_C$,故

$$u_i = i_1 R = i_C R$$

即输入电压与流过电容的电流成正比。由以上几个表达式可得

$$u_o = -\frac{1}{RC}\int u_i dt$$

此式表明该电路输出电压 u_o 与输入电压 u_1 对时间的积分成正比,具有积分运算功能。式中的负号表示 u_o 与 u_1 的极性(相位)相反,体现了反相输入方式的特点。

如果在开始积分之前,电容两端已经存在一个初始电压,则积分电路将有一个初始的输出电压 $U_o(0)$,此时

$$u_o = -\frac{1}{RC}\int u_i dt + U_o(0)$$

如果输入电压 u_1 是恒定直流电压 U_i,即 $u_1 = U_i$,则

$$u_o = -U_i t / (R_1 C_f)$$

2. 输入、输出波形

(1)输入电压为矩形波

如果在基本积分电路的输入端加上一个矩形波电压,则前式可知,当 $t \leqslant t_o$ 时,$u_1 = 0$,故 $u_o = 0$;当 $t_o < t \leqslant t_1$ 时,$u_1 = U_1 = $ 常数,则

$$u_o = -\frac{1}{RC}\int u_i dt = -\frac{U_i}{RC}(t - i_o)$$

此时 u_o 将随着时间而向负方向直线增长,增长的速度与输入电压的幅度 U_1 成正比,与积分时间常数 RC 成反比。

当 $t > t_1$ 时,$u_1 = 0$,由积分运算电压输出公式可知,此时 u_o 将保持 $t = t_1$ 时的输出电压值不变。

(2)输入电压为正弦波

若 $u_1 = U_m \sin\omega t$,则由积分运算电压输出公式可得

$$u_o = \frac{U_m}{\omega RC}\cos\omega t$$

此时积分电路的输出电压是一个余弦波。u_o 的相位比 u_1 领先 90°。此时积分电路的作用是移相。

(3)积分电路的误差

在实际的积分运算电路中,产生积分误差的原因主要有以下两个方面:

一方面是由于集成运算放大器不是理想特性而引起的。例如,当 $u_1 = 0$ 时,u_o 也应为零,但是由于运算放大器的输入偏置电流流过积分电容,使 u_o 逐渐上升,时间越长,误差越大。又如,由于集成运算放大器的通频带不够宽,使积分电路对快速变化的输入信号反应迟钝,使输出波形出现滞后现象等。

产生积分误差的另一方面原因是由积分电容引起的。例如，当 u_1 回到零以后，u_o 应该保持原来的数值不变，但是，由于电容存在泄漏电阻，使 u_o 的幅值逐渐下降。又如，由于电容存在吸附效应也将给积分电路带来误差等。

五、微分运算电路

微分是积分的反运算。在电路组成上只要将积分运算反馈电路中的电容与电阻互换位置就可以了，基本微分运算电路如图 10-3-7 所示。

反相输入方式的特点为"虚地"，使输入电流

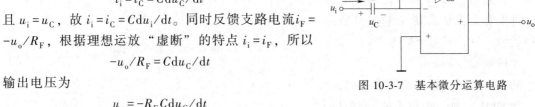

$$i_i = i_C = C du_C / dt$$

且 $u_i = u_C$，故 $i_i = i_C = C du_i / dt$。同时反馈支路电流 $i_F = -u_o / R_F$，根据理想运放"虚断"的特点 $i_i = i_F$，所以

$$-u_o / R_F = C du_C / dt$$

输出电压为

图 10-3-7　基本微分运算电路

$$u_o = -R_F C du_C / dt$$

可见该电路能够实现微分运算，即输出电压 u_o 与输入电压 u_C 对时间的变化率成正比。

任务实施

一、收音机原理

1. 最简单收音机原理

图 10-4-1 中，LC 谐振回路是收音机输入回路，改变电容 C 使谐振回路固有频率与无线电发射频率相同，从而引起电磁共振，谐振回路两端电压 U_{AB} 最大，将该电波接收下来。经高频放大电路放大后，通过由二极管 VD 和滤波电容 C_1 构成的检波电路，将调幅信号包络解调下来，得到调制前的音频信号，再将音频信号进行低频放大，送到扬声器，就完全还原成可闻的声波信号。

这就是最简单的调幅收音机（也称高放式收音机）的工作原理，它简单，但可行性、可使用性太差，不适合日常使用。由于高放式收音机中高频放大器只能适应较窄频率范围的放大，要想在整个中波频段 535～1605kHz 获得一致放大是很困难的。因此用超外差接收方式来代替高放式收音机。

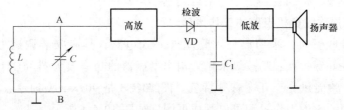

图 10-4-1　最简单的收音机组成框图

2. 超外差收音机原理

所谓超外差式，就是通过输入回路先将电台高频调制波接收下来，和本地振荡回路产生的本地信号一并送入混频器，再经中频回路进行频率选择，得到固定的中频载波（如：调

幅中频国际上统一为 465kHz 或 455kHz）调制波。

超外差的实质就是将调制波不同频率的载波，变成固定的且频率较低的中频载波。在广播、电视、通信领域，超外差接收方式被广泛采用，如图 10-4-2 所示。

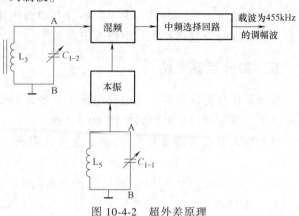

图 10-4-2　超外差原理

在超外差的设计中，本振频率高于输入频率。用同轴双联可变电容器，使输入回路电容 C_{1-2} 和本振回路电容 C_{1-1} 同步变化，从而使频率差值始终保持近似一致，其差值即为中频，即：

如接收信号频率是：

600kHz，则本振频率是 1055kHz；

1000kHz，则本振频率是 1455kHz；

1500kHz，则本振频率是 1955kHz；

由于谐振回路谐振频率 f 与 C 不成线性变化，因此必须有补偿电容对其特性进行修正，以获得在收听范围内 f 与 C 近似成线性变化，保证 $f_{本振} - f_{信号} = f_{中频}$，为一固定中频信号。超外差方式使接收的调制信号变为统一的中频调制信号，在做高频放大时，就可以得到稳定且倍数较高的放大，从而大大提高收音机的品质。

比较起来，超外差式收音机具有以下优点：

1）接收高低端电台（不同载波频率）的灵敏度一致。

2）灵敏度高。

3）选择性好（不易串台）。

由于直接放大式收音机的灵敏度比较低，只能接受本地区强信号的电台，接收远地电台的能力较弱，它的选择性差，接收相邻频率的电台信号时存在串台现象。

为了提高灵敏度和选择性，就要采用超外差式收音机。超外差式收音机有别于直放式收音机的特点是它不直接放大广播信号，而是通过一个叫变频级的电路将接收的任何一个频率的广播电台信号变成一个固定中频信号（我国规定中频频率是 465kHz），由中频放大器进行放大，然后进行检波，得到音频信号，最后推动扬声器工作。

3. 9018-2 型袖珍收音机电路的工作原理

9018-2 型袖珍收音机，采用典型六管超外差式电路，具有安装调试方便、工作稳定、灵敏度高、选择性好等特点；功放级采用无输出变压器的功率放大器（OTL 电路），有效率高、频率特性好、声音洪亮、耗电省等特色。图 10-4-3 是 9018-2 型袖珍收音机的电路原理图。为了分析方便，它的工作过程可以画成框图，如图 10-4-4 所示。

（1）输入调谐电路

输入调谐电路由双连可变电容器的 C_A 和 T_1 的一次绕组 L_{ab} 组成，是一并联谐振电路，T_1 是磁性天线线圈，从天线接收进来的高频信号，通过输入调谐电路的谐振选出需要的电台信号，电台信号频率是 $f = 1/(2\pi L_{ab} C_A)$，当改变 C_A 时，就能收到不同频率的电台信号。

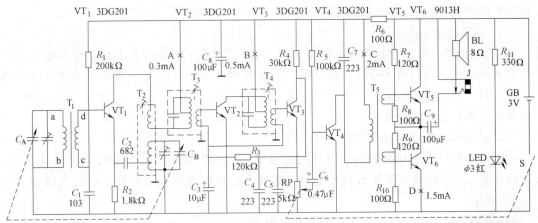

图 10-4-3 电路原理图

收音机用电路
元件的识别

（2）变频电路

本机振荡和混频合起来称为变频电路。变频电路是以 VT_1 为中心，它的作用是把通过输入调谐电路收到的不同频率电台信号（高频信号）变换成固定的 465kHz 的中频信号。

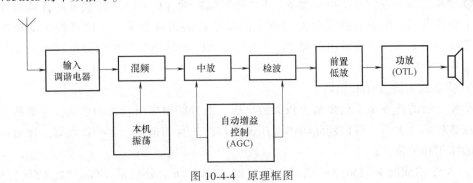

图 10-4-4 原理框图

VT_1、T_2、C_B 等元器件组成本机振荡电路，它的任务是产生一个比输入信号频率高 465kHz 的等幅高频振荡信号。由于 C_1 对高频信号相当短路，T_1 的二次侧 L_{cd} 的电感量又很小，对高频信号提供了通路，所以本机振荡电路是共基极电路，振荡频率由 T_2、C_B 控制，C_B 是双连电容器的另一连，调节它以改变本机振荡频率。T_2 是振荡线圈，其一次侧绕在同一磁心上，它们把 VT_1 的集电极输出的放大了的振荡信号以正反馈的形式耦合到振荡回路，本机振荡的电压由 T_2 的一次侧的抽头引出，通过 C_2 耦合到 VT_1 的发射极上。

混频电路由 VT_1、T_3 的一次绕组等组成，是共发射极电路。其工作过程是：（磁性天线接收的电台信号）通过输入调谐电路接收到的电台信号，通过 T_1 的二次绕组 L_{cd} 送到 VT_1 的基极，本机振荡信号又通过 C_2 送到 VT_1 和发射极，两种频率的信号在 T_1 中进行混频，由于晶体管的非线性作用，混合的结果产生各种频率的信号，其中有一种是本机振荡频率和电台频率的差等于 465kHz 的信号，这就是中频信号。

混频电路的负载是中频变压器，T_3 的一次绕组和内部电容组成并联谐振电路，它的谐振频率是 465kHz，可以把 465kHz 的中频信号从多种频率的信号中选择出来，并通过 T_3 的二次绕组耦合到下一级去，而其他信号几乎被滤掉。

（3）中频放大电路

它主要由 VT_2、VT_3 组成两级中频放大器。第一中放电路中的 VT_2 负载由中频变压器 T_4 和内部电容组成，它们构成并联谐振电路，谐振频率是 $465kHz$，与前面介绍的直放式收音机相比，超外差式收音机灵敏度和选择性都提高了许多，主要原因是有了中频放大电路，它比高频信号更容易调谐和放大。

（4）检波和自动增益控制电路

中频信号经一级中频放大器充分放大后由 T_4 耦合到检波管 VT_3，VT_3 既起放大作用，又是检波管，VT_3 构成的晶体管检波电路，这种电路检波效率高，有较强的自动增益控制（AGC）作用。

AGC 控制电压通过 R_3 加到 VT_2 的基极，其控制过程是：

外信号电压 $\uparrow \rightarrow V_{b3} \uparrow - I_{b3} \uparrow \rightarrow I_{c3} \uparrow \rightarrow U_{c3} \downarrow$，通过 $R_3 V_{b2} \downarrow \rightarrow I_{b2} \downarrow \rightarrow I_{c2} \downarrow \rightarrow$ 外信号电压 $\downarrow$

检波级的主要任务是把中频调幅信号还原成音频信号，C_4、C_5 起滤去残余的中频成分的作用。

（5）前置低放电路

检波滤波后的音频信号由电位器 R_P 送到前置低放管 VT_4，经过低放可将音频信号电压放大几十到几百倍，但是音频信号经过放大后带负载能力还很差，不能直接推动扬声器工作，还需进行功率放大。旋转电位器 R_P 可以改变 VT_4 的基极对地的信号电压的大小，可达到控制音量的目的。

（6）功率放大器（OTL 电路）

功率放大器的任务是不仅要输出较大的电压，而且能够输出较大的电流。本电路采用无输出变压器功率放大器，可以消除输出变压器引起的失真和损耗，频率特性好，还可以减小放大器的体积和重量。

VT_5、VT_6 组成同类型晶体管电路，R_7、R_8 和 R_9、R_{10} 分别是 VT_5、VT_6 的偏置电阻。变压器 T_5 做倒相耦合，C_9 是隔直电容，也是耦合电容。为了减少低频失真，电容 C_9 选得越大越好。无输出变压器的功率放大器的输出阻抗低，可以直接推动扬声器工作。

二、工具及仪表

收音机涉及的电气元器件主要有晶体管、二极管、电阻、电容、扬声器等，表 10-4-1 给出本次收音机组装的主要电气元器件的规格和组装所需的工具。

三、内容及步骤

超外差收音机在无线电接收机中的应用非常广泛，是无线电接收机的典型电路。收音机虽然小，可谓五脏俱全，它包含了无线电接收的各个功能电路。收音机、电视机、手机都采用外差电路接收信号，就连雷达接收机同样也采用外差电路，只是他们的工作频率不同，但接收原理是一样的。近年来由于科技的不断进步，新工艺、新技术、新器件的不断出现，收音机已朝着电路的集成化、电子调谐、数字显示、计算机控制及多功能、高指标、使用方便等方向发展。

表 10-4-1　组装收音机的电气元器件和工具清单

序号	名称	型号规格	位号	数量	序号	名称	型号规格	位号	数量
1	晶体管	9018	VT_1、VT_2	1 支	18	瓷片电容	682、103	C_2、C_1	各 1 支
2	晶体管	9018	VT_3、VT_4	2 支	19	瓷片电容	223	C_4、C_5、C_7	3 支
3	晶体管	9014	VT_5	1 支	20	双联电容	CBM-223P	C	1 支
4	晶体管	9013H	VT_6、VT_7	2 支	21	收音机前盖			1 个
5	发光二极管	Φ3 红	LED	1 支	22	收音机后盖			1 个
6	磁棒线圈	5×13×55mm	B1	1 套	23	刻度尺、音窗			各 1 块
7	中周	红、黄、白、黑	B2、B3、B4、B5	3 个	24	双联拨盘			1 个
8	输入变压器	E 型六个引出脚	B6、B7	1 个	25	电位器拨盘			1 个
9	扬声器	Φ58mm	Y	1 个	26	磁棒支架			1 个
10	电阻器	100Ω	R_6、R_8、R_{10}	3 支	27	印制电路板			1 块
11	电阻器	120Ω	R_7、R_9	2 支	28	电路图及说明			1 份
12	电阻器	330Ω、1.8kΩ	R_{11}、R_2	各 1 支	29	电池正负极簧片			1 套
13	电阻器	30kΩ、100kΩ	R_4、R_5	各 1 支	30	连接导线			4 根
14	电阻器	120kΩ、200kΩ	R_3、R_1	各 1 支	31	双联及拨盘螺钉	Φ2×5		3 粒
15	电阻器	5kΩ（带开关插脚式）	RP	1 支	32	电位器拨盘螺钉	Φ1.6×5		1 粒
16	电解电容	0.47μF、10μF	C_6、C_3	各 1 支	33	自攻螺钉	Φ2×5		1 粒
17	电解电容	100μF	C_8、C_9	2 支	34				

　　本任务采用 3V 低压硅管六管超外差式收音机，它由输入回路高放混频级、一级中放、二级中放、前置低放兼检波级、低放级和功放级等部分组成，频率范围为 535~1605kHz 的中波段。

1. 元器件说明

　　1）中频变压器（以下简称中周）四只为一套，其接线图见印制板图。B2 为振荡线圈的中周、型号为 LF10（红色），B3 为第一级中放用的中周（黄色），B4 为第二级中放的中周（白色），B5 为中频耦合中周（黑色）。中周外壳除起屏蔽作用外，还起导线的作用，所以中周外壳必须可靠地接地。

　　2）B6 为输入变压器，B7 为输出变压器，线圈骨架上有凸点标记为一次侧，印制板上也有圆点作为标记，接线图在印制板上可以很明显地看出，安装时不要装反（还可以配合万用表测量进行分辨）。

　　3）晶体管 VT_6、VT_7 为 9013 属于中功率晶体管，放大倍数大约为 180。9014 为低频功放，放大倍数约等于 250，9018 适合于高频功放，放大倍数约为 120。

　　4）电路原理图中所标称的元器件参数为参考值，如与实际给出的元件参数有出入，需自己灵活掌握。所有元器件详细情况见表 10-4-1 的元器件清单。

2. 安装顺序

　　先装低矮和耐热元器件，然后再装大元器件，最后再装怕热元器件。

　　1）电阻的安装：先将阻值识别好，可以采用紧贴式和立式。按 $R_1 \sim R_8$ 的顺序焊接，以免漏掉电阻，焊接完电阻之后用万用表检验一下各电阻是否还和以前的值是一样的（检验是否有虚焊）。

　　2）电容和晶体管的安装：先焊接瓷片电容，要注意上面的读数，再焊电解电容，特别要注意长脚是"＋"极，短脚是"－"极。剪脚长度要适中，电解电容紧贴线路板立式安装焊接，太高会影响后盖的安装。

　　3）由于调谐用的双联拨盘丝离电路板很近，所以焊接前先用斜口钳剪去周围高出部分的元器件脚。

　　4）焊接发光二极、扬声器和电池座。

四、调试

　　1）元器件的检测：装机之前，对所使用的元器件一一进行严格的检查，看看有没有遗漏或损坏的元器件。

　　2）元器件的安装：可以先安装焊接电阻，按照先小型元器件，后大型元器件的原则，完成安装焊接。

　　3）将扬声器安装在收音机外壳的对应位置，用焊锡焊接导线在接线柱上。将电源的正负极焊接在电路板对应位置，扬声器的导线不分正负极，所以采用就近焊接，使导线不容易扭曲干扰为佳。

　　4）检查焊接是否正确。

　　5）安装焊接完毕后，仔细对照电路图和印制板图核对每个元器件位置和引线极性，另外还要注意有无搭锡的地方。

　　6）焊接完毕，拔下电烙铁插头，待其冷却后，收回工具箱。

　　待所有元器件都焊接完成后，测量电流，关掉电位器开关，装上电池（注意正负极），用万用表 50mA 档，表笔跨接在电位器开关的两端（黑表笔接电池负极、红表笔接开关的另一端）；若电流指示小于 10mA，则说明可以通电，将电位器打开（音量旋至最小，即测量静态电流），用万用表分别依次测量 D、C、B、A 四个电流缺口，若测量的数值 A 点电位为 1mV 左右，B 点大于 A 点，大约为 1.5mV，C 点大于 B 点，为 4.8mV 左右，D 点电位 2mV 左右即可用烙铁将四个缺口依次连通，再把音量调到最大，调双联拨盘即可收到电台。在安装电路板时注意把扬声器及电池引线埋在比较隐蔽的地方，并且不要影响调谐拨盘的旋转和避开螺钉桩子，电路板挪位后再用螺钉固定。当测量电流不在规定电流值左右时要仔细检查晶体管极性有没有装错，中周是否装错位置，以及是否存在虚假错焊等。

🔄 任务巩固

　　10-1　比较阻容耦合放大电路和直接耦合放大电路，直接耦合放大电路能否放大交流信号？

　　10-2　什么是零点漂移？产生零点漂移的主要因素是什么？

　　10-3　双端输入-双端输出差分放大电路为何能抑制零点漂移？为什么共模反馈电阻 R_E 能提高抑制零点漂移的效果？为什么 R_E 不影响差模信号的放大效果？

　　10-4　为什么说运算放大器的两个输入端的一个为反相输入端，另一个为同相输入端？

10-5 运算放大器有哪些主要参数？简述其含义。

10-6 理想运算放大电路应满足哪些条件？

10-7 什么是"虚地"？同相输入运算电路是否存在"虚地"？

10-8 用负反馈放大器的知识讨论同相输入和反相输入运算放大电路的性能特点。

10-9 如图 10-5-1 所示，两个电路是否具有相同的电压放大倍数？试说明其理由。

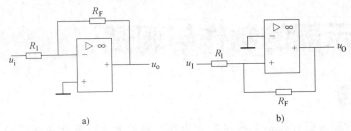

图 10-5-1 习题 10-9 图

10-10 运算电路如图 10-5-2 所示，计算 u_o。

10-11 某理想运算放大电路同相加法电路如图 10-5-3 所示，要用它实现 $u_o = u_{i1} + u_{i2}$ 的运算，R_1 和 R_2 分别取多大？（提示：R_2 根据直流平衡条件确定）

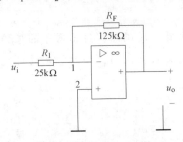

图 10-5-2 习题 10-10 图

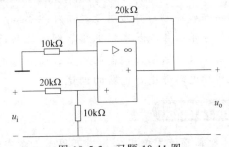

图 10-5-3 习题 10-11 图

10-12 在图 10-5-4 所示运算放大电路中，已知 $R_{i1} = R_{i2} = R_{i3} = 12R_F$，当 $u_{i1} = 2V$，$u_{i2} = 3V$，$u_{i3} = 0V$，计算 u_o；当 $u_{i1} = 2V$，$u_{i2} = -4V$，$u_o = 3V$，计算 u_{i3}。

10-13 运算电路如图 10-5-5 所示，写出 u_{o2} 的表达式。

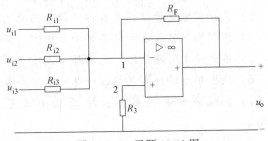

图 10-5-4 习题 10-12 图

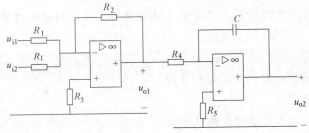

图 10-5-5 习题 10-13 图

任务11
数码显示器的制作与调试

任务描述

电子系统中一般均含有模拟和数字两种构件。模拟电路是系统中必需的组成部分。但为便于存储、分析或传输信号，数字电路更具优越性。在数字系统中，常常需要将数字、字母、符号等直观地显示出来，供人们读取或监视系统的工作情况。能够显示数字、字母或符号的器件称为数字显示器。在数字电路中，数字量都是以一定的代码形式出现的，所以这些数字量要先经过译码，才能送到数字显示器去显示。这种能把数字量翻译成数字显示器所能识别的信号的译码器称为数字显示译码器。

本任务根据集成基本门电路、组合逻辑门电路、编码器、译码器、显示器等的工作原理及其特性，设计数码显示器的电路，绘制元器件布置图及安装接线图，按照绘制的电气系统图组装实际电路并进行电路的调试。

能力目标

1) 能正确使用电工工具、万用表、数字试验箱。

2) 能绘制电子元器件布置图、原理草图。

3) 能分析电路原理，并具备设计电路的能力以及电子元器件的选型能力。

4) 能利用仪器仪表对元器件进行检测、筛选。

5) 能识读电路原理图、元器件布置图、组装接线图。

6) 能根据元器件布置图进行电气元器件布置。

7) 能根据安装接线图，按照装配工艺标准进行焊接、组装，并能进行产品的检验。

8) 能够对宿舍控制灯电路进行调试，检测故障及排除故障。

9) 能够对操作过程进行评价，具有独立思考能力、分析判断与决策能力。

相关知识

1) 常见的几种数制以及相互之间的转换。

2) 逻辑函数化简方法。

3) 集成基本门电路工作原理及测试方法。

4) 组合逻辑电路的分析方法。

5) 编码器、译码器的工作原理。

任务 11.1 数制与编码

一、数制

数字电路经常遇到计数问题。人们在日常生活中，习惯用十进制数，而在数字系统中，例如数字计算机中，多采用二进制数，有时也采用八进制或十六进制数。

1. 十进制

十进制数是人们在日常生活中最熟悉的一种数制，它由 0、1、2、3、4、5、6、7、8、9 十个数码构成，用于数制中表示数量特征的数称为基数。所谓十进制数就是以 10 为基数，超过 9 要向高位进位，计算规律是"逢十进一"或"借一当十"，故称为十进制。

对十进制的数，每一位数码根据它在数中的位置不同，代表不同的值，n 位十进制数中，第 i 位所表示的数值就是处在第 i 位的数字乘上基数的 i 次幂。常把基数的 i 次幂叫作第 i 位的位权。例如，十进制正整数 2567 中

第 3 位	第 2 位	第 1 位	第 0 位
2	5	6	7
千位	百位	十位	个位

第 0 位的位权就是 10^0，第 1 位的位权就是 10^1，第 2 位的位权是 10^2，第 3 位的位权是 10^3。则

$$2567 = 2\times10^3 + 5\times10^2 + 6\times10^1 + 7\times10^0$$

又如

$$5230.45 = 5\times10^3 + 2\times10^2 + 3\times10^1 + 0\times10^0 + 4\times10^{-1} + 5\times10^{-2}$$

由此可以得出十进制数的一般表达式。如果一个十进制数包含 n 位整数和 m 位小数，则

$$(N)_{10} = a_{n-1}\times10^{n-1} + a_{n-2}\times10^{n-2} + \cdots + a_1\times10^1 + a_0\times10^0 + a_{-1}\times10^{-1} + a_{-2}\times10^{-2} + \cdots + a_{-m}\times10^{-m}$$
$$= \sum a_i\times10^i$$

式中 $(N)_{10}$ 的下标 10 表示 N 是十进制数，十进制下标也可以用字母 D 来代替。如

$$(75)_{10} = (75)_D$$

2. 二进制

二进制数与十进制数的区别在于数码的个数和进位的规律不同，十进制数用十个数码，并且"逢十进一"；而二进制数只有 0、1 两个数码，基数为 2，计数规则是"逢二进一"或"借一当二"。其位权为 2 的整数幂，按权展开式的规律与十进制相同，如

$$(1011)_2 = 1\times2^3 + 0\times2^2 + 1\times2^1 + 1\times2^0$$

又如

$$(1001.01)_2 = 1\times2^3 + 0\times2^2 + 0\times2^1 + 1\times2^0 + 0\times2^{-1} + 1\times2^{-2}$$

其位权展开式为

$$(N)_2 = \sum a_i\times2^i$$

式中 $(N)_2$ 的下标 2 表示 N 是二进制数，二进制下标也可以用字母 B 来代替，如 $(11001)_2 = (11001)_B$。由于二进制数只有 0 和 1 两个数码，便于电路实现，且二进制的基本

运算操作方便，因此在数字系统中被广泛使用。

1）二进制的数字装置简单可靠，所用元器件少；二进制只有两个数码 0 和 1，因此它的每一位数可用任何具有两个不同稳定状态的元器件来表示，如 BJT 的饱和与截止、继电器接点的闭合和断开，灯泡的亮和灭等。只要规定其中一种状态表示 1，另一种状态表示 0，就可以表示二进制数。这样数码的存储、分析和传输，就可以用简单而可靠的方式进行。

2）二进制的基本运算规则简单，运算操作方便。

但是，采用二进制也有一些缺点。用二进制表示一个数时，位数多，例如，十进制数 49 表示为二进制时为 110001，使用起来不方便也不习惯。因此，在运算时，原始数据多用人们习惯的十进制数，在送入机器时，就必须将十进制原始数据转换成数字系统能接受的二进制数。而在运算结束后，再将二进制数转换为十进制数，表示最终结果。

3. 八进制数和十六进制数

由于二进制数在使用时，位数很多，不便于书写和记忆，在数字系统中常采用八进制和十六进制来表示二进制数。

1）八进制数有 0、1、2、3、4、5、6、7 八个数码，基数为 8，各位的位权是 8 的整数幂，其计数规则是"逢八进一"或"借一当八"，按权展开式为 $(N)_8 = \sum a_i \times 8^i$，式中 $(N)_8$ 的下标 8 表示 N 是八进制数，八进制下标也可以用字母 O 来代替，如

$$(1536)_8 = (1536)_O = 1 \times 8^3 + 5 \times 8^2 + 3 \times 8^1 + 6 \times 8^0$$

2）十六进制数有 0、1、2、3、4、5、6、7、8、9、A、B、C、D、E、F 十六个数码，符号 A~F 分别代表十进制的 10~15，基数为 16。其计数规则是"逢十六进一"或"借一当十六"，按权展开式为 $(N)_{16} = \sum a_i \times 16^i$。式中 $(N)_{16}$ 的下标 16 表示 N 是十六进制数，十六进制下标也可以用字母 H 来代替。如

$$(39FA)_{16} = (39FA)_H = 3 \times 16^3 + 9 \times 16^2 + F \times 16^1 + A \times 16^0$$

二、几种数制之间的相互转换

1. 非十进制数转换为十进制数

所谓非十进制数转换为十进制数，就是把非十进制数转换为等值的十进制数。只需将非十进制数按权展开，然后相加，就可以得出结果。

[例 11-1]　$(11011.01)_2 = (\quad)_{10}$

解：　　　$(11011.01)_2 = 1 \times 2^4 + 1 \times 2^3 + 0 \times 2^2 + 1 \times 2^1 + 1 \times 2^0 + 0 \times 2^{-1} + 1 \times 2^{-2}$
$$= (27.25)_{10}$$

[例 11-2]　$(5A7)_{16} = (\quad)_{10}$

解：　　　　　　$(5A7)_{16} = 5 \times 16^2 + A \times 16^1 + 7 \times 16^0$
$$= 5 \times 256 + 160 + 7$$
$$= (1447)_{10}$$

[例 11-3]　$(126)_8 = (\quad)_{10}$

解：　　　　　　$(126)_8 = 1 \times 8^2 + 2 \times 8^1 + 6 \times 8^0$
$$= 64 + 16 + 6$$
$$= (86)_{10}$$

2. 十进制数转换为非十进制数

把十进制数转换为非十进制数，需要把十进制的整数部分和小数部分分别进行转换，然后再将整数部分和小数部分的转换结果合并起来。

1）整数部分的转换。十进制数的整数部分转换为非十进制数可以采用"连除法"，用欲转换的非十进制数的基数连续除该数，直到除得的商为 0 为止，每次除法所得余数作为非十进制数转换的结果的系数，并取最后一位余数为最高位，依次按从下往上顺序排列。

[例 11-4] $(38)_{10} = (\quad)_2 = (\quad)_8 = (\quad)_{16}$

解：

$$
\begin{array}{r|l}
2 & 38 \\
2 & 19 \\
2 & 9 \\
2 & 4 \\
2 & 2 \\
2 & 1 \\
& 0
\end{array}
\quad
\begin{array}{l}
\text{余数 } 0\text{—}a_0 \\
\text{余数 } 1\text{—}a_1 \\
\text{余数 } 1\text{—}a_2 \\
\text{余数 } 0\text{—}a_3 \\
\text{余数 } 0\text{—}a_4 \\
\text{余数 } 1\text{—}a_5
\end{array}
$$

读写顺序	a_5	a_4	a_3	a_2	a_1	a_0
	1	0	0	1	1	0

同理

$$
\begin{array}{r|l}
8 & 38 \\
8 & 4 \\
& 0
\end{array}
\quad
\begin{array}{l}
\text{余数 } 6 \\
\text{余数 } 4
\end{array}
$$

读写顺序　4　　　6

$$
\begin{array}{r|l}
16 & 38 \\
16 & 2 \\
& 0
\end{array}
\quad
\begin{array}{l}
\text{余数 } 6 \\
\text{余数 } 2
\end{array}
$$

读写顺序　2　　　6

所以 $(38)_{10} = (100110)_2 = (46)_8 = (26)_{16}$

由于八进制数和十六进制数与二进制数之间的转换关系非常简单，可以利用二进制数直接转换为八进制数和十六进制数。二进制数转换成八进制数，只需要把二进制数从低位到高位，每 3 位分成一组，高位不足 3 位时补 0，写出相应的八进制数，就可以得到与二进制数对应的八进制转换值。反之，将八进制数中每一位都写成相应 3 位二进制数，所得到的就是与八进制对应的二进制转换值。

如 $(81)_{10} = (1010001)_2 = (001\quad010\quad001) = (121)_8$
　　　　　　　　　　　　　　　　1　　2　　1

$(27)_8 = (2\qquad7)_8 = (10111)_2$
　　　　010　　111

同理，二进制数转换成十六进制数，只需要把二进制数从低位到高位，每 4 位分成一组，高位不足 4 位时补 0，写出相应的十六进制数，所得到的就是与二进制数对应的十六进制转换值。反之，将十六进制数中的每一位都写成相应的 4 位二进制数，便可得到十六进制数对应的二进制转换值。

2）小数部分的转换。十进制小数转换成二进制小数可以采用"乘二取整法"，即用 2 去乘以转换的十进制小数，取其整数部分作为转换结果的系数，直到纯小数部分为 0 或到一定精度为止。每次乘法得到的整数作为转换结果的系数，最先得到的整数作为高位，后得到的整数作为低位，按从上往下的顺序依次排列。

如果要求转换为八进制数和十六进制数，可采用"乘八取整法"和"乘十六取整法"进行。也可利用八进制数和十六进制数与二进制数的对应关系进行。将二进制小数转换为八进制（或十六进制）小数时，从小数点开始，从左往右每 3 位（或 4 位）一组，不足位补 0，再对应写成八进制（或十六进制）。

三、编码

数字系统中的信息可分为两类，一类是数值，另一类是文字符号（包括控制符）。数字信息的表示方法前面已经介绍。为了表示文字符号信息，往往也采用一定位数的二进制数码表示，这个特定的二进制码称为代码。所谓编码，就是用数字或某种文字和符号来表示某一对象或信号的过程。十进制编码或某种文字和符号的编码难于用电路来实现，在数字电路中一般采用二进制数。用二进制表示十进制的编码有二—十进制编码，又称 BCD 码。常见的 BCD 码有 8421 码、5421 码、2421 码等编码方式。以 8421 码为例，8421 分别代表对应二进制的权，即当哪一位二进制为 1 时，所代表的十进制为相应的权（表 11-1-1）。

表 11-1-1　十进制对应的 8421 码

十进制编码	8421 码	十进制编码	8421 码
0	0000	5	0101
1	0001	6	0110
2	0010	7	0111
3	0011	8	1000
4	0100	9	1001

任务 11.2　逻辑代数及应用

一、基本逻辑关系

前面已经讨论过，利用二值数字逻辑中的 1 和 0 不仅可以表示二进制数，还可以表示许多对立的逻辑状态。在分析和设计数字电路时，所使用的数学工具是逻辑代数（又称布尔代数）。逻辑代数是按一定的逻辑规律进行运算的代数，虽然它和普通代数一样也是用字母表示变量，但两种代数中变量的含义是完全不同的，它们之间有着本质区别，逻辑代数中的变量只有 0 和 1 两个值，而没有中间值。0 和 1 也不表示数量的大小，而表示对立的逻辑状态。

事物之间的因果关系称为逻辑关系，最基本的逻辑关系有 3 种："与"逻辑、"或"逻辑和"非"逻辑。任何一个复杂的逻辑关系都可以用这3个逻辑关系表示出来。

1. "与"逻辑

与门电路
的测试

所谓"与"逻辑，是指所有事物间存在这样一种因果关系，即如果决定某种事件结果的诸条件都具备，结果才发生，而只要其中一个条件不具备，结果就不发生。比如两个串联的开关控制一盏灯，两个开关的闭合是条件，灯亮是结果。只有两个开关都闭合电灯才会亮，只要有一个开关未闭合，灯就不会亮。这种关系即为"与"逻辑关系。图11-2-1所示是"与"逻辑关系电路图，"与"逻辑关系功能表见表11-2-1。

若以A、B为"0"表示开关断开，为"1"表示开关闭合。F为"0"表示灯灭，为"1"表示灯亮。则可以列出以0或1表示的开关状态（输入量）与结果状态（输出量）之间的与逻辑关系表，见表11-2-2。

这种以0和1表示输入、输出状态关系的表称为逻辑状态表，又称真值表。由表11-2-2可以得出与逻辑关系为：有0出0，全1出1。输入变量A、B的取值和输出变量F的取值之间的关系满足逻辑乘的运算规律，因此可表示为

$$F = A \cdot B$$

逻辑乘又称"与"运算，实现与运算的电路称为"与"门，其逻辑符号如图11-2-2所示。

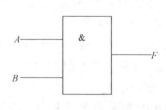

图 11-2-1 "与"逻辑关系电路图　　　　　　图 11-2-2 "与"逻辑符号

表 11-2-1 "与"逻辑关系功能表

A	B	F
断	断	灭
断	合	灭
合	断	灭
合	合	亮

表 11-2-2 "与"逻辑关系真值表

A	B	F
0	0	0
0	1	0
1	0	0
1	1	1

2. "或"逻辑

或门电路
的测试

在A、B等多个条件中，只要具备一个条件，事件就会发生；只有所有诸条件均不具备时，事件才不会发生，这种因果关系为"或"逻辑关系。如两个并联的开关共同控制一盏灯，只要其中一个开关闭合，灯就会亮，只有两个开关都断开，灯才不亮。图11-2-3所示为"或"逻辑关系电路图，"或"逻辑关系功能表见表11-2-3。

按照同"与"逻辑相同的方法列出"或"逻辑真值表，见表11-2-4。由表11-2-4可知，"或"逻辑功能为有1出1，全0出0。"或"逻辑关系可表示为

$$F = A + B$$

实现"或"逻辑运算的电路称为"或"门，符号如图 11-2-4 所示。

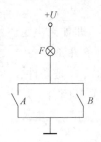

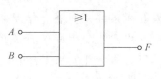

图 11-2-3　"或"逻辑关系电路图

图 11-2-4　"或"逻辑符号

表 11-2-3　"或"逻辑关系功能表

A	B	F
断	断	灭
断	合	亮
合	断	亮
合	合	亮

表 11-2-4　"或"逻辑关系真值表

A	B	F
0	0	0
0	1	1
1	0	1
1	1	1

3. "非"逻辑

决定事件结果 F 的条件满足的条件只一个即 A，A 存在，事件 F 却不发生；A 不存在，事件 F 发生。如用一个开关和电灯并联，用开关控制灯的亮灭便是这种因果关系。即闭合开关，灯不亮；断开开关，灯亮，这里反映的是一种"非"逻辑关系。图 11-2-5 所示是非逻辑关系电路图，"非"逻辑关系功能表见表 11-2-5。

非门电路
的测试

若以 1 和 0 表示开关闭合、断开及电灯亮、灭，则可列出"非"逻辑关系真值表，见表 11-2-6。由"非"逻辑真值表可得出"非"逻辑关系为：有 1 出 0，有 0 出 1。"非"逻辑关系可表示为

$$F = \overline{A}$$

实现"非"逻辑运算的电路称为"非"门，符号如图 11-2-6 所示。

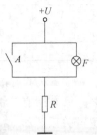

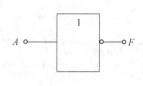

图 11-2-5　"非"逻辑关系电路图

图 11-2-6　"非"逻辑符号

表 11-2-5　"非"逻辑关系功能表

A	F
断	亮
合	灭

表 11-2-6　"非"逻辑关系真值表

A	F
0	1
1	0

二、逻辑代数的基本运算

逻辑代数中的公理和基本定理是逻辑运算及将要介绍的逻辑函数化简的基本依据，下面做一一介绍。

1. 逻辑乘（"与"运算）

逻辑"与"运算可表示为

$$F = AB$$

其中 A、B 表示输入变量，F 表示输出变量。逻辑表达式中右边的变量为输入变量，左边的变量为输出变量，在以后的表达式中不再说明。

逻辑"与"运算的运算规则是

$$A \cdot 1 = A$$
$$A \cdot A = A$$
$$A \cdot 0 = 0$$

2. 逻辑加（"或"运算）

逻辑"或"运算可表示为

$$F = A + B$$

逻辑"或"运算的运算规则是

$$A + 1 = 1$$
$$A + A = A$$
$$A + 0 = A$$

3. 逻辑非（"非"逻辑）

逻辑"非"运算可表示为

$$F = \overline{A}$$

逻辑"非"运算的运算规则是

$$\overline{\overline{A}} = A$$
$$\overline{A} + A = 1$$
$$\overline{A} + 0 = \overline{A}$$

4. 复合逻辑运算

逻辑代数中，除基本的逻辑运算外，还有一些常用的复合逻辑运算。

（1）"与非"运算

"与非"运算表达式为

$$F = \overline{AB}$$

"与非"运算是先"与"后"非"，可用"与非"门电路实现。它的逻辑符号和真值表如图 11-2-7 和表 11-2-7 所示。

（2）"或非"运算

"或非"运算表达式为

$$F = \overline{A + B}$$

"或非"运算是先"或"后"非",可用"或非"门电路实现。它的逻辑符号和真值表如图 11-2-8 和表 11-2-8 所示。

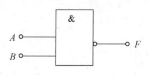

图 11-2-7 "与非"逻辑符号

表 11-2-7 "与非"真值表

A	B	F
0	0	1
0	1	1
1	0	1
1	1	0

表 11-2-8 "或非"真值表

A	B	F
0	0	1
0	1	0
1	0	0
1	1	0

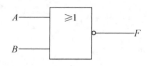

图 11-2-8 "或非"逻辑符号

（3）"与或非"运算

"与或非"运算表达式为

$$F = \overline{AB + CD}$$

"与或非"运算是一种复合运算,按顺序先"与"后"或",再"非",它的逻辑符号和真值表如图 11-2-9 和表 11-2-9 所示。

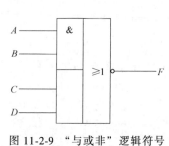

图 11-2-9 "与或非"逻辑符号

表 11-2-9 "与或非"真值表

A	B	C	D	F	A	B	C	D	F
0	0	0	0	1	1	0	0	0	1
0	0	0	1	1	1	0	0	1	1
0	0	1	0	1	1	0	1	0	1
0	0	1	1	0	1	0	1	1	0
0	1	0	0	1	1	1	0	0	0
0	1	0	1	1	1	1	0	1	0
0	1	1	0	1	1	1	1	0	0
0	1	1	1	0	1	1	1	1	0

三、逻辑代数的运算法则

逻辑代数运算中,可运用一些定律,现将有关定律总结如下。

1. 基本运算

$$A \cdot 1 = A$$

$$A \cdot 0 = 0$$

$$A \cdot A = A$$

$$A + 1 = 1$$

$$A + 0 = A$$

$$A + A = A$$

$$\overline{\overline{A}} = A$$

$$\overline{A} + A = 1$$

$$\overline{A} + 0 = \overline{A}$$

2. 交换律

$$AB = BA$$

$$A + B = B + A$$

3. 结合律

$$(A+B)+C = A+(B+C)$$

$$(AB)C = A(BC)$$

4. 分配律

$$A(B+C) = AB+AC$$

$$A+BC = (A+B)(A+C)$$

5. 摩根定理

$$\overline{A+B} = \overline{A}\ \overline{B}$$

$$\overline{AB} = \overline{A}+\overline{B}$$

6. 重要法则

（1）代入规则

将逻辑等式两边的某一变量均用同一个逻辑函数替代，等式仍然成立。

例如：

$$A+\overline{A}B = A+B$$

$$A \text{ 均用 } \overline{A} \text{ 代替} \Rightarrow \overline{A}+AB = \overline{A}+B$$

$$B \text{ 均用 } C \text{ 代替} \Rightarrow A+\overline{A}C = A+C$$

（2）反演规则

对任一个逻辑函数式 Y，将"·"换成"+"，"+"换成"·"，"0"换成"1"，"1"换成"0"，原变量换成反变量，反变量换成原变量，则得到原逻辑函数的反函数 $\overline{Y}$。

变换时注意：不能改变原来的运算顺序；反变量换成原变量只对单个变量有效，而长"非"号保持不变。

（3）对偶规则

对任一个逻辑函数式 Y，将"·"换成"+"，"+"换成"·"，"0"换成"1"，"1"换成"0"，则得到原逻辑函数式的对偶式 Y^1。

对偶规则：两个函数式相等，则它们的对偶式也相等。

变换时注意：变量不改变；不能改变原来的运算顺序。

例如：

$$A+AB = A \Rightarrow A(A+B) = A$$

$$AB+\overline{A}C+BC = AB+\overline{A}C \Rightarrow (A+B)(\overline{A}+C)(B+C) = (A+B)(\overline{A}+C)$$

四、逻辑函数的化简

使逻辑式最简，以便设计出最简的逻辑电路，从而节省元器件、优化生产工艺、降低成本和提高系统可靠性。

不同形式逻辑式有不同的最简式，一般先求取最简"与或"式，然后通过变换得到所需最简式。

最简"与或"式标准：乘积项（即"与"项）的个数最少；每个乘积项中的变量数最少。

最简"与非"式标准："非"号个数最少；每个"非"号中的变量数最少。

（1）代数化简法

1）并项法：运用 $AB+A\bar{B}=A$，将两乘积项合并成一项，并消去一个变量。

例如：

$Y=A\bar{B}C+A\bar{B}\ \bar{C}=A\bar{B}$

$Y=A(BC+\bar{B}\ \bar{C})+A(B\bar{C}+\bar{B}C)=ABC+A\bar{B}\ \bar{C}+AB\bar{C}+A\bar{B}C=A$

2）吸收法：运用 $A+AB=A$ 和 $AB+\bar{A}C+BC=AB+\bar{A}C$，消去多余的"与"项。

例如：

$Y=AB+AB(E+F)=AB$

$Y=ABC+\bar{A}D+\bar{C}D+BD$

$\quad=ABC+D(\bar{A}+\bar{C})+BD$

$\quad=ABC+\overline{AC}D$

3）消去法：运用吸收律 $A+\bar{A}B=A+B$，消去多余因子。

例如：

$Y=AB+\bar{A}C+\bar{B}C$

$\quad=AB+(\bar{A}+\bar{B})C$

$\quad=AB+\overline{AB}C$

$\quad=AB+C$

$Y=A\bar{B}+\bar{A}B+ABCD+\bar{A}\ \bar{B}CD$

$\quad=A\bar{B}+\bar{A}B+CD(AB+\bar{A}\ \bar{B})$

$\quad=A\oplus B+CD\overline{A\oplus B}$

$\quad=A\oplus B+CD$

$\quad=A\bar{B}+\bar{A}B+CD$

4）配项法：通过乘 $A+\bar{A}=1$，或加入零项 $A\cdot\bar{A}=0$，进行配项，然后再化简。

例如：

$Y=AB+\bar{B}\ \bar{C}+\bar{A}CD$

$\quad=AB+\bar{B}\ \bar{C}+\bar{A}CD(B+\bar{B})$

$$= AB + \overline{B}\ \overline{C} + AB\overline{C}D + A\overline{B}\ \overline{C}D$$

$$= AB + \overline{B}\ \overline{C}$$

[例 11-5] 化简 $F = ABCD + A\overline{B}CD + AB\overline{C}\overline{D} + A\overline{B}C\overline{D}$。

解： $F = ABCD + A\overline{B}CD + AB\overline{C}\overline{D} + A\overline{B}C\overline{D}$

$$= ABD(C + \overline{C}) + A\overline{B}C(D + \overline{D})$$

$$= ABD + A\overline{B}C$$

（2）卡诺图化简法

最小项：最小项是一个"与"项（乘积项），它包含全部变量（原变量或反变量的形式），且每个变量只出现一次。

最小项的卡诺图：将 n 变量的 2^n 个最小项用 2^n 个小方格表示，并且使相邻最小项在几何位置上也相邻且循环相邻，这样排列得到的方格图称为 n 变量最小项卡诺图，简称为变量卡诺图。二变量、三变量、四变量的卡诺图如图 11-2-10 所示。

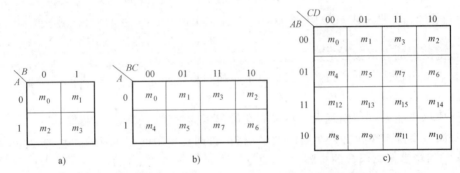

图 11-2-10 二变量、三变量、四变量的卡诺图

相邻最小项：有逻辑相邻和几何相邻。

逻辑相邻：若两个最小项只有一个变量为互反变量，其余变量均相同，则这样的两个最小项为逻辑相邻，并把它们称为相邻最小项，简称相邻项。

几何相邻：几何相邻的两种情况：

① 相接：紧挨着。

② 相对：任意一行或一列的两头（即循环相邻性，也称滚转相邻性）。

由于卡诺图与真值表一一对应，即真值表的某一行对应着卡诺图的某一个小方格。因此如果真值表中的某一行函数值为"1"，卡诺图中对应的小方格填"1"；如果真值表的某一行数值为"0"，卡诺图中对应的小方格填"0"。即可以得到逻辑函数的卡诺图。

[例 11-6] 已知逻辑函数 Y 的真值表如图 11-2-11a 所示，画出表示该函数的卡诺图。

解： 分析，从逻辑函数的真值表可见，其最小项 $m_0 m_3 m_6 m_7$ 的函数值为 1，根据最小项的对应编号，在小方格 $m_0 m_3 m_6 m_7$ 中填"1"，其余小方格中填"0"，直接填好卡诺图如图 11-2-11b 所示。

化简时依据基本公式 $A + \overline{A} = 1$、常用公式 $AB + A\overline{B} = A$。因为卡诺图中最小项的排列符合相邻性规则，因此可以直接在卡诺图上合并最小项，因而达到化简逻辑函数的目的。

如果相邻的八个小方格同时为"1"，可以合并一个八格组，合并后可以消去三个取值互补的变量，留下的是取值不变的变量。相邻的情况举例如图所示。

画圈的原则（如图 11-2-12 所示）：

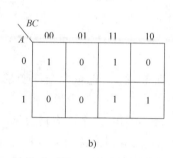

A	B	C	Y
0	0	0	1
0	0	1	0
0	1	0	0
0	1	1	1
1	0	0	0
1	0	1	0
1	1	0	1
1	1	1	1

a)

b)

图 11-2-11　例 11-6 图

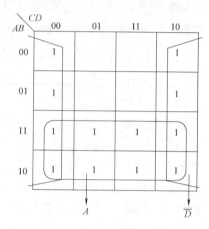

图 11-2-12　画圈的原则

① 包围圈内的方格数必定是 2^n 个，n 等于 0、1、2、3、…。

② 相邻方格包括上下底相邻，左右边相邻和四角相邻。

③ 圈的个数尽可能少（因一个圈代表一个乘积项）。

④ 圈要尽可能大（因圈越大可消去的变量越多，相应的乘积项就越简）。

⑤ 每画一个圈至少包括一个新的"1"格，否则是多余的，所有的"1"都要被圈到。

用卡诺图化简逻辑函数的步骤：

① 将逻辑函数写成最小项表达式。

② 把最小项表达式填到卡诺图中，凡式中包含最小项，对应方格填1，其余方格填0。

③ 找出可以合并的最小项（画圈，一个圈代表一个乘积项）。

④ 得出合并后的乘积项，并写成"与或"表达式。

任务 11.3　组合逻辑电路

数字电路按其逻辑功能的特点不同可分为组合逻辑电路（简称组合电路）和时序逻辑电路（简称时序电路）两大类。在组合逻辑电路中，任意时刻的输出信号仅取决于该时刻的输入信号，与信号作用前电路原来的状态无关，这就是组合逻辑电路在逻辑功能上的特点。

组合逻辑电路的框图如图 11-3-1 所示，其输出信号的表达式可表示为 $F = f(A_1, A_2, \cdots, A_n)$（$i = 1, 2, \cdots, n$），式中，$A_1, A_2, \cdots, A_n$ 为输入逻辑变量。

组合电路的结构特点：

1）输入、输出间没有时间延迟。

2）电路中不含记忆单元，由门电路构成。

图 11-3-1　组合逻辑电路的框图

一、组合逻辑电路的分析

组合逻辑电路的分析是根据给定的逻辑电路图，确定已知电路的逻辑功能，求出描述电路输出与输入之间逻辑关系的表达式，列出真值表。也就是说，电路图是已知的，待求的是真值表，其分析的基本步骤如下：

1）由已知的逻辑图写出各输出端逻辑表达式。

2）变换和化简各逻辑表达式。

3）列出真值表。

4）根据真值表和逻辑表达式对逻辑电路进行分析，确定其逻辑功能。

[**例11-7**] 分析如图11-3-2所示电路的逻辑功能。

图11-3-2 例11-7图

解：按组合逻辑电路分析的步骤进行。

1）写出输出端的逻辑表达式：$F = \overline{XYZ} = \overline{\overline{AB}\ \overline{BC}\ \overline{AC}}$

2）变换和化简表达式：$F = AB + BC + CA$

3）列真值表，见表11-3-1。

表11-3-1 例11-7真值表

A	B	C	F
0	0	0	0
0	0	1	0
0	1	0	0
0	1	1	1
1	0	0	0
1	0	1	1
1	1	0	1
1	1	1	1

4）分析逻辑功能。当输入 A、B、C 中有2个或3个为1时，输出 F 为1，否则输出 F 为0。所以这个电路实际上是一种3人表决用的组合电路：只要有2票或3票同意，表决就通过。

二、中规模组合逻辑电路的应用

由于人们在生产和生活实践中遇到的逻辑问题层出不穷，因而，为解决这些逻辑问题而设计的逻辑电路也是多种多样的，但其中也有若干种电路在各类数字系统中经常大量出现。为了使用方便，目前已将这些电路的设计标准化，并且制成中、小规模的单片集成电路产品，其中包括编码器、译码器、数据选择器、数据分配器等。

1. 编码器

在数字电路中，有时需要把某种控制信息（例如十进制数码，A、B、C 等字幕，>、<、=等符号）用一个规定的二进制数来表示，这种表示控制信息的二进制数称为代码。将控制信息变换成代码的过程为编码。实现编码功能的组合电路称为编码器。编码器有若干个输入，在某一时刻只有一个输入信号被转换为二进制码。例如，计算机的键盘，就是由编码器组成的，每按下一个键，编码器就将该按键的含义转换成一个计算机能识别的二进制数，用它去控制机器的操作。

二进制虽然适用于数字电路，但是人们习惯使用的是十进制。因此，在电子计算机和其他数控装置中输入和输出数据时，要进行十进制数与二进制数的相互转换。为了便于人机联系，一般是将准备输入的十进制数的每一位都用一个四位的二进制数来表示。它具有十进制的特点，又具有二进制的形式，是一种用二进制编码的十进制数，称为二-十进制编码，简称 BCD 码。二进制数与十进制数的对应关系中，由于四位二进制数中每位二进制数的权（即基数 2 的幂次）分别为 $2^3 2^2 2^1 2^0$ 即为 8421，所以这种 BCD 码又称为 8421 码。

按照不同的需要，编码器有二进制编码器和二-十进制编码器等。图 11-3-3 是一种常用的键控二进制编码器。它通过十个按键 $A_0 \sim A_9$ 将十进制数 0~9 十个信息输入，从输出端 $F_1 \sim F_4$ 输出相应的十个二进制代码，这里输出的代码正好是 8421BCD 码，又称 8421 码，故又称 8421 编码器。

代表十进制数 0~9 的十个按键 $A_0 \sim A_9$ 未按下时，四个"与非"门 $G_1 \sim G_4$ 的输入都是高电平，按下后因接地变为低电平。$G_1 \sim G_4$ 的输出端即为编码器的输出端。由电路图中可以求得它们的逻辑关系式为

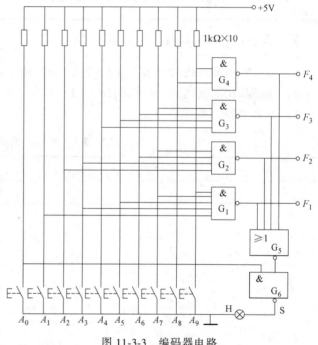

图 11-3-3　编码器电路

$$F_1 = \overline{A_1 A_3 A_5 A_7 A_9} \qquad F_2 = \overline{A_2 A_3 A_6 A_7} \qquad F_3 = \overline{A_4 A_5 A_6 A_7} \qquad F_4 = \overline{A_8 A_9}$$

由此得到表 11-3-2 的真值表。按下任何一个键，输出端便会得到相应的 8421 码。

表 11-3-2　编码器真值表

A_0	A_1	A_2	A_3	A_4	A_5	A_6	A_7	A_8	A_9	F_4	F_3	F_2	F_1
0	1	1	1	1	1	1	1	1	1	0	0	0	0
1	0	1	1	1	1	1	1	1	1	0	0	0	1
1	1	0	1	1	1	1	1	1	1	0	0	1	0
1	1	1	0	1	1	1	1	1	1	0	0	1	1

（续）

A_0	A_1	A_2	A_3	A_4	A_5	A_6	A_7	A_8	A_9	F_4	F_3	F_2	F_1
1	1	1	1	0	1	1	1	1	1	0	1	0	0
1	1	1	1	1	0	1	1	1	1	0	1	0	1
1	1	1	1	1	1	0	1	1	1	0	1	1	0
1	1	1	1	1	1	1	0	1	1	0	1	1	1
1	1	1	1	1	1	1	1	0	1	1	0	0	0
1	1	1	1	1	1	1	1	1	0	1	0	0	1

该电路在所有按键都未按下时，输出也是0000，和按下 A_0 时的输出相同。为了将两者加以区别，增加了"或非"门 G_5 和"与非"门 G_6，通过 G_6 控制指示灯的亮和灭作为使用与否的标志。使用时，只要按下任何一个键，G_6 的输出为1，指示灯亮，否则指示灯灭。它之所以能实现这一功能，只要分析一下 G_6 输出端 S 的逻辑式即可。由图可得

$$S = \overline{A_0 \overline{F_1 + F_2 + F_3 + F_4}} = A_0 + F_1 + F_2 + F_3 + F_4$$

可见五者中只要有一个为1，S 即为1。也就是说，只有在 $A_0 = 1$（按键未按下）而且 $F_1 F_2 F_3 F_4 = 0$ 时，S 才为0，灯才不亮。

2. 译码器

译码器的作用与编码器相反，也就是说，将具有特定含义的二进制输入代码转换成特定的输出信号，以表示二进制代码的原意，这一过程称为译码。实现译码功能的组合电路称为译码器。

译码器可分为两种类型，一种是将一系列代码转换成与之一一对应的有效信号。这种译码器可称为唯一地址译码器，它常用于计算机中对存储器单元地址的译码，即将每一个地址代码转换成一个有效信号，从而选中对应的单元。另一种是将一种代码转换成另一种代码，所以也称为代码变换器。

一般来说，要表示一个 n 位的二进制数，就有 n 个逻辑变量，有 2^n 个输出状态，译码器就需要 n 根输入线，2^n 个输出线。因此，二进制译码器又分为2线-4线译码器、3线-8线译码器、4线-16线译码器等，它们的工作原理则是相同的。如果输出状态小于 2^n，称为部分译码器，如二-十进制译码器等。

（1）2线-4线译码器

图11-3-4 就是一个2线-4线译码器。其中 A_1、A_2 为输入端，$F_1 \sim F_4$ 为输出端，E 为使能端，其作用与三态门中的使能端作用相同，是控制译码器工作的。

由逻辑电路可写出各输出端的逻辑表达式为

$$F_1 = \overline{\overline{E}\,\overline{A_1}\,\overline{A_2}} = E + A_1 + A_2$$

$$F_2 = \overline{\overline{E}\,\overline{A_1}\,A_2} = E + A_1 + \overline{A_2}$$

$$F_3 = \overline{\overline{E}\,A_1\,\overline{A_2}} = E + \overline{A_1} + A_2$$

$$F_4 = \overline{\overline{E}\,A_1\,A_2} = E + \overline{A_1} + \overline{A_2}$$

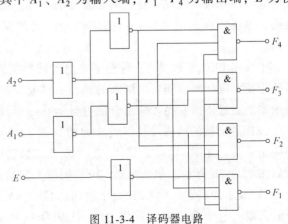

图11-3-4 译码器电路

于是可以得到表 11-3-3 的真值表。

表 11-3-3　译码器真值表

E	A_1	A_2	F_1	F_2	F_3	F_4
1	φ	φ	1	1	1	1
0	0	0	0	1	1	1
0	0	1	1	0	1	1
0	1	0	1	1	0	1
0	1	1	1	1	1	0

当 $E=1$ 时，译码器处于非工作状态，无论 A_1、A_2 是何电平（φ），输出 $F_1 \sim F_4$ 都为 1。当 $E=0$ 时，译码器处于工作状态，对应于 A_1、A_2 的四种不同组合，四个输出端分别只有一个为 0，其余的均为 1。可见，这一译码器是通过四个输出端分别单独处于低电平来识别不同的输入代码的，即是采用低电平译码的。

（2）数字显示译码器

在数字电路中，还常常需要将测量和运算的结果直接用十进制数的形式显示出来，这就要把二-十进制代码通过显示译码器变换成输出信号再去驱动数码显示器。这样做的优点是：一方面供人们直接读取测量和运算结果，另一方面用于监视数字系统的工作情况。因此，数字显示电路是许多数字设备不可缺少的部分。数字显示电路通常由译码器、驱动器和显示器等部分组成，如图 11-3-5 所示。

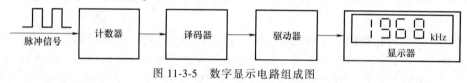

图 11-3-5　数字显示电路组成图

1）数码显示器。数码显示器简称数码管，是用来显示数字、文字或符号的器件。常用的有辉光数码管、荧光数码管、液晶显示器以及发光二极管（LED）显示器等。不同的显示器对译码器各有不同的要求。

数码的显示方式一般有三种：第一种是字形重叠式，它是将不同字符的电极重叠起来，要显示某字符，只需使相应的电极发亮即可，如辉光放电管、边光显示管等。第二种是分段式，数码是由分布在同一平面上若干段发光的笔画组成，如荧光数码管等。第三种是点阵式，它由一些按一定规律排列的可发光的点阵所组成，利用光点的不同组合便可显示不同的数码，如场致发光记分牌。目前应用最广泛的是由发光二极管构成的分段式七段数字显示器。

半导体 LED 显示器是一种能够将电能转换成光能的发光器件。它的基本单元是 PN 结，当外加正向电压时，能发出清晰的光亮。将七个 PN 结发光段组装在一起便构成了七段 LED 显示器。通过不同发光段的组合便可显示 0~9 十个十进制数码。

LED 显示器的结构及外引线排列图如图 11-3-6 所示。其内部电路有共阴极和共阳极两种接法。前者如图 11-3-7a 所示，七个发光二极管阴极一起接地，阳极加高电平时发光；后者如图 11-3-7b 所示，七个发光二极管阳极一起接正电源，阴极加低电平时发光。

2）显示译码器。供 LED 显示器用的显示译码器有多种型号可供选用。显示译码器有四个输入端，七个输出端，它将 8421 代码译成七个输出信号以驱动七段 LED 显示器。图

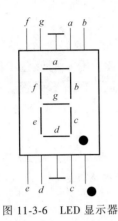

图 11-3-6　LED 显示器

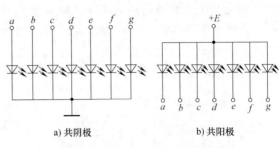

a) 共阴极　　　　　　　b) 共阳极

图 11-3-7　LED 显示器两种接法

11-3-8 是显示译码器和 LED 显示器的连接示意图。其中 A_1、A_2、A_3、A_4 是 8421 码的四个输入端。$a \sim g$ 是七个输出端，接 LED 显示器。

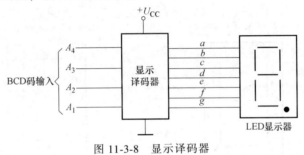

图 11-3-8　显示译码器

表 11-3-4 是显示译码器的真值表及对应的 LED 显示管显示的数码。

表 11-3-4　显示译码器的真值表

输　　入				输　　　出							显示数码
A_4	A_3	A_2	A_1	a	b	c	d	e	f	g	
0	0	0	0	1	1	1	1	1	1	0	0
0	0	0	1	0	1	1	0	0	0	0	1
0	0	1	0	1	1	0	1	1	0	1	2
0	0	1	1	1	1	1	1	0	0	1	3
0	1	0	0	0	1	1	0	0	1	1	4
0	1	0	1	1	0	1	1	0	1	1	5
0	1	1	0	1	0	1	1	1	1	1	6
0	1	1	1	1	1	1	0	0	0	0	7
1	0	0	0	1	1	1	1	1	1	1	8
1	0	0	1	1	1	1	1	0	1	1	9

任务实施

一、任务原理

1. 七段发光二极管（LED）数码管

LED 数码管是目前最常用的数字显示器，图 11-4-1a、b 所示为共阴管和共阳管的电路，

图 11-4-1c 所示为两种不同出线形式的引脚功能图。

一个 LED 数码管可用来显示一位 0~9 十进制数和一个小数点。小型数码管（0.5 寸和 0.36 寸）每段发光二极管的正向压降，随显示光（通常为红、绿、黄、橙）的颜色不同略有差别，通常为 2~2.5V，每个发光二极管的点亮电流在 5~10mA 之间。LED 数码管要显示 BCD 码所表示的十进制数字就需要有一个专门的译码器，该译码器不但要完成译码功能，还要有相当的驱动能力。

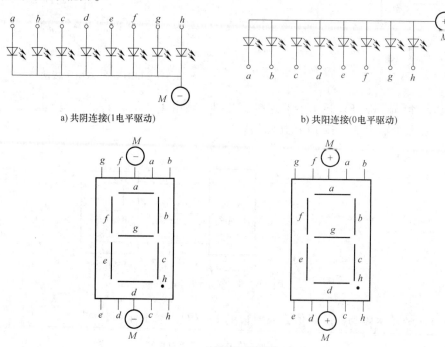

a) 共阴连接(1电平驱动)　　b) 共阳连接(0电平驱动)

c) 符号及引脚功能

图 11-4-1　LED 数码管

2. BCD 码七段译码驱动器

此类译码器型号有 74LS47（共阳）、74LS48（共阴）、CC4511（共阴）等，本实验系采用 CC4511 型 BCD 码锁存七段译码驱动器。驱动共阴极 LED 数码管。

图 11-4-2 所示为 CC4511 引脚排列。其中 A、B、C、D 为 BCD 码输入端。a、b、c、d、e、f、g 为译码输出端，输出 1 有效，用来驱动共阴极 LED 数码管。

$\overline{LT}$ 为测试输入端，$\overline{LT}=0$ 时，译码输出全为 1。

$\overline{BI}$ 为消隐输入端，$\overline{BI}=0$ 时，译码输出全为 0。

LE 为锁定端，$LE=1$ 时译码器处于锁定（保持）状态，译码输出保持在 $LE=0$ 时的数值，$LE=0$ 为正常译码。

表 11-4-1 为 CC4511 功能表。CC4511 内接有上位电阻，故只需在输出端与数码管之间串入限流电阻即可工作。译码器还有拒伪码功能，当输入码超过 1001 时，输出全为"0"，数码管熄灭。

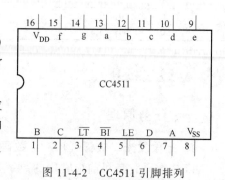

图 11-4-2　CC4511 引脚排列

表 11-4-1 CC4511 功能表

输入							输出							显示字形
LE	B1	LT	D	C	B	A	a	b	c	d	e	f	g	
×	×	0	×	×	×	×	1	1	1	1	1	1	1	8
×	0	1	×	×	×	×	0	0	0	0	0	0	0	消隐
0	1	1	0	0	0	0	1	1	1	1	1	1	0	0
0	1	1	0	0	0	1	0	1	1	0	0	0	0	1
0	1	1	0	0	1	0	1	1	0	1	1	0	1	2
0	1	1	0	0	1	1	1	1	1	1	0	0	1	3
0	1	1	0	1	0	0	0	1	1	0	0	1	1	4
0	1	1	0	1	0	1	1	0	1	1	0	1	1	5
0	1	1	0	1	1	0	1	0	1	1	1	1	1	6
0	1	1	0	1	1	1	1	1	1	0	0	0	0	7
0	1	1	1	0	0	0	1	1	1	1	1	1	1	8
0	1	1	1	0	0	1	1	1	1	0	0	1	1	9
0	1	1	1	0	1	0	0	0	0	0	0	0	0	消隐
0	1	1	1	0	1	1	0	0	0	0	0	0	0	消隐
0	1	1	1	1	0	0	0	0	0	0	0	0	0	消隐
0	1	1	1	1	0	1	0	0	0	0	0	0	0	消隐
0	1	1	1	1	1	0	0	0	0	0	0	0	0	消隐
0	1	1	1	1	1	1	0	0	0	0	0	0	0	消隐
1	1	1	×	×	×	×	锁存							锁存

在本数字电路实验装置上已完成了译码器 CC4511 和数码管 BS202 之间的连接。实验时，只要接通+5V 电源和将十进制数的 BCD 码接至译码器的相应输入端 A、B、C、D 即可显示 0~9 的数字。数字数码管可接受四组 BCD 码输入。CC4511 与 LED 数码管的连接如图 11-4-3 所示。

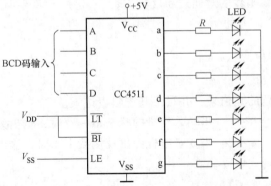

图 11-4-3 CC4511 驱动一位 LED 数码管

二、工具及仪表（见表 11-4-2）

表 11-4-2 工具及仪表

序号	工具及仪表	序号	工具及仪表
01	DT-9205 数字万用表	03	DHT-1 数字电路学习机
02	SS-5702 双踪示波器	04	CC4511

三、内容及步骤

数字拨码开关的使用：将实验装置上的 4 组拨码开关的输出 A_i、B_i、C_i、D_i 分别接至 4 组显示译码/驱动器 CC4511 的对应输入口，LE、$\overline{BI}$、$\overline{LT}$ 接至 3 个逻辑开关的输出插口，接上 +5V 显示器的电源，然后按功能表 11-4-1 输入的要求拨动 4 个数码的增减键（"+"与"–"键）和操作与 LE、$\overline{BI}$、$\overline{LT}$ 对应的 3 个逻辑开关，观测拨码盘上的四位数与 LED 数码管显示的对应数字是否一致，译码显示是否正常。

四、测试

测试时注意 CMOS 电路不用的输入端应该如何处理。

任务巩固

11-1　将下列二进制数转换成八进制、十进制和十六进制数。

（1）1011　　　　（2）1010010　　　　（3）111101

11-2　将下列十进制数转换成二进制、八进制和十六进制数。

（1）25　　　　（2）100　　　　（3）1025

11-3　将下列八进制数转换成二进制和十进制数。

（1）45　　　　（2）127　　　　（3）1024

11-4　将下列十六进制数转换成二进制和十进制数。

（1）2A　　　　（2）D12　　　　（3）1024

11-5　请给出下列十进制数的 8421BCD 码。

（1）27　　　　（2）138　　　　（3）5209

11-6　写出下列逻辑函数的对偶式和反演式。

（1）$Y=\overline{A}B+CD$

（2）$Y=(A+B+C)\overline{A}BC$

（3）$Y=\overline{AB+CD}+\overline{A}\ \overline{B}$

11-7　列出下述问题的真值表，并写出其逻辑表达式。

（1）设三个变量 A、B、C，当输入变量的状态不一致时，输出为 1，反之为 0。

（2）设三个变量 A、B、C，当变量组合中出现偶数个 1 时，输出为 1，反之为 0。

11-8　试证明下列等式成立。

（1）$A+BC=(A+B)(A+C)$

（2）$AB+\overline{A}B+A\overline{B}=A+B$

11-9　写出下列函数的最小项表达式。

（1）$Y=\overline{A}BC+AC$

（2）$Y=(A+B)(\overline{A}+C)$

11-10　用公式法把下列函数化简成最简"与或"式。

（1）$Y=ABC+\overline{A}+\overline{B}+\overline{C}$

（2） $Y=AB+AB+A$

11-11　用卡诺图法化简下列逻辑函数。

（1） $Y=A\bar{B}+\bar{A}C+BC+\bar{C}D$

（2） $Y=\overline{AB}+AC+\bar{B}C$

11-12　晶体管为什么可以当开关使用？其截止、放大、饱和的条件各是什么？

11-13　如图 11-5-1 所示，已知 $R_C=2\text{k}\Omega$，$R_b=100\text{k}\Omega$，$\beta=30$，$V_{CC}=5\text{V}$，当输入电压分别为 0V 和 5V 时，试判断晶体管工作在什么状态。

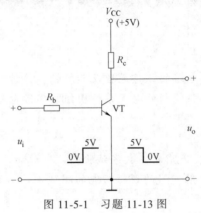

图 11-5-1　习题 11-13 图

11-14　试说明"与非"门、"或非"门能否当作"非"门使用？如果能，应如何连接？

11-15　用"与非"门实现下列逻辑函数。

（1） $Y=AB+AC$

（2） $Y=A\oplus B$

（3） $Y=\overline{AB\bar{C}+A\bar{B}C+\overline{AB}C}$

任务12
智力竞赛抢答器的制作与调试

任务描述

根据集成电路、时序逻辑电路的工作原理及其特性，设计智力竞赛抢答器电路，绘制元器件布置图及安装接线图，按照绘制的电气系统图组装实际电路并进行电路的调试。

能力目标

1）能正确使用电工工具、万用表、数字试验箱。
2）能进行 RS 触发器、D 触发器的逻辑功能的测试。
3）能够制作与调试智力竞赛抢答器。
4）智力竞赛抢答器电路的故障检测及故障排除。

相关知识

1）RS 触发器、D 触发器。
2）寄存器、计算器。
3）智力竞赛抢答器的制作与调试。

任务 12.1 触 发 器

触发器是存储一位二进制数字信号的基本逻辑单元电路。触发器具有两个稳定状态，分别用逻辑 1 和逻辑 0 表示。在触发信号作用下，两个稳定状态可以相互转换（称为翻转），当触发信号消失后，电路能将新建立的状态保持下来，因此，这种电路也称为双稳态电路。计算机中的寄存器就是用触发器构成的。

触发器的逻辑功能常用状态转换特性表和时序图（或波形图）来描述。

一、基本 RS 触发器

基本 RS 触发器又称为 RS 锁存器，在各种触发器中，它的结构最简单，是各种复杂结构触发器的基本组成部分。

1. "与非"门组成的基本 RS 触发器

（1）电路组成

图 12-1-1a 所示电路是由两个 "与非" 门交叉反馈连接成的基本 RS 触发器。$\bar{S}$、$\bar{R}$ 是两个触发信号输入端。字母上的 "非" 号表示触发信

与非门组成的基本 RS 触发器逻辑功能分析

号是低电平（称为低电平有效），也就是说该两端没有加触发信号时处于高电平，加触发信号时变为低电平。Q、$\overline{Q}$ 为触发器的两个互补信号输出端，通常规定以 Q 端的状态作为触发器的状态。当输出端 $Q=1$ 时，称为触发器的 1 态，简称 1 态；$Q=0$ 时，称为触发器的 0 态，简称 0 态。

基本 RS 触发器的逻辑符号如

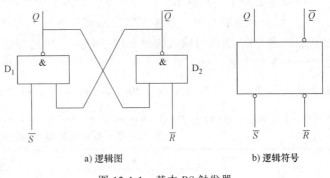

a) 逻辑图   b) 逻辑符号

图 12-1-1 基本 RS 触发器

图 12-1-1b 所示，$\overline{S}$、$\overline{R}$ 端的小圆圈也表示该触发器的触发信号为低电平有效。

（2）逻辑功能分析

在基本 RS 触发器中，触发器的输出不仅由触发信号来决定，而且当触发信号消失后，电路能依靠自身的正反馈作用，将输出状态保持下去，即具备记忆功能。下面分析其工作情况。

1）当 $\overline{S}=\overline{R}=1$ 时，电路有两个稳定状态：$Q=1$、$\overline{Q}=0$ 或 $Q=0$、$\overline{Q}=1$，我们把前者称为 1 状态或置位状态，把后者称为 0 状态或复位状态。若 $\overline{S}=\overline{R}=1$，这两种稳定状态将保持不变。例如，$Q=1$、$\overline{Q}=0$ 时，$\overline{Q}$ 反馈到 D_1 输入端，使 Q 恒为高电平 1；Q 反馈到 D_2 输入端，由于这时 $\overline{R}=1$，使 $\overline{Q}$ 恒为低电平 0。因此，触发器又称为双稳态电路。

2）当 $\overline{R}=1$、$\overline{S}=0$（即在 $\overline{S}$ 端加有低电平触发信号）时，$Q=1$，D_2 门输入全为 1，$\overline{Q}=0$，触发器被置成 1 状态。因此我们把 $\overline{S}$ 端称为置 1 输入端，又称置位端。这时，即使 $\overline{S}$ 端恢复到高电平，$Q=1$、$\overline{Q}=0$ 的状态仍将保持下去，这就是触发器的记忆功能。

3）当 $\overline{R}=0$、$\overline{S}=1$（即在 $\overline{R}$ 端加有低电平触发信号）时，$\overline{Q}=1$，D_1 门输入全为 1，$Q=0$，触发器被置成 0 状态。因此我们把 $\overline{R}$ 端称为置 0 输入端，又称复位端。这时，即使 $\overline{R}$ 端恢复到高电平，$Q=0$、$\overline{Q}=1$ 的状态仍将保持下去。

4）当 $\overline{R}=0$、$\overline{S}=0$（即在 $\overline{R}$、$\overline{S}$ 端同时加有低电平触发信号）时，D_1 和 D_2 门输出都为高电平，即 $Q=\overline{Q}=1$，这是一种未定义的状态，既不是 1 状态，也不是 0 状态，在 RS 触发器中属于不正常状态，这种状态是不稳定的，我们称之为不定状态。在这种情况下，当 $\overline{R}=\overline{S}=0$ 的信号同时消失变为高电平后，触发器转换到什么状态将不能确定，可能为 1 状态，也可能为 0 状态，因此，对于这种不定状态，在使用中是不允许出现的，应予以避免。

（3）逻辑功能的描述

在描述触发器的逻辑功能时，为了便于分析，我们规定：触发器在接收触发信号之前的原稳定状态称为初态，用 Q^n 表示；触发器在接收触发信号之后建立的新稳定状态叫作次态，用 Q^{n+1} 表示。触发器的次态 Q^{n+1} 是由触发信号和初态 Q^n 的值共同决定的。例如，在 $Q^n=1$ 时，若 $\overline{R}=0$、$\overline{S}=1$，则 $Q^{n+1}=0$，即触发器由 1 状态翻转到 0 状态。

在数字电路中，常采用下述两种方法来描述触发器的逻辑功能。

1）状态转换特性表。描述逻辑电路输出与输入之间逻辑关系的表格称为真值表。由于触发器次态 Q^{n+1} 不仅与输入的触发信号有关，而且与触发器初态 Q^n 有关，所以应把 Q^n 也作为一个逻辑变量（称为状态变量）列入真值表中，并把这种含有状态变量的真值表叫作触发器的态序表，简称特性表。基本 RS 触发器的特性见表 12-1-1。表中，Q^{n+1} 与 Q^n、$\bar{R}$、$\bar{S}$ 之间的关系直观表达了 RS 触发器的逻辑功能。表 12-1-2 为简化的 RS 触发器特性表。

表 12-1-1　基本触发器状态转换特性表

$\bar{S}$	$\bar{R}$	Q^n	Q^{n+1}
1	1	0	0
1	1	1	1
1	0	0	1
1	0	1	1
0	1	0	0
0	1	1	0
0	0	0	不定
0	0	1	不定

表 12-1-2　简化的 RS 触发器特性表

$\bar{S}$	$\bar{R}$	Q^{n+1}
1	1	Q^n
1	0	0
0	1	1
0	0	不定

2）时序图（又称波形图）。时序图是以波形图的方式来描述触发器的逻辑功能的。在图 12-1-1a 所示电路中，假设触发器的初态为 $Q=0$、$\bar{Q}=1$，触发信号 $\bar{R}$、$\bar{S}$ 的波形已知，则根据表 12-1-1 可画出 Q 和 $\bar{Q}$ 波形，如图 12-1-2 所示。

结论：在正常工作条件下，当触发信号到来时（低电平有效），触发器翻转成相应的状态，当触发信号过后（恢复到高电平），触发器的状态将维持不变，因此，基本 RS 触发器具有记忆功能。

2. "或非"门组成的基本 RS 触发器

"或非"门组成的基本 RS 触发器的逻辑图和逻辑符号如图 12-1-3 所示。

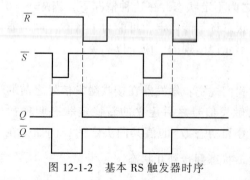

图 12-1-2　基本 RS 触发器时序

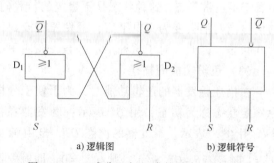

a) 逻辑图　　　　　b) 逻辑符号

图 12-1-3　"或非"门组成的基本 RS 触发器

触发信号输入端 R、S 在没有加触发信号时应处于低电平状态，当加触发信号时变为高电平（称为高电平有效）。例如，当 $R=1$、$S=0$ 时，D_2 输出低电平，D_1 输入全为 0 而使输出 $\overline{Q}=1$，即触发器被置成 0 状态。其特性表见表 12-1-3，时序图如图 12-1-4 所示。

表 12-1-3　"或非"门构成的 RS 触发器特性表

R	S	Q^{n+1}
0	0	Q^n
0	1	1
1	0	0
1	1	不定

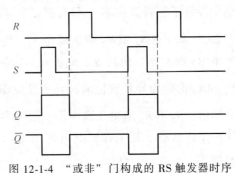

图 12-1-4　"或非"门构成的 RS 触发器时序

二、同步 RS 触发器和同步 D 触发器

前面介绍的基本 RS 触发器的触发信号直接控制着输出端的状态，而实际应用时，常常要求触发器的状态只在某一指定时刻变化，这个时刻可由外加时钟脉冲（简称 CP）来决定。由时钟脉冲控制的触发器称为同步触发器。同步触发器的时钟脉冲触发方式分为高电平有效和低电平有效两种类型。

1. 同步 RS 触发器

（1）电路组成

同步 RS 触发器是同步触发器中最简单的一种，其逻辑图和逻辑符号如图 12-1-5 所示。图中 D_1 和 D_2 组成基本 RS 触发器，D_3 和 D_4 组成输入控制门电路。CP 是时钟脉冲信号，高电平有效，即 CP 为高电平时，输出状态可以改变，CP 为低电平时，触发器保持原状态不变。

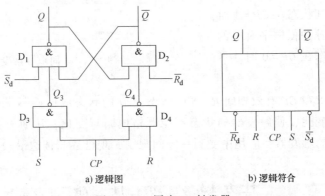

a) 逻辑图　　　　　b) 逻辑符合

图 12-1-5　同步 RS 触发器

（2）逻辑功能分析

1）当 $CP=0$ 时，$Q_3=Q_4=1$，此时触发器保持原状态不变。

2）当 $CP=1$ 时，$Q_3=\overline{S}$，$Q_4=\overline{R}$，触发器将按基本 RS 触发器的规律发生变化。此时，同步 RS 触发器的状态转换特性表与表 12-1-1 相同。

（3）初始状态的预置

在实际应用中，有时需要在时钟脉冲 CP 到来之前，预先将触发器设置成某种状态，为此，在同步 RS 触发器电路中设置了直接置位端 $\overline{S}_d$ 和直接复位端 $\overline{R}_d$（均为低电平有效）。如果在 $\overline{S}_d$ 或 $\overline{R}_d$ 端加低电平，则可以直接作用于基本 RS 触发器，使其置 1 或置 0，不受 CP 脉冲限制，故 $\overline{S}_d$ 和 $\overline{R}_d$ 也称为异步置位端和异步复位端。初始状态预置完毕后，$\overline{S}_d$ 和 $\overline{R}_d$ 应处于高电平，触发器才能进入正常的同步工作状态。其工作情况可用图 12-1-6 所示的波形图来描述。

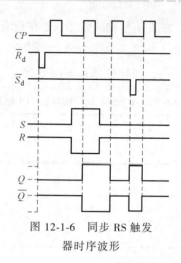

图 12-1-6 同步 RS 触发器时序波形

2. 同步 D 触发器

（1）电路组成

同步 D 触发器又称为 D 锁存器，其逻辑图和逻辑符号如图 12-1-7 所示。

与同步 RS 触发器相比，同步 D 触发器只有一个触发信号输入端 D 和一个同步信号输入端 CP，也可以设置直接置位端和直接复位端。

同步 D 触发器

（2）逻辑功能分析

当 $CP = 0$ 时，触发器状态保持不变。当 $CP = 1$ 时，若 $D = 0$，则触发器被置 0，$Q = 0$；若 $D = 1$，则触发器被置 1，$Q = 1$。直接置位端和直接复位端的作用不受 CP 脉冲控制。

3. 同步触发器的应用问题

同步脉冲（时钟脉冲）高电平有效的同步触发器，其状态在 $CP = 1$ 时才可能变化，同步脉冲低电平有效的同步触发器，其状态在 $CP = 0$ 时才可能变化。

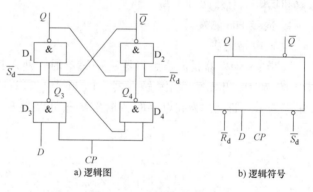

a) 逻辑图　　　　　b) 逻辑符号

图 12-1-7 同步 D 触发器

同步触发器要求在 CP 有效期间 R、S 的状态或 D 的状态应保持不变，否则可能会引起触发器状态的相应变化，使触发器的状态不能严格地同步变化，从而失去同步的意义，因此，这种工作方式的触发器在应用中受到一定的限制，现已逐渐被边沿触发器所代替。

任务 12.2 寄 存 器

在数字电路中，用来存放二进制数据或代码的电路称为寄存器。数字系统中需要处理的数据都要用寄存器存储起来，以便随时取用。寄存器由具有存储功能的触发器组成，一个触发器可以存储 1 位二进制数，欲存放 n 位二进制数则需要由 n 个触发器共同组成。寄存器按功能可以分为数码寄存器和移位寄存器。

四位数码
寄存器

一、数码寄存器

图 12-2-1 所示是由 D 触发器组成的 4 位数码寄存器，D 触发器为上升沿触发器，4 个时钟脉冲输入端连接在一起。可以看出，D_0、D_1、D_2、D_3 是数据输入端，Q_0、Q_1、Q_2、Q_3 是数据输出端。如果数据输入端加载有需要寄存的数据，在时钟脉冲的上升沿到来时，输入的数据将出现在输出端。以后只要时钟脉冲不出现，数据将一直保持不变。寄存器保存的数据可随时从输出端取用。需要寄存新的数据时，将新的数据加载在输入端提供一个时钟脉冲便可完成。数据寄存器输入数据时要将 4 位数据同时加载到输入端，读取数据寄存器数据时也要将输出端的 4 位数据同时读出。这种数据同时输入、同时输出的数据处理方式称为并行输入、并行输出。

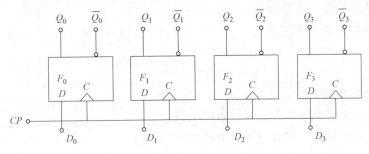

图 12-2-1　D 触发器组成的 4 位数码寄存器

二、移位寄存器

移位寄存器

移位寄存器既具有寄存器的功能，又具有将存储的数据进位移动的功能。移位寄存器按数据移动的方向，可分为右移寄存器和左移寄存器。图 12-2-2 所示是由 D 触发器组成的 4 位右移寄存器，逻辑电路的数据只能由输入端 D_i 一位一位地输入，这种输入方式称为串行输入。输出端为 D_0、D_1、D_2、D_3，数据输出时既可以 D_0、D_1、D_2、D_3 同时输出（并行输出），也可以由 Q_3 端一位一位地输出，称为串行输出。

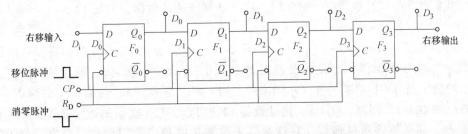

图 12-2-2　D 触发器组成的 4 位右移移位寄存器

假设电路的初始状态 $Q_3Q_2Q_1Q_0$ 为 0000，从 D_i 输入的数据为 1011。根据 D 触发器的工作特点，在时钟脉冲的作用下，电路工作过程如下：

1）第一个 CP 上升沿到来时触发器同时翻转，输出端 $Q_3Q_2Q_1Q_0$ 的状态为 0001。

2）第二个 CP 上升沿到来时触发器同时翻转，输出端 $Q_3Q_2Q_1Q_0$ 的状态为 0010。

3）第三个 CP 上升沿到来时触发器同时翻转，输出端 $Q_3Q_2Q_1Q_0$ 的状态为 0101。

4）第四个 CP 上升沿到来时触发器同时翻转，输出端 $Q_3Q_2Q_1Q_0$ 的状态为 1011。

4 个脉冲过后，移位寄存器的输出端为 1011。此时如果要并行输出，只需从输出端将数据取走。如果需要串行输出，则要输入 4 个脉冲，数据将一位一位地从 Q_3 输出。

任务12.3 计 数 器

计数器是数字系统中应用最广泛的逻辑器件，其功能是用于计算输入脉冲个数，还常用于分频、定时及进行数字运算等。使计数器工作在一个循环所需的脉冲数目称为该计数器的模或周期，用字母 M 来表示。

计数器的种类很多，分类如下：

（1）按时钟控制方式不同分

异步计数器

同步计数器

（2）按计数器功能分

加法计数器：对计数脉冲作递增计数的电路。

减法计数器：对计数脉冲作递减计数的电路。

加/减计数器（又称可逆计数器）：在加/减控制信号作用下，可递增也可递减计数的电路。

（3）按计数进制分

二进制计数器：按二进制数运算规律进行计数的电路。

十进制计数器：按十进制数运算规律进行计数的电路。

任意进制计数器（又称 N 进制计数器）：二进制和十进制以外的计数器的电路。

一、异步二进制减法计数器

把低位触发器的输出接到高位触发器的时钟脉冲输入端，当 CP 输入时，高位各触发器的翻转不是同时的，状态的改变有先有后，高位触发器与 CP 不同步，我们称为异步计数器。下面介绍三位二进制减法计数器，如图 12-3-1 所示。

四位二进制
减法计数器

二进制减法是 1-1＝0、1-0＝1、0-0＝0、0-1＝1（借位），当 0-1 时向高位有借位，就要求输出一个信号作为借位。设触发器现态 Q_0＝0、Q_1＝0、Q_2＝0，则计数器 FF$_2$、FF$_1$、FF$_0$ 表示的数字是 000；当第一个 CP 到来后，FF$_0$ 的次态 Q_0＝1，而由 FF$_0$ 的现态＝1，使 FF$_1$ 翻转，则 Q_1＝1，同理，Q_2＝1，则计数器 FF$_2$、FF$_1$、FF$_0$ 表示的数字是 111，其中最低位表示是差，高两位表示是借位，对计数器来说表示向第四位有借位；当第二个 CP 到来后，只有 FF$_0$ 满足翻转条件，使 FF$_0$ 的次态 Q_0＝0，而 FF$_1$、FF$_2$ 是保持状态，计数器 FF$_2$、FF$_1$、FF$_0$ 表示的数字是 110；当第三个 CP 到来后，满足翻转条件，使 Q_0＝1，Q_1＝0，FF$_2$ 是保持状态，计数器 FF$_2$、FF$_1$、FF$_0$ 表示的数字是 101；当第四个 CP 到来后，同理，计数器 FF$_2$、FF$_1$、FF$_0$ 表示的数字是 100；第五、第六、第七个 CP 到来后也可类推，即计数器 FF$_2$、FF$_1$、FF$_0$ 表示的数字是 011、010、001。第八个 CP 到来后开始了第二轮的计数。根据分析，可得出三位二进制减法计数器的态序表，见表12-3-1。

表 12-3-1 三位二进制减法计数器态序表

时钟脉冲的个数	触发器状态			十进制
CP	Q_2	Q_1	Q_0	
0	0	0	0	0
1	1	1	1	7
2	1	1	0	6
3	1	0	1	5
4	1	0	0	4
5	0	1	1	3
6	0	1	0	2
7	0	0	1	1
8	0	0	0	0

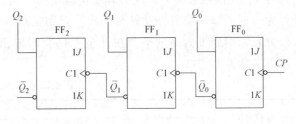

a) 下降沿动作的T'触发器构成的异步二进制减法计数器

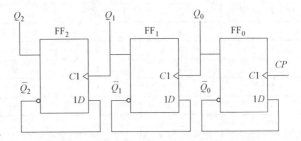

b) 上升沿动作的T'触发器构成的异步二进制减法计数器

图 12-3-1 异步二进制减法计数器

异步计数器的优点是电路简单，缺点是速度慢，并且限制 CP 的频率，而且在计数过程中会产生干扰脉冲，因此在高速的数字系统中，一般采用同步计数器。

二、同步二进制加法计数器

同步二进制加法计数器的构成方法为将触发器接成 T 触发器；各触发器都用计数脉冲 CP 触发，最低位触发器 的 T 输入为1，其他触发器的 T 输入为其低位各触发器输出信号相"与"。下面介绍四位二进制加法计数器，如图 12-3-2 所示。

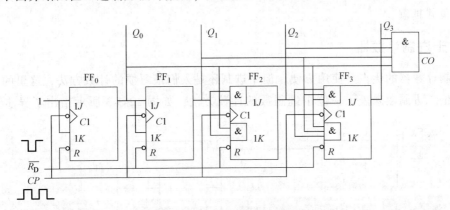

图 12-3-2 同步二进制加法计数器

来一个时钟 Q_0 就翻转一次。Q_1 在其低位 Q_0 输出为 1 时，来一个时钟就翻转一次，否则状态不变。Q_2 在其低位 Q_0 和 Q_1 均为 1 时，来一个时钟翻转一次，否则状态不变。Q_3 在其低位 Q_0、Q_1 和 Q_2 均为 1 时，来一个时钟翻转一次，否则状态不变。因此，应将触发器接成 T 触发器；并接成 $T_0 = 1$，$T_1 = Q_0^n$，$T_2 = Q_1^n Q_0^n$，$T_3 = Q_2^n Q_1^n Q_0^n$。即，最低位触发器 T

输入为 1，其他触发器 T 输入为其低位输出的"与"信号。这样，各触发器当其低位输出信号均为 1 时，来一个时钟就翻转一次，否则状态不变。$CO = Q_3^n Q_2^n Q_1^n Q_0^n$，因此，$CO$ 在计数至"15"时跃变为高电平，在计至"16"时输出进位信号的下降沿。四位二进制加法计数器态序见表 12-3-2。

表 12-3-2　四位二进制加法计数器态序

计数顺序	计数器状态				输出
	Q_3	Q_2	Q_1	Q_0	CO
0	0	0	0	0	0
1	0	0	0	1	0
2	0	0	1	0	0
3	0	0	1	1	0
4	0	1	0	0	0
5	0	1	0	1	0
6	0	1	1	0	0
7	0	1	1	1	0
8	1	0	0	0	0
9	1	0	0	1	0
10	1	0	1	0	0
11	1	0	1	1	0
12	1	1	0	0	0
13	1	1	0	1	0
14	1	1	1	0	0
15	1	1	1	1	1
16	0	0	0	0	0

同步计数器的优点是计数速度高、干扰脉冲小，缺点是要求信号源功率大，位数越多低位触发器负载越重。

三、十进制计数器

二进制计数器的优点是使用方便，但十进制还是人们最习惯的计数方法，这里的十进制计数用四位二进制数来表示一位十进制数的计数方法，如图 12-3-3 所示给出了异步十进制

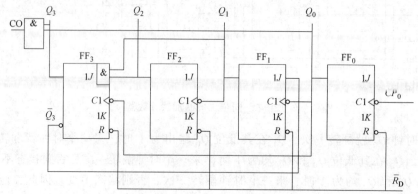

图 12-3-3　异步十进制加法计数器逻辑图

加法计数器逻辑图。

比较十进制计数器态序表 12-3-3 与四位二进制计数器态序表 12-3-2，发现十进制计数器只利用了四位二进制加法计数器的前十个状态 0000~1001。因此 8421BCD 码十进制计数器的设计思想是在四位二进制计数器基础上引入反馈，强迫电路在计至状态 1001 后就能返回初始状态 0000，从而利用状态 0000~1001 实现十进制计数。

表 12-3-3 十进制加法计数器态序表

计数顺序	计数器状态				输出 CO
	Q_3	Q_2	Q_1	Q_0	
0	0	0	0	0	0
1	0	0	0	1	0
2	0	0	1	0	0
3	0	0	1	1	0
4	0	1	0	0	0
5	0	1	0	1	0
6	0	1	1	0	0
7	0	1	1	1	0
8	1	0	0	0	0
9	1	0	0	1	0
10	1	0	1	0	0

十进制加法计数器时序图如图 12-3-4 所示，异步十进制加法计数器状态转换图如图 12-3-5 所示。

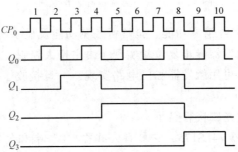

图 12-3-4 十进制加法计数器时序图

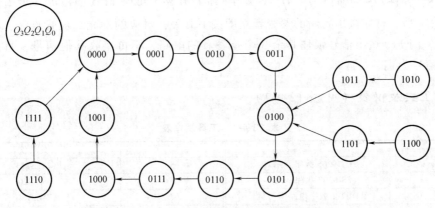

图 12-3-5 异步十进制加法计数器状态转换图

一、任务原理

图 12-4-1 所示为供 4 人用的智力竞赛抢答装置线路，用以判断抢答优先权。

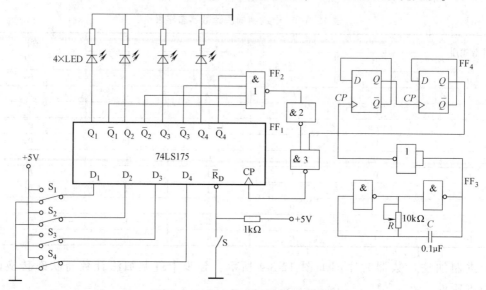

图 12-4-1　智力竞赛抢答装置原理图

抢答器应实现以下功能：清零功能、抢答键控制功能及显示功能。

1）清零功能：可用触发器异步复位端实现，由主持人控制。

2）抢答键控制功能：可用触发器和门电路实现。一旦接收了最先按下键的参赛者的信号后不再接受其他信号。

3）显示功能：可用发光二极管显示。

图中 FF_1 为四 D 触发器 74LS175，它具有公共置 "0" 端和公共 CP 端；FF_2 为双四输入 "与非" 门 74LS20；FF_3 是由 74LS00 组成的多谐振荡器；FF_4 是由 74LS74 组成的四分频电路，FF_3、FF_4 组成抢答器电路中的 CP 时钟脉冲源。抢答开始时，由主持人清除信号，按下复位开关 S，74LS175 的输出 $Q_1 \sim Q_4$ 全为 0，所有发光二极管 LED 均熄灭，当主持人宣布 "抢答开始" 后，首先做出判断的参赛者立即按下开关，对应的发光二极管点亮，同时，通过 "与非" 门 FF_2 送出信号锁住其余 3 个抢答者的电路，不再接收其他信号，直到主持人再次清除信号为止。

二、工具及仪表（见表 12-4-1）

表 12-4-1　工具及仪表

序　号	工具及仪表	序　号	工具及仪表
1	DT-9205 数字万用表	5	74LS175
2	SS-5702 双踪示波器	6	74LS20
3	DHT-1 数字电路学习机	7	74LS74
4	译码显示器	8	74LS7400

三、内容及步骤

1）测试各触发器及各逻辑门的逻辑功能，判断器件的好坏。

2）按图 12-4-1 所示接线，抢答器 5 个开关接实验装置上的逻辑开关，发光二极管接逻辑电平显示器。

3）断开抢答器电路中 CP 脉冲源电路，单独对多谐振荡器 FF_3 及分频器 FF_4 进行调试，调整多谐振荡器的滑动变阻器 $R(10k\Omega)$，使其输出脉冲频率约为 4kHz，观察 FF_3 及 FF_4 输出波形及测试其频率。

4）测试抢答器电路功能。接通 +5V 电源，CP 端接实验装置上的连续脉冲源，取重复频率约 1kHz。

① 抢答开始前，开关 S_1、S_2、S_3、S_4 均置"0"，准备抢答，将开关 S 置"0"，发光二极管全熄灭，再将 S 置"1"。抢答开始，S_1、S_2、S_3、S_4 某一开关置"1"，观察发光二极管的亮、灭情况，然后再将其他三个开关中任一个置"1"，观察发光二极管的亮、灭有没有变化。

② 重复①的内容，改变 S_1、S_2、S_3、S_4 任意一个开关状态，观察抢答器的工作情况。

③ 整体测试。断开实验装置上的连续脉冲源，接入 FF_3 及 FF_4，再进行练习。

四、测试

测试时注意要设计一个智力竞赛抢答装置，要求当主持人宣布"抢答开始"后，首先做出判断的参赛者立即按下开关，信号提示此选择具有抢答资格，同时，其余 3 个抢答者的信号无效，直到再次清除此次抢答信号为止。

四路智力竞赛
抢答器的制作

任务巩固

12-1 RS 触发器、D 触发器各有什么功能？分别写出它们的功能表。

12-2 由"与非"门组成的基本 RS 触发器的初始状态是 $Q=0$、$\overline{Q}=1$，$\overline{R_D}$ 和 $\overline{S_D}$ 的波形如图 12-5-1 所示。对应画出 Q 端的波形。

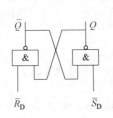
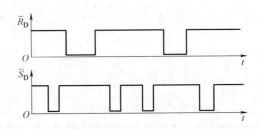

图 12-5-1 习题 12-2 图

12-3 由"或非"门组成的基本 RS 触发器的初始状态是 $Q=0$、$\overline{Q}=1$，S_D 和 R_D 的波形如图 12-5-2 所示。对应画出 Q 端的波形。

12-4 设同步 RS 触发器初始状态为 0，R、S 端的波形如图 12-5-3 所示。试画出其输出端 Q、$\overline{Q}$ 的波形。

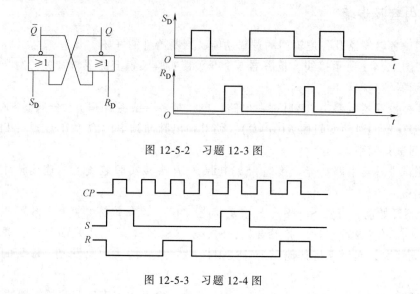

图 12-5-2　习题 12-3 图

图 12-5-3　习题 12-4 图

12-5　电路如图 12-5-4a 所示，B 端输入的波形如图 12-5-4b 所示，试画出该电路输出端 G 的波形。(设触发器的初始态为 0)

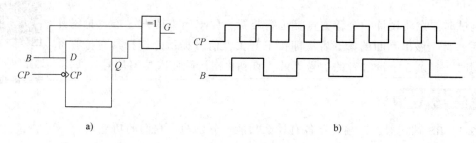

a)　　　　　　　　　　　　　　　　　　　b)

图 12-5-4　习题 12-5 图

12-6　画出如图 12-5-5 所示由移位寄存器时序电路状态转换图和对应的输出 Y。

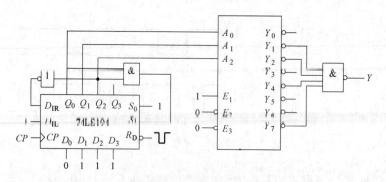

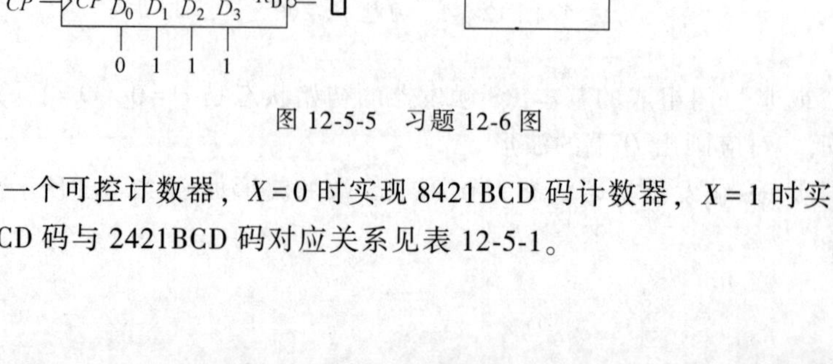

图 12-5-5　习题 12-6 图

12-7　设计一个可控计数器，$X=0$ 时实现 8421BCD 码计数器，$X=1$ 时实现 2421BCD 码计数器。8421BCD 码与 2421BCD 码对应关系见表 12-5-1。

表 12-5-1 习题 12-7 表

8421BCD 码				2421BCD 码			
0	0	0	0	0	0	0	0
0	0	0	1	0	0	0	1
0	0	1	0	0	0	1	0
0	0	1	1	0	0	1	1
0	1	0	0	0	1	0	0
0	1	0	1	1	0	1	1
0	1	1	0	1	1	0	0
0	1	1	1	1	1	0	1
1	0	0	0	1	1	1	0
1	0	0	1	1	1	1	1

12-8 试利用 74HC161 设计一个十进制计算器。

附录

附录 A　维修电工职业资格标准

1. 职业概况

1.1　职业名称

维修电工。

1.2　职业定义

从事机械设备和电气系统线路及器件的安装、调试与维护、修理的人员。

1.3　职业等级

本职业共设五个等级，分别为：初级（国家职业资格五级）、中级（国家职业资格四级）、高级（国家职业资格三级）、技师（国家职业资格二级）、高级技师（国家职业资格一级）。

1.4　职业环境

室内、室外及常温。

1.5　职业能力特征

具有一定的学习、理解、观察、判断、推理及计算能力，手指、手臂灵活，动作协调，并能高空作业。

1.6　基本文化程度

初中毕业及以上。

1.7　培训要求

1.7.1　培训期限

全日制职业学校教育，根据其培养目标和教学计划确定。晋级培训期限：初级不少于450标准学时；中级不少于450标准学时；高级不少于400标准学时；技师不少于300标准学时，高级技师不少于200标准学时。

1.7.2　培训教师

培训初、中、高级维修电工的教师应具有本职业技师及以上职业资格证书或相关专业中级及以上专业技术职务任职资格；培训技师和高级技师的教师应具有本职业高级技师职业资格证书2年以上或相关专业高级专业技术职务任职资格。

1.7.3　培训场地设备

理论知识培训场地应是标准教室及配备多媒体设备，实训操作培训场地应是具备必要实验设备的实践场所和所需的测试仪表及工具。

1.8　鉴定要求

1.8.1　适用对象

从事或准备从事本职业的人员。

1.8.2　申报条件

——初级（具备以下条件之一者）

（1）经本职业初级正规培训达到规定标准学时数，并取得毕（结）业证书。

（2）连续从事本职业工作两年以上。

（3）本职业学徒期满。

——中级（具备以下条件之一者）

（1）取得本职业初级职业资格证书后，连续从事本职业工作3年以上，经本职业中级正规培训达规定标准学时数，并取得毕（结）业证书。

（2）取得本职业初级职业资格证书后，连续从事本职业工作5年以上。

（3）连续从事本职业工作7年以上。

（4）取得经劳动保障行政部门审核认定的、以中级技能为培养目标的中等及以上职业学校本职业（专业）毕业证书。

——高级（具备以下条件之一者）

（1）取得本职业中级职业资格证书后，连续从事本职业工作3年以上，经本职业中级正规培训达规定标准学时数，并取得毕（结）业证书。

（2）取得本职业中级职业资格证书后，连续从事本职业工作7年以上。

（3）取得本职业中级职业资格证书的大专及以上本专业或相关专业毕业生，连续从事本职业工作2年以上。

（4）取得高级技工学校或经劳动保障行政部门审核认定的、以高级技能为培养目标的高等职业学校本职业（专业）毕业证书。

——技师（具备以下条件之一者）

（1）取得本职业高级职业资格证书后，连续从事本职业工作3年以上，经本职业中级正规培训达规定标准学时数，并取得毕（结）业证书。

（2）取得本职业高级职业资格证书后，连续从事本职业工作8年以上。

（3）取得本职业高级职业资格证书的高级技工学校本职业（专业）毕业生和大专及以上本专业或相关专业毕业生，连续从事本职业工作2年以上。

——高级技师（具备以下条件之一者）

（1）取得本职业技师职业资格证书后，连续从事本职业工作3年以上，经本职业中级正规培训达规定标准学时数，并取得毕（结）业证书。

（2）取得本职业高级职业资格证书后，连续从事本职业工作5年以上。

1.8.3　鉴定方式

分为理论知识考试和技能操作考核。理论知识考试采用闭卷笔试方式，技能操作考核采用现场实际操作方式。理论知识考试和技能操作考核均实行百分制，成绩皆达60分以上者为合格。技师、高级技师鉴定还须进行综合评审。

1.8.4　考评人员与考生配比

理论知识考试考评人员与考生配比为 1∶15，每个标准教室不少于 2 名考评人员；技能操作考核考评员与考生配比为 1∶5，且不少于 3 名考评员；综合评审委员至少 5 名以上。

1.8.5　鉴定时间

理论知识考试时间不少于 120min；技能操作考核时间为：初级不少于 150min，中级不少于 150min，高级不少于 180min，技师不少于 240min，高级技师不少于 240min；论文答辩时间不少于 45min。

1.8.6　鉴定场所设备

理论知识考试在标准教室里进行；技能操作考核应在具备每人一套的具有待修样件及相应的检修设备、实验设备和仪表的场所里进行。

2.　基本要求

2.1　职业道德

2.1.1　职业道德基本知识

2.1.2　职业守则

（1）遵守法律、法规和有关规定。

（2）爱岗敬业，具有高度的责任心。

（3）严格执行工作程序、工作规范、工艺文件和安全操作规程。

（4）工作认真负责，团结合作。

（5）爱护设备及工具、夹具、刀具、量具。

（6）着装整洁，符合规定；保持工作环境清洁有序，文明生产。

2.2　基础知识

2.2.1　电工基础知识

（1）直流电与电磁的基本知识。

（2）交流电路的基本知识。

（3）常用变压器的基本知识。

（4）异步电动机的基本知识。

（5）常用低压电器。

（6）半导体二极管、晶体管和整流稳压电路。

（7）晶闸管基础知识。

（8）电工读图的基本知识。

（9）一般生产设备的基本电气控制电路。

（10）常用电工材料。

（11）常用工具（包括专用工具）、量具和仪表。

（12）供电和用电的一般知识。

（13）防护及登高用具等使用知识。

2.2.2　钳工基础知识

（1）锯削

1）手锯。

2）锯削方法。

（2）锉削

1）锉刀。

2）锉削方法。

（3）钻孔

1）钻头简介。

2）钻头刃磨。

（4）手工加工螺纹

1）内螺纹的加工刀具与加工方法。

2）外螺纹的加工刀具与加工方法。

（5）电动机的拆装知识

1）电动机常用轴承种类简介。

2）电动机常用轴承的拆卸。

3）电动机拆装方法。

2.2.3　安全文明生产与环境保护知识

（1）现场文明生产要求。

（2）环境保护知识。

（3）安全操作知识。

2.2.4　质量管理知识

（1）企业的质量方针。

（2）岗位的质量要求。

（3）岗位的质量保证措施与责任。

2.2.5　相关法律、法规知识

（1）《中华人民共和国劳动合同法》相关知识。

（2）《中华人民共和国电力法》相关知识。

3. 工作要求

　　本标准对初级、中级、高级、技师和高级技师的技能要求依次递进，高级别涵盖低级别的要求。

3.1　初级技能要求

职业功能	工作内容	技 能 要 求	相 关 知 识
一、工作前准备	（一）劳动保护与安全文明生产	1. 能够正确准备个人劳动保护用品 2. 能够正确采用安全措施保护自己，保证工作安全	
	（二）工具、量具及仪器、仪表	能够根据工作内容合理选用工具、量具	常用工具、量具的用途和使用、维护方法
	（三）材料选用	能够根据工作内容正确选用材料	电工常用材料的种类、性能及用途
	（四）读图与分析	能够读懂 CA6140 车床、Z535 钻床、5t 以下起重机等一般复杂程度机械设备的电气控制原理图及接线图	一般复杂程度机械设备的电气控制原理图、接线图的读图知识

（续）

职业功能	工作内容	技能要求	相关知识
二、装调与维修	（一）电气故障检修	1. 能够检查、排除动力和照明线路及接地系统的电气故障 2. 能够检查、排除 CA6140 车床、Z535 钻床等一般复杂程度机械设备的电气故障 3. 能够拆卸、检查、修复、装配、测试 30kW 以下三相异步电动机和小型变压器 4. 能够检查、修复、测试常用低压电器	1. 动力、照明线路及接地系统的知识 2. 常见机械设备电气故障的检查、排除方法及维修工艺 3. 三相异步电动机和小型变压器的拆装方法及应用知识 4. 常用低压电器的检修及调试方法
	（二）配线与安装	1. 能够进行 19/0.82 以下多股铜导线的连接并恢复其绝缘 2. 能够进行直径 19mm 以下的电线铁管煨弯、穿线及明、暗线的安装 3. 能够根据用电设备的性质和容量，选择常用电器元器件及导线规格 4. 能够按图样要求进行一般复杂程度机械设备的主、控线路配电板的配线及整机的电气安装工作 5. 能够检验、调整速度继电器、温度继电器、压力继电器、热继电器等专用继电器 6. 能够焊接、安装、测试单相整流稳压电路和简单的放大电路	1. 电工操作技术与工艺知识机床配线、安装工艺知识 2. 机床配线、安装工艺知识 3. 电子电路基本原理及应用知识 4. 电子电路焊接、安装、测试工艺方法
	（三）调试	能够正确进行 CA6140 车床、Z535 钻床等一般复杂程度的机械设备或一般电路的试通电工作，能够合理应用预防和保护措施，达到控制要求，并记录相应的电参数	1. 电气系统的一般调试方法和步骤 2. 试验记录的基本知识

3.2　中级技能要求

职业功能	工作内容	技能要求	相关知识
一、工作前准备	（一）工具、量具及仪器、仪表	能够根据工作内容正确选用仪器、仪表	常用电工仪器、仪表的种类、特点及适用范围
	（二）读图与分析	能够读懂 X6132 铣床、MGB1420 磨床等较复杂机械设备的电气控制原理图	1. 常用较复杂机械设备的电气控制电路图 2. 较复杂电气图的读图方法
二、装调与维修	（一）电气故障检修	1. 能够正确使用示波器、电桥、晶体管图示仪 2. 能够正确分析、检修、排除 55kW 以下的交流异步电动机、60kW 以下的直流电动机及各种特种电机的故障 3. 能够正确分析、检修、排除交磁电机扩大机、X6132 铣床、MGB1420 磨床等机械设备控制系统的电路及电气故障	1. 示波器、电桥、晶体管图示仪的使用方法及注意事项 2. 直流电动机及各种特种电机的构造、工作原理和使用与拆装方法 3. 交磁电机扩大机的构造、原理、使用方法及控制电路方面的知识 4. 单相晶闸管变流技术

（续）

职业功能	工作内容	技 能 要 求	相 关 知 识
二、装调与维修	（二）配线与安装	1. 能够按图样要求进行较复杂机械设备的主、控线路配电板的配线（包括选择电器元器件、导线等），以及整台设备的电气安装工作 2. 能够按图样要求焊接晶闸管调速器、调功器电路，并用仪器、仪表进行测试	明、暗电线及电器元器件的选用知识
	（三）测绘	能够测绘一般复杂程度机械设备的电气部分	电气测绘基本方法
	（四）调试	能够独立进行 X6132 铣床、MGB1420 磨床等较复杂机械设备的通电工作，并能正确处理调试中出现的问题，经过测试、调整，最后达到控制要求	较复杂机械设备电气控制调试方法

3.3 高级技能要求

职业功能	工作内容	技 能 要 求	相 关 知 识
一、工作前准备	读图与分析	能够读懂经济型数控系统、中高频电源、三相晶闸管控制系统等复杂机械设备控制系统和装置的电气控制原理图	1. 数控系统基本原理 2. 中高频电源电路基本原理
二、装调与维修	（一）电气故障检修	能够根据设备资料，排除 B2010A 龙门刨床、经济型数控、中高频电源、三相晶闸管、可编程序控制器等机械设备控制系统及装置的电气故障	1. 电力拖动及自动控制原理基本知识及应用知识 2. 经济型数控机床的构成、特点及应用知识 3. 中高频炉或淬火设备的工作特点及注意事项 4. 三相晶闸管变流技术基础
	（二）配线与安装	能够按图样要求安装带有 80 点以下开关量输入输出的可编程序控制器的设备	可编程序控制器的控制原理、特点、注意事项及编程器的使用方法
	（三）测绘	1. 能够测绘 X6132 铣床等较复杂机械设备的电气原理图、接线图及电气元器件明细表 2. 能够测绘晶闸管触发电路等电子线路并绘出其原理图 3. 能够测绘固定板、支架、轴、套、联轴器等机电装置的零件图及简单装配图	1. 常用电子元器件的参数标识及常用单元电路 2. 机械制图及公差配合知识 3. 材料知识
	（四）调试	能够调试经济型数控系统等复杂机械设备及装置的电气控制系统，并达到说明书的电气技术要求	有关机械设备电气控制系统的说明书及相关技术资料
	（五）新技术应用	能够结合生产应用可编程序控制器改造较简单的继电器控制系统，编制逻辑运算程序，绘出相应的电路图，并应用于生产	1. 逻辑代数、编码器、寄存器、触发器等数字电路的基本知识 2. 计算机基本知识
	（六）工艺编制	能够编制一般机械设备的电气修理工艺	电气设备修理工艺知识及其编制方法
三、培训指导	指导操作	能够指导本职业初、中级工进行实际操作	指导操作的基本方法

3.4　技师技能要求

职业功能	工作内容	技能要求	相关知识
一、工作前准备	读图与分析	1. 能够读懂复杂设备及数控设备的电气系统原理图 2. 能够借助词典读懂进口设备相关外文标牌及使用规范的内容	1. 复杂设备及数控设备的读图方法 2. 常用标牌及使用规范英汉对照表
二、装调与维修	（一）电气故障检修	1. 能够根据设备资料，排除龙门刨V5系统、数控系统等复杂机械设备的电气故障 2. 能够根据设备资料，排除复杂机械设备的气控系统、液控系统的电气故障	1. 数控设备的结构、应用及编程知识 2. 气控系统、液控系统的基本原理及识图、分析及排除故障的方法
	（二）配线与安装	能够安装大型复杂机械设备的电气系统和电气设备	具有可频器及可编程序控制器等复杂设备电气系统的配线与安装知识
	（三）测绘	1. 能够测绘经济型数控机床等复杂机械设备的电气原理图、接线图 2. 能够测绘具有双面印制电路的电子线路板，并绘出其原理图	1. 常用电子元器件、集成电路的功能，常用电路，以及手册的查阅方法 2. 机械传动、液压传动知识
	（四）调试	能够调试龙门刨V5系统等复杂机械设备的电气控制系统，并达到说明书的电气控制要求	1. 计算机的接口电路基本知识 2. 常用传感器的基本知识
	（五）新技术应用	能够推广、应用国内相关职业的新工艺、新技术、新材料、新设备	国内相关职业"四新"技术的应用知识
	（六）工艺编制	能够编制生产设备的电气系统及电气设备的大修工艺	机械设备电气系统及电气设备大修工艺的编制方法
	（七）设计	能够根据一般复杂程度的生产工艺要求，设计电气原理图、电气接线图	电气设计基本方法
三、培训指导	（一）指导操作	能够指导本职业初、中、高级工进行实际操作	培训教学基本方法
	（二）理论培训	能够讲授本专业技术理论知识	
四、管理	（一）质量管理	1. 能够在本职工作中认真贯彻各项质量标准 2. 能够应用全面质量管理知识，实际操作过程的质量分析与控制	1. 相关质量标准 2. 质量分析与控制方法
	（二）生产管理	1. 能够组织有关人员协同作业 2. 能够协助部门领导进行生产计划、调度及人员的管理	生产管理基本知识

3.5　高级技师技能要求

职业功能	工作内容	技能要求	相关知识
一、工作前准备	读图与分析	1. 能够读懂高速、精密设备及数控设备的电气系统原理图 2. 能够借助词典读懂进口设备的图样及技术标准等相关主要外文资料	1. 高速、精密设备及数控设备的读图方法 2. 常用进口设备外文资料英汉对照表
二、装调与维修	（一）电气故障检修	1. 能够解决复杂设备电气故障中的疑难问题 2. 能够组织人员对设备的技术难点进行攻关 3. 能够协同各方面人员解决生产中出现的诸如设备与工艺、机械与电气、技术与管理等综合性的或边缘性的问题	1. 机械原理基本知识 2. 电气检测基本知识 3. 论断技术基本知识

（续）

职业功能	工作内容	技能要求	相关知识
二、装调与维修	（二）测绘	能够对复杂设备的电气测绘制定整套方案和步骤，并指导相关人员实施	常见各种复杂电气的系统构成，各子系统或功能模块常见电路的组成形式、原理、性能和应用知识
	（三）调试	能够对电气调试中出现的各种疑难问题或意外情况提出解决问题的方案或措施	抗干扰技术一般知识
	（四）新技术应用	能够推广、应用国内外相关职业的新工艺、新技术、新材料、新设备	国内外"四新"技术的应用知识
	（五）工艺编制	能够制定计算机数控系统的检修工艺	计算机数控系统、伺服系统、功率电子器件和电路的基本知识电路的基本知识及修理工艺知识
	（六）设计	1. 能够根据较复杂的生产工艺及安全要求，独立设计电气原理图、电气接线图、电气施工图 2. 能够进行复杂设备系统改造方案的设计、选型	1. 较复杂生产设备电气设计的基本知识 2. 复杂设备系统改造方案设计、选型的基本知识
三、培训指导	（一）指导操作	能够指导本职业初、中、高级工和技师进行实际操作	培训讲义的编制方法
	（二）理论培训	能够对本职业初、中、高级工进行技术理论培训	

4. 比重表

4.1 理论知识

项目			初级（%）	中级（%）	高级（%）	技师（%）	高级技师（%）
基本要求	职业道德		5	5	5	5	5
	基础知识		22	17	15	10	10
相关知识	一、工作前准备	劳动保护与安全文明生产	8	5	5	3	2
		工具、量具及仪器、仪表	4	5	4	3	2
		材料选用	5	3	3	2	2
		读图与分析	9	10	10	6	5
	二、装调与维修	电气故障检修	15	17	18	13	10
		配线与安装	20	22	18	5	3
		调试	12	13	12	10	7
		测绘	—	3	4	10	12
		新技术应用	—	—	2	9	12
		工艺编制	—	—	2	5	8
		设计	—	—	—	9	12
	三、培训指导	指导操作	—	—	2	2	2
		理论培训	—	—	—	2	2
	四、管理	管理	—	—	—	3	3
		生产管理	—	—	—	3	3
合计			100	100	100	100	100

注：中级以上"劳动保护与安全文明生产"与"材料选用"模块内容按初级标准考核；高级以上"工具量具及仪器、仪表"模块内容按中级标准考核；高级技师"管理"模块内容按技师标准考核。

4.2 技能操作

项目			初级 (%)	中级 (%)	高级 (%)	技师 (%)	高级技师 (%)
技能要求	一、工作前 准备	劳动保护与安全文明生产	10	5	5	5	5
		工具、量具及仪器、仪表	5	10	8	2	2
		材料选用	10	5	2	2	2
		读图与分析	10	10	10	7	7
	二、装调与 维修	电气故障检修	25	26	25	15	8
		配线与安装	25	24	15	5	2
		调试	15	18	19	10	5
		测绘	—	2	7	10	9
		新技术应用	—	—	3	13	20
		工艺编制	—	—	4	8	10
		设计	—	—	—	13	16
	三、培训 指导	指导操作	—	—	2	2	4
		理论培训	—	—	—	2	4
	四、管理	质量管理	—	—	—	3	3
		生产管理	—	—	—	3	3
合计			100	100	100	100	100

注：中级以上"劳动保护与安全文明生产"与"材料选用"模块内容按初级标准考核；高级以上"工具量具及仪器、仪表"模块内容按中级标准考核；高级技师"管理"模块内容按技师标准考核。

附录 B　维修电工（中级）理论知识试卷

一、选择题（第 1~80 题。选择正确的答案，将相应的字母填入题内的括号中。每题 1.0 分，满分 80 分）

1. 应用戴维南定理分析含源二端网络的目的是（　　）。

　　A. 求电压　　　　　　　　　B. 求电流

　　C. 求电动势　　　　　　　　D. 用等效电源代替二端网络

2. 一正弦交流电的有效值为 10A，频率为 50Hz，初相位为 -30°，它的解析式为（　　）。

　　A. $i=10\sin(314t+30°)$ A　　　　B. $i=10\sin(314t-30°)$ A

　　C. $i=10\sqrt{2}\sin(314t-30°)$ A　　D. $i=10\sqrt{2}\sin(50t+30°)$ A

3. 如图所示正弦交流电流的有效值是（　　）A。

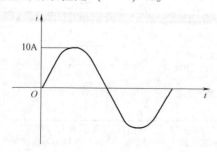

A. $5\sqrt{2}$ B. 5   C. 10   D. 6.7

4. 额定电压都为 220V 的 40W、60W 和 100W 三只灯泡串联接在 220V 的电源中，它们的发热量由大到小排列为（　　）。

 A. 100W，60W，40W   B. 40W，60W，100W

 C. 100W，40W，60W   D. 60W，100W，40W

5. 阻值为 6Ω 的电阻与容抗为 8Ω 的电容串联后接在交流电路中，功率因数为（　　）。

 A. 0.6   B. 0.8   C. 0.5   D. 0.3

6. 三相对称负载接成三角形时，线电流的大小为相电流的（　　）倍。

 A. 3   B. $\sqrt{3}/3$ C. $\sqrt{3}$ D. $\sqrt{2}$

7. 用普通示波器观测频率为 1000Hz 的被测信号，若需在荧光屏上显示出 5 个完整的周期波形，则扫描频率应为（　　）Hz。

 A. 200   B. 2000   C. 1000   D. 5000

8. 用单臂直流电桥测量电感线圈的直流电阻时，应（　　）。

 A. 先按下电源按钮，再按下检流计按钮

 B. 先按下检流计按钮，再按下电源按钮

 C. 同时按下电源按钮和检流计按钮

 D. 无须考虑先后顺序

9. 双臂直流电桥主要用来测量（　　）。

 A. 大电阻   B. 中电阻   C. 小电阻   D. 小电流

10. 检流计主要用于测量（　　）。

 A. 电流的大小   B. 电压的大小

 C. 电流的有无   D. 电阻的大小

11. 电桥电池电压不足时，将影响电桥的（　　）。

 A. 灵敏度   B. 安全

 C. 准确度   D. 读数时间

12. 搬动检流计或使用完毕后，（　　）。

 A. 将转换开关置于最高量程   B. 要进行机械调零

 C. 断开被测电路   D. 将止动器锁上

13. 变压器负载运行时，一次侧电源电压的相位超前于铁心中主磁通的相位略大于（　　）。

 A. 180°   B. 90°   C. 60°   D. 30°

14. 有一台电力变压器，型号为 S7—500/10，其中的数字"10"表示变压器的（　　）。

 A. 额定容量是 $10kV \cdot A$ B. 额定容量是 10kW

 C. 高压侧的额定电压是 10kV   D. 低压侧的额定电压是 10kV

15. 一台三相变压器的联结组标号为 Yd11，其中"d"表示变压器的（　　）。

 A. 高压绕组为星形联结   B. 高压绕组为三角形联结

 C. 低压绕组为星形联结   D. 低压绕组为三角形联结

16. 磁分路动铁式电焊变压器的一、二次绕组（　　）。

 A. 应同心地套在一个铁心柱上

 B. 分别套在两个铁心柱上

C. 二次绕组的一部分与一次绕组同心地套在一个铁心柱上，另一部分单独套在另一个铁心柱上

D. 一次绕组的一部分与二次绕组同心地套在一个铁心柱上，另一部分单独套在另一个铁心柱上

17. 直流弧焊发电机在使用过程中出现焊机过热现象的原因可能是（   ）。

A. 电枢线圈短路　　　　　　　　　　　B. 电刷盒的弹簧压力过小

C. 换向器振动　　　　　　　　　　　　D. 导线接触电阻过大

18. 为了监视中、小型电力变压器的温度，可用（   ）的方法看其温度是否过高。

A. 手背触摸变压器外壳

B. 在变压器外壳上滴几滴冷水看是否立即沸腾蒸发

C. 安装温度计于变压器合适位置

D. 测变压器室的室温

19. 在三相交流异步电动机定子上布置结构完全相同，在空间位置上互差（   ）角度的三相绕组，分别通入三相对称交流电，则在定子与转子的空气隙间将会产生旋转磁场。

A. 60°　　　　　　B. 90°　　　　　　C. 120°　　　　　　D. 180°

20. 采用YY/△联结的三相变极双速异步电动机变极调速时，调速前后电动机的（   ）基本不变。

A. 输出转矩　　　　　B. 输出转速　　　　　C. 输出功率　　　　　D. 磁极对数

21. 汽轮发电机的转子一般做成隐极式，采用（   ）。

A. 良好导磁性能的硅钢片叠加而成　　　B. 良好导磁性能的高强度合金钢锻成

C. 1~1.5mm 厚的钢片冲制后叠成　　　D. 整块铸钢或锻钢制成

22. 三相同步电动机的定子绕组中要通入（   ）。

A. 直流电流　　　　B. 交流电流　　　　C. 三相交流电流　　　D. 直流脉动电流

23. 同步电动机出现"失步"现象的原因是（   ）。

A. 电源电压过高　　　　　　　　　　　B. 电源电压太低

C. 电动机轴上负载转矩太大　　　　　　D. 电动机轴上负载转矩太小

24. 直流电机励磁绕组不与电枢连接，励磁电流由独立的电源供给称为（   ）电机。

A. 他励　　　　　　B. 串励　　　　　　C. 并励　　　　　　D. 复励

25. 大、中型直流电机的主极绕组一般用（   ）制造。

A. 漆包铜线　　　　B. 绝缘铝线　　　　C. 扁铜线　　　　　D. 扁铝线

26. 我国研制的（   ）系列的高灵敏度直流测速发电机，其灵敏度比普通测速发电机高 1000 倍，特别适合作为低速伺服系统中的速度检测元件。

A. CY　　　　　　B. ZCF　　　　　　C. CK　　　　　　D. CYD

27. 在自动控制系统中，把输入的电信号转换成电机轴上的角位移或角速度的电磁装置称为（   ）。

A. 伺服电动机　　　　　　　　　　　　B. 测速发电机

C. 交磁放大机　　　　　　　　　　　　D. 步进电机

28. 空心杯电枢直流伺服电动机有一个外定子和一个内定子，通常（   ）。

A. 外定子为永久磁钢，内定子为软磁材料

B. 外定子为软磁材料，内定子为永久磁钢

C. 内、外定子都是永久磁钢

D. 内、外定子都是软磁材料

29. 在电磁转差离合器中，如果电枢和磁极之间没有相对转速差时，（　　），也就没有转矩去带动磁极旋转，因此取名为"转差离合器"。

A. 磁极中不会有电流产生　　　　　　　　B. 磁极就不存在

C. 电枢中不会有趋肤效应产生　　　　　　D. 电枢中就不会有涡流产生

30. 使用电磁调速异步电动机调速时，电磁离合器励磁绕组的直流供电是采用（　　）。

A. 干电池　　　　　　　　　　　　　　　B. 直流发电机

C. 桥式整流电路　　　　　　　　　　　　D. 半波可控整流电路

31. 交磁电机扩大机是一种用于自动控制系统中的（　　）元件。

A. 固定式放大　　　　　　　　　　　　　B. 旋转式放大

C. 电子式放大　　　　　　　　　　　　　D. 电流放大

32. 交磁电机扩大机的补偿绕组与（　　）。

A. 控制绕组串联　　　　　　　　　　　　B. 控制绕组并联

C. 电枢绕组串联　　　　　　　　　　　　D. 电枢绕组并联

33. 交流电动机耐压试验的目的是考核各相绕组之间及各相绕组对机壳之间的（　　）。

A. 绝缘性能的好坏　　　　　　　　　　　B. 绝缘电阻的大小

C. 所耐电压的高低　　　　　　　　　　　D. 绝缘的介电强度

34. 对额定电压为380V，功率3kW及以上的电动机做耐压试验时，试验电压应取（　　）V。

A. 500　　　　　　　B. 1000　　　　　　C. 1500　　　　　　D. 1760

35. 作直流电机耐压试验时，加在被试部件上的电压由零上升至额定试验电压值后，应维持（　　）。

A. 30s　　　　　　　B. 60s　　　　　　　C. 3min　　　　　　D. 6min

36. 采用单结晶体管延时电路的晶体管时间继电器，其延时电路由（　　）等部分组成。

A. 延时环节、鉴幅器、输出电路、电源和指示灯

B. 主电路、辅助电源、双稳态触发器及其附属电路

C. 振荡电路、记数电路、输出电路、电源

D. 电磁系统、触头系统

37. 检测各种金属，应选用（　　）型的接近开关。

A. 超声波　　　　　　　　　　　　　　　B. 永磁型及磁敏元件

C. 高频振荡　　　　　　　　　　　　　　D. 光电

38. 晶体管无触点开关的应用范围比普通位置开关更（　　）。

A. 窄　　　　　　　　B. 广　　　　　　　C. 接近　　　　　　D. 极小

39. 高压负荷开关交流耐压试验在标准试验电压下持续时间为（　　）min。

A. 5　　　　　　　　　B. 2　　　　　　　　C. 1　　　　　　　　D. 3

40. 高压10kV及以下隔离开关交流耐压试验的目的是（　　）。

A. 可以准确地测出隔离开关绝缘电阻值　　B. 可以准确地考验隔离开关的绝缘强度

C. 使高压隔离开关操作部分更灵活　　　　D. 可以更有效地控制电路分合状态

41. 高压10kV互感器的交流耐压试验是指（　　）对外壳的工频交流耐压试验。

A. 一次绕组　　　　　　　　　　　　　B. 二次绕组

C. 瓷套管　　　　　　　　　　　　　　D. 线圈连同套管一起

42. 型号为 JDJJ-10 的单相三线圈油浸式户外用电压互感器，在进行大修后做交流耐压试验，其试验耐压标准为（　　　）kV。

A. 24　　　　　　　B. 38　　　　　　　C. 10　　　　　　　D. 15

43. 对 FN1-10 型户内高压负荷开关在进行交流耐压试验时发现击穿，其原因是（　　　）。

A. 支柱绝缘子破损，绝缘拉杆受潮　　　B. 周围环境湿度减小

C. 开关动静触头接触良好　　　　　　　D. 灭弧室功能完好

44. 对 GN5-10 型户内高压隔离开关进行交流耐压试验时，在升压过程中发现在绝缘拉杆处有闪烁放电，造成跳闸击穿，其击穿原因是（　　　）。

A. 绝缘拉杆受潮　　　　　　　　　　　B. 支柱绝缘子良好

C. 动静触头脏污　　　　　　　　　　　D. 环境湿度增加

45. 额定电压 10kV 的 JDZ-10 型电压互感器，在进行交流耐压试验时，产品合格，但在试验后被击穿。其击穿原因是（　　　）。

A. 绝缘受潮　　　　　　　　　　　　　B. 互感器表面脏污

C. 环氧树脂浇注质量不合格　　　　　　D. 试验结束，试验者忘记降压就拉闸断电

46. B9~B25A 电流等级 B 系列交流接触器是我国引进德国技术的产品，它采用的灭弧装置是（　　　）。

A. 电动力灭弧　　　　　　　　　　　　B. 金属栅片陶土灭弧罩

C. 窄缝灭弧　　　　　　　　　　　　　D. 封闭式灭弧室

47. 磁吹式灭弧装置的磁吹灭弧能力与电弧电流的大小关系是（　　　）。

A. 电弧电流越大磁吹灭弧能力越小　　　B. 无关

C. 电弧电流越大磁吹灭弧能力越强　　　D. 没有固定规律

48. 检修后的电磁式继电器的衔铁与铁心闭合位置要正，其歪斜度要求（　　　），吸合后不应有杂音、抖动。

A. 不得超过 1mm　　　　　　　　　　B. 不得歪斜

C. 不得超过 2mm　　　　　　　　　　D. 不得超过 5mm

49. 型号为 RN2-10-20/0.5 的户内高压熔断器为电压互感器专用，检修时发现熔体熔断，应选熔体的规格是（　　　）。

A. 用镍铬丝作引线的 0.5A 熔丝　　　　B. 0.5A 锌片

C. 20A 熔体　　　　　　　　　　　　　D. 10A 熔体

50. 直流电动机起动时，电流很大，是因为（　　　）。

A. 反电动势为零　　　　　　　　　　　B. 电枢回路有电阻

C. 磁场变阻器电阻太大　　　　　　　　D. 电枢与换向器接触不好

51. 能耗制动时，直流电动机处于（　　　）。

A. 发电状态　　　　B. 电动状态　　　　C. 空载状态　　　　D. 短路状态

52. 同步电动机的起动方法主要有（　　　）种。

A. 5　　　　　　　B. 4　　　　　　　C. 3　　　　　　　D. 2

53. 同步电动机采用能耗制动时，要将运行中的同步电动机定子绕组电源（　　　）。

A. 短路　　　　　　B. 断开　　　　　　C. 串联　　　　　　D. 并联

54. 异步电动机采用起动补偿器起动时，其三相定子绕组的联结（　　）。
    A. 只能采用三角形联结　　　　　　　B. 只能采用星形联结
    C. 只能采用星形/三角形联结　　　　 D. 三角形联结及星形联结都可以

55. 要使三相异步电动机反转，只要（　　）就能完成。
    A. 降低电压　　　　　　　　　　　　B. 降低电流
    C. 将任两根电源线对调　　　　　　　D. 降低线路功率

56. 串励直流电动机起动时，不能（　　）起动。
    A. 串电阻　　　　　　　　　　　　　B. 降低电枢电压
    C. 空载　　　　　　　　　　　　　　D. 有载

57. 直流电动机常用的电力制动方法有（　　）种。
    A. 2　　　　　　B. 3　　　　　　C. 4　　　　　　D. 5

58. 改变电枢电压调速，常采用（　　）作为调速电源。
    A. 并励直流发电机　　　　　　　　　B. 他励直流发电机
    C. 串励直流发动机　　　　　　　　　D. 交流发电机

59. X6123 电气线路中采用了完备的电气联锁措施，主轴与工作台工作的先后顺序是：（　　）。
    A. 工作台起动后，主轴才能起动　　　B. 主轴起动后，工作台才起动
    C. 工作台与主轴同时起动　　　　　　D. 工作台快速移动后，主轴起动

60. 在晶闸管调速系统中，当电流截止负反馈参与系统调节作用时，说明调速系统主电路电流（　　）。
    A. 过大　　　　　　B. 正常　　　　　　C. 过小　　　　　　D. 为零

61. X6123 万能铣床左右进给手柄搬向右，工作台向右进给时，上下、前后进给手柄必须处于（　　）。
    A. 上　　　　　　B. 后　　　　　　C. 零位　　　　　　D. 任意位置

62. Z37 摇臂钻床的摇臂回转是靠（　　）实现的。
    A. 电动机拖动　　　B. 人工拉转　　　C. 机械传动　　　D. 自动控制

63. 将一个具有反馈的放大器的输出端短路，即晶体管输出电压为0，反馈信号消失，则该放大器采用的反馈是（　　）。
    A. 正反馈　　　　　B. 负反馈　　　　C. 电压反馈　　　　D. 电流反馈

64. 多级放大电路总放大倍数是各级放大倍数的（　　）。
    A. 和　　　　　　B. 差　　　　　　C. 积　　　　　　D. 商

65. 推挽功率放大电路比单管甲类功率放大电路（　　）。
    A. 输出电压高　　　　　　　　　　　B. 输出电流大
    C. 效率高　　　　　　　　　　　　　D. 效率低

66. *LC* 振荡器中，为容易起振而引入的反馈属于（　　）。
    A. 负反馈　　　　　B. 正反馈　　　　C. 电压反馈　　　　D. 电流反馈

67. 差动放大电路的作用是（　　）信号。
    A. 放大共模　　　　　　　　　　　　B. 放大差模
    C. 抑制共模　　　　　　　　　　　　D. 抑制共模，又放大差模

68. 二极管两端加上正向电压时 ( )。

    A. 一定导通   B. 超过死区电压才导通

    C. 超过 0.3V 才导通   D. 超过 0.7V 才导通

69. 晶体管的开关特性是 ( )。

    A. 截止相当于开关接通

    B. 放大相当于开关接通

    C. 饱和相当于开关接通

    D. 截止相当于开关断开，饱和相当于开关接通

70. 如图所示真值表中所表达的逻辑关系是 ( )。

    A. 与   B. 或   C. 与非   D. 或非

A	B	P
0	0	1
0	1	1
1	0	1
1	1	0

71. 室温下，阳极加 6V 正压，为保证可靠触发所加的门极电流应 ( ) 门极触发电流。

    A. 小于   B. 等于   C. 大于   D. 任意

72. 单结晶体管振荡电路是利用单结晶体管 ( ) 的工作特性设计的。

    A. 截止区   B. 负阻区   C. 饱和区   D. 任意区域

73. 同步电压为锯齿波的晶体管触发电路，以锯齿波电压为基准，在串入 ( ) 时控制晶体管状态。

    A. 交流控制电压   B. 直流控制电压   C. 脉冲信号   D. 任意波形电压

74. 单向半波可控整流电路，变压器二次电压为 20V，则整流二极管实际承受的最高反向电压为 ( )。

    A. 20V   B. $20\sqrt{2}$ V   C. 18V   D. 9V

75. 三相全波可控整流电路的变压器二次侧中心抽头，将二次电压分为 ( ) 两部分。

    A. 大小相等，相位相反   B. 大小相等，相位相同

    C. 大小不等，相位相反   D. 大小不等，相位相同

76. 在三相半波可控整流电路中，触发延迟角 α 的最大移相范围是 0~( )。

    A. 90°   B. 150°   C. 180°   D. 360°

77. 电焊钳的功用是夹紧焊接和 ( )。

    A. 传导电流   B. 减小电阻   C. 降低发热量   D. 保证接触良好

78. 部件测绘时，首先要对部件 ( )。

    A. 画零件图   B. 拆卸成零件   C. 画装配图   D. 分析研究

79. 物流管理属于生产车间管理的 ( )。

    A. 生产计划管理   B. 生产现场管理   C. 作业管理   D. 现场设备管理

80. 普通晶闸管管心由 ( ) 层杂质半导体组成。

    A. 1   B. 2   C. 3   D. 4

二、判断题（第 81~100 题。将判断结果填入括号中。正确的填 "√"，错误的填 "×"。每题 1.0 分，满分 20 分）

( ) 81. 在感性电路中，提高用电器的效率应采用电容并联补偿法。

（　　）82. 中小型电力变压器无载调压分接开关的调节范围是其额定输出电压的±15%。

（　　）83. 当变压器带感性负载时，二次侧端电压随负载电流的增大而下降较快。

（　　）84. 只要是一、二次额定电压有效值相等的三相变压器，就可多台并联运行。

（　　）85. 直流弧焊发电机属于欠复励发电机的一种。

（　　）86. 一台三相异步电动机，磁极数为4，转子旋转一周为360°电角度。

（　　）87. 绘制显极式三相单速四极异步电动机定子绕组的概念图时，一共应画十二个极相组。

（　　）88. 直流发电机在电枢绕组元件中产生的是交流电动势，只是由于加装了换向器和电刷装置，才能输出直流电动势。

（　　）89. 直流并励电动机的励磁绕组决不允许开路。

（　　）90. 要改变直流电动机的转向，只要同时改变励磁电流方向及电枢电流的方向即可。

（　　）91. 交流电动机在耐压试验中绝缘被击穿的原因之一可能是试验电压超过额定电压两倍。

（　　）92. 电力系统存在大量的感性负载，当采用开关电器切断有电流的线路时，触头间有时会产生强烈的白光，这种白光称为电弧。

（　　）93. 额定电压10kV油断路器绝缘电阻的测试，不论哪部分一律采用2500V绝缘电阻表进行。

（　　）94. 只要牵引电磁铁额定电磁吸力一样，额定行程相同，而通电持续率不同，两者在应用场合的适应性上就是相同的。

（　　）95. 绕线转子三相异步电动机转子串频敏电阻器起动是为了限制起动电流、增大起动转矩。

（　　）96. 只要任意调换三相异步电动机两相绕组所接电源的相序，电动机就反转。

（　　）97. 只要在绕线转子电动机的转子电路中接入一个调速电阻，改变电阻的大小，就可平滑调速。

（　　）98. Z3050型摇臂钻床的液压泵电动机起夹紧和放松作用，二者需采用双重联锁。

（　　）99. 桥式起重机的大车、小车和副钩电动机一般采用电磁制动器制动。

（　　）100. 机床电器装置的各种衔铁应无卡阻现象，灭弧罩完整、清洁并安装牢固。

中级维修电工考证试题答案

一、选择题（第1~80题。选择正确的答案，将相应的字母填入题内的括号中。每题1.0分，满分80分）

1. D	2. C	3. A	4. B	5. A
6. C	7. A	8. A	9. C	10. C
11. A	12. D	13. B	14. C	15. D
16. C	17. A	18. C	19. C	20. C

21. B	22. C	23. C	24. A	25. C
26. D	27. A	28. A	29. D	30. D
31. B	32. C	33. A	34. D	35. B
36. A	37. C	38. B	39. C	40. D
41. D	42. B	43. A	44. A	45. D
46. D	47. C	48. B	49. B	50. A
51. A	52. D	53. B	54. D	55. C
56. C	57. B	58. B	59. B	60. A
61. C	62. B	63. B	64. C	65. C
66. B	67. D	68. B	69. D	70. C
71. C	72. B	73. B	74. B	75. A
76. B	77. A	78. D	79. B	80. D

二、判断题（第 81～100 题。将判断结果填入括号中。正确的填"√"，错误的填"×"。每题 1.0 分，满分 20 分）

81. ×	82. ×	83. √	84. ×	85. ×
86. ×	87. √	88. √	89. √	90. ×
91. ×	92. √	93. ×	94. ×	95. √
96. √	97. √	98. √	99. √	100. √

附录 C 维修电工（高级）理论知识试卷

一、单项选择（第 1～160 题。选择一个正确的答案，将相应的字母填入题内的括号中。每题 0.5 分，满分 80 分。）

1. 在市场经济条件下，职业道德具有（　　　）的社会功能。
   A. 鼓励人们自由选择职业　　　　　　B. 遏制牟利最大化
   C. 促进人们的行为规范化　　　　　　D. 最大限度地克服人们受利益驱动

2. 职业道德通过（　　　），起着增强企业凝聚力的作用。
   A. 协调员工之间的关系　　　　　　　B. 增加职工福利
   C. 为员工创造发展空间　　　　　　　D. 调节企业与社会的关系

3. 正确阐述职业道德与人的事业的关系的选项是（　　　）。
   A. 没有职业道德的人不会获得成功
   B. 要取得事业的成功，前提条件是要有职业道德
   C. 事业成功的人往往并不需要较高的职业道德
   D. 职业道德是人获得事业成功的重要条件

4. 下列说法中，不符合语言规范具体要求的是（　　　）。
   A. 语感自然，不呆板　　　　　　　　B. 用尊称，不用忌语
   C. 语速适中，不快不慢　　　　　　　D. 多使用幽默语言，调节气氛

5. 市场经济条件下，不符合爱岗敬业要求的是（　　　）的观念。

A. 树立职业理想　　　　　　　　　　B. 强化职业责任

C. 干一行爱一行　　　　　　　　　　D. 多转行多受锻炼

6. 坚持办事公道，要努力做到（　　　）。

A. 公私不分　　　B. 有求必应　　　C. 公正公平　　　D. 全面公开

7. 下列关于勤劳节俭的论述中，正确的选项是（　　　）。

A. 勤劳一定能使人致富　　　　　　　B. 勤劳节俭有利于企业持续发展

C. 新时代需要巧干，不需要勤劳　　　D. 新时代需要创造，不需要节俭

8. （　　　）的作用是实现能量的传输和转换、信号的传递和处理。

A. 电源　　　　B. 非电能　　　　C. 电路　　　　D. 电能

9. 电流流过负载时，负载将电能转换成（　　　）。

A. 机械能　　　B. 热能　　　　　C. 光能　　　　D. 其他形式的能

10. 正弦量的平均值与最大值之间的关系正确的是（　　　）。

A. $E = E_m/1.44$　　B. $U = U_m/1.44$　　C. $I_{av} = 2/I_m/\pi$　　D. $E_{av} = I_m/1.44$

11. 变压器具有改变（　　　）的作用。

A. 交变电压　　　B. 交变电流　　　C. 变换阻抗　　　D. 以上都是

12. 将变压器的一次绕组接交流电源，二次绕组与（　　　）连接，这种运行方式称为（　　　）运行。

A. 空载　　　　　B. 过载　　　　　C. 满载　　　　　D. 负载

13. 当 $\omega t = 120°$ 时，i_1、i_2、i_3 分别为（　　　）。

A. 0、负值、正值　B. 正值、0、负值　C. 负值、0、正值　D. 0、正值、负值

14. 稳压管虽然工作在反向击穿区，但只要（　　　）不超过允许值，PN 结不会过热而损坏。

A. 电压　　　　　B. 反向电压　　　C. 电流　　　　　D. 反向电流

15. 维修电工以电气原理图、安装接线图和（　　　）最为重要。

A. 展开接线图　　B. 剖面图　　　　C. 平面布置图　　D. 立体图

16. 定子绕组串电阻的减压起动是指电动机起动时，把电阻串接在电动机定子绕组与电源之间，通过电阻的分压作用来（　　　）定子绕组上的起动电压。

A. 提高　　　　　B. 减少　　　　　C. 加强　　　　　D. 降低

17. Y-△减压起动的指电动机起动时，把定子绕组联结成Y，以降低起动电压，限制起动电流。待电动机起动后，再把定子绕组改成（　　　），使电动机全压运行。

A. YY　　　　　B. Y　　　　　　C. △△　　　　　D. △

18. 按钮联锁正反转控制电路的优点是操作方便，缺点是容易产生电源两相短路事故。在实际工作中，经常采用按钮、接触器双重联锁（　　　）控制电路。

A. 点动　　　　　B. 自锁　　　　　C. 顺序起动　　　D. 正反转

19. 若被测电流超过测量机构的允许值，就需要在表头上（　　　）一个称为分流器的低值电阻。

A. 正接　　　　　B. 反接　　　　　C. 串联　　　　　D. 并联

20. 电动机是使用最普遍的电气设备之一，一般在 70%~95% 额定负载下运行时（　　　）。

A. 效率最低　　　　　　　　　　　B. 功率因数小

C. 效率最高，功率因数大　　　　　D. 效率最低，功率因数小

21. 凡工作地点狭窄、工作人员活动困难，周围有大面积接地导体或金属构架，因而存在高度触电危险的环境以及特别的场所，使用时的安全电压为（ ）。

    A. 9V   B. 12V   C. 24V   D. 36V

22. （ ）的工频电流通过人体时，人体尚可摆脱，称为摆脱电流。

    A. 0.1mA   B. 1mA   C. 5mA   D. 10mA

23. 人体（ ）是最危险的触电形式。

    A. 单相触电   B. 两相触电   C. 接触电压触电   D. 跨步电压触电

24. 潮湿场所的电气设备使用时的安全电压为（ ）。

    A. 9V   B. 12V   C. 24V   D. 36V

25. 电气设备维修值班一般应有（ ）以上。

    A. 1 人   B. 2 人   C. 3 人   D. 4 人

26. 收音机发出的交流声属于（ ）。

    A. 机械噪声   B. 气体动力噪声   C. 电磁噪声   D. 电力噪声

27. 在供电为短路接地的电网系统中，人体触及外壳带电设备的一点同站立地面一点之间的电位差称为（ ）。

    A. 单相触电   B. 两相触电   C. 接触电压触电   D. 跨步电压触电

28. 岗位的质量要求，通常包括操作程序、工作内容、工艺规程及（ ）等。

    A. 工作计划   B. 工作目的   C. 参数控制   D. 工作重点

29. （ ）作为存放调试程序和运行程序的中间数据之用。

    A. 27256EPROM   B. 62256RAM   C. 2764EPROM   D. 8255A

30. 每个驱动器配备一套判频电路，它的作用是当步进电动机运行频率高于（ ）步/s 时，将自动把电动机绕组上的电压由 +40V 换成 +120V。

    A. 240   B. 740   C. 940   D. 1140

31. 逆变桥由晶闸管 $VT_7 \sim VT_{10}$ 组成。每个晶闸管均串有空心电感以限制晶闸管导通时的（ ）。

    A. 电流变化   B. 电流上升率   C. 电流上升   D. 电流

32. 调频信号输入到方波变换器变成两组互差 180° 的方波输出，经（ ），传送至双稳态触发电路形成两组互差 180° 的矩形脉冲。

    A. 微分电路后产生尖脉冲   B. 积分电路后产生尖脉冲

    C. 微分电路后产生锯齿波   D. 积分电路后产生锯齿波

33. KCO_4 电路中，VT_6、VT_7 组成（ ）环节。

    A. 同步检测   B. 脉冲形式   C. 脉冲放大   D. 脉冲移相

34. （ ）六路双脉冲形成器是三相全控桥式触发电路中的必备组件。

    A. KC41C   B. KC42   C. KC04   D. KC39

35. KC42 就是（ ）电路。

    A. 脉冲调制   B. 脉冲列调制   C. 六路双脉冲   D. 六路单脉冲

36. KC41 的输出端 10～15 是按后相给前相补脉冲的规律，经 $VT_1 \sim VT_6$ 放大，可输出驱动电流为（ ）的双窄脉冲列。

    A. 100～300μA   B. 300～800μA   C. 100～300mA   D. 300～800mA

37. GP-100C3 型高频设备电路由工频电源输入电路、（　　）、灯丝供电电路、测量电路、控制保护电路等部分组成。

  A. 高频振荡电路 B. 低频振荡电路 C. 高压电源输入 D. 低压电源输入

38. 将可能引起正反馈的各元器件或引线远离且互相垂直放置，以减少它们的耦合，破坏其（　　）平衡条件。

  A. 条件   B. 起振   C. 相位   D. 振幅

39. 铁磁饱和式稳压器的基本结构与变压器相似，由硅钢片叠成二心柱式铁心，而心柱 2 工作在磁化曲线的（　　）段。

  A. 饱和   B. 未饱和   C. 过饱和   D. 起始

40. （　　）适用于 50~200kHz。

  A. IGBT   B. SIT   C. SCR   D. MOSFET

41. （　　）控制系统适用于精度要求不高的控制系统。

  A. 闭环   B. 半闭环   C. 双闭环   D. 开环

42. 三相半波可控整流电路其最大移相范围为 $150°$，每个晶闸管最大导通角为（　　）。

  A. $60°$ B. $90°$ C. $120°$ D. $150°$

43. 双窄脉冲的脉宽在（　　）左右，在触发某一晶闸管的同时，再给前一晶闸管补发一个脉冲，作用与宽脉冲一样。

  A. $120°$ B. $90°$ C. $60°$ D. $18°$

44. 感性负载（或电抗器）之前并联一个二极管，其作用是（　　）。

  A. 防止负载开路   B. 防止负载过电流

  C. 保证负载正常工作   D. 保证了晶闸管的正常工作

45. （　　）属于无源逆变。

  A. 绕线转子异步电动机串极调速 B. 高压直流输电

  C. 交流电动机变频调速   D. 直流电动机可逆调速

46. 三相半波有源逆变运行时，为计算方便，引入逆变角 $\beta=$（　　）。

  A. $90°+\alpha$ B. $180°+\alpha$ C. $90°-\alpha$ D. $180°-\alpha$

47. 为了保证三相桥式逆变电路运行，必须用间隔（　　）的双窄脉冲或双窄脉冲列触发。

  A. $30°$ B. $60°$ C. $90°$ D. $120°$

48. 可逆电路从控制方式分可分为有（　　）可逆系统。

  A. 并联和无并联 B. 并联和有环流 C. 并联和无环流 D. 环流和无环流

49. 脉动环流产生的原因是整流电压和逆变电压（　　）不等。

  A. 平均值   B. 瞬时值   C. 有效值   D. 最大值

50. 并联谐振式逆变器的换流（　　）并联。

  A. 电感与电阻 B. 电感与负载 C. 电容与电阻 D. 电容与负载

51. 串联谐振逆变器输入是恒定的电压，输出电流波形接近于（　　），属于电压型逆变器。

  A. 锯齿波   B. 三角波   C. 方波   D. 正弦波

52. 电压型逆变器中间环节采用大电容滤波，（　　）。

A. 电源阻抗很小，类似于电压源　　　　B. 电源呈高阻，类似于电流源

C. 电源呈高阻，类似于电压源　　　　　D. 电源呈低阻，类似于电流源

53. 为了减少触发功率与门极损耗，通常用（　　）信号触发晶闸管。

　　A. 交流或直流　　　B. 脉冲　　　　C. 交流　　　　D. 直流

54. 脉冲整形主要由晶体管 VT_{14}、VT_{15} 实现，当输入正脉冲时，VT_{14} 由导通转为关断，而 VT_{15} 由关断转为导通，在 VT_{15} 集电极输出（　　）脉冲。

　　A. 方波　　　　　B. 尖峰　　　　　C. 触发　　　　D. 矩形

55. 雷击引起的交流侧过电压从交流侧经变压器向整流元器件移动时，可分为两部分：一部分是电磁过渡分量，能量相当大，必须在变压器的一次侧安装（　　）。

　　A. 阻容吸收电路　　　　　　　　　　B. 电容接地

　　C. 阀式避雷器　　　　　　　　　　　D. 非线性电阻浪涌吸收器

56. 快速熔断器是防止晶闸管损坏的最后一种保护措施，当流过（　　）倍额定电流时，熔断时间小于 20ms，且分断时产生的过电压较低。

　　A. 4　　　　　　B. 5　　　　　　C. 6　　　　　D. 8

57. 采用电压上升率 du/dt 限制办法后，电压上升率与桥臂交流电压（　　）成正比。

　　A. 有效值　　　B. 平均值　　　　C. 峰值　　　　D. 瞬时值

58. 高频电源的核心部件是电子管振荡器，振荡器的核心部件是（　　）。

　　A. 真空三极管　　B. 高频晶体管　　C. 晶闸管　　　D. 门极关断晶闸管

59. 真空三极管的放大过程与晶体管的放大过程不同点是，真空三极管属于（　　）控制型。

　　A. 可逆　　　　　B. 功率　　　　　C. 电压　　　　D. 电流

60. 当 LC 并联电路的固有频率 $f_0 = \dfrac{1}{2\pi\sqrt{LC}}$ 等于电源频率时，并联电路发生并联谐振，此时并联电路具有（　　）。

　　A. 阻抗适中　　　B. 阻抗为零　　　C. 最小阻抗　　D. 最大阻抗

61. 若固定栅偏压低于截止栅压，当有足够大的交流电压加在电子管栅极上时，管子导电时间小于半个周期，这样的工作状态叫（　　）类工作状态。

　　A. 甲　　　　　　B. 乙　　　　　　C. 甲乙　　　　D. 丙

62. 剩磁消失而不能发电应重新充磁。直流电源电压应低于额定励磁电压（一般取 100V 左右），充磁时间为（　　）。

　　A. 1~2min　　　B. 2~3min　　　C. 3~4min　　　D. 4~5min

63. 起动电动机组后工作台高速冲出不受控，产生这种故障的原因为（　　）。

　　A. 发电机励磁回路电压不足　　　　　B. 电压负反馈过强

　　C. 电机扩大机剩磁电压过高　　　　　D. 电机扩大机剩磁电压过低

64. 停车时产生振荡的原因常常是由于（　　）环节不起作用。

　　A. 电压负反馈　　B. 电流负反馈　　C. 电流截止负反馈　D. 桥型稳定

65. 数控系统程序数据保存不住，可直接检查后备电池、断电检测及切换电路以及（　　）。

　　A. 振荡电路　　　　　　　　　　　　B. CPU 及周边电路

　　C. 存储器周边电路　　　　　　　　　D. 地址线逻辑

66. 伺服驱动过载可能是负载过大，或加减速时间设定过小，或（　　），或编码器故障（编码器反馈脉冲与电动机转角不成比例地变化，有跳跃）。

　　A. 使用环境温度超过了规定值　　　　　B. 伺服电动机过载

　　C. 负载有冲击　　　　　　　　　　　　D. 编码器故障

67. 晶体管的集电极与发射极之间的正反向阻值都应大于（　　），如果两个方向的阻值都很小，则可能是击穿了。

　　A. 0.5KΩ　　　　　　B. 1KΩ　　　　　　C. 1.5KΩ　　　　　　D. 2KΩ

68. 如果发电机的电流达到额定值而其电压不足额定值，则需（　　）线圈的匝数。

　　A. 减小淬火变压器一次　　　　　　　　B. 增大淬火变压器一次

　　C. 减小淬火变压器二次　　　　　　　　D. 增大淬火变压器二次

69. （　　）材质制成的螺栓、螺母或垫片，在中频电流通过时，会因涡流效应而发热，甚至局部熔化。

　　A. 黄铜　　　　　　　B. 不锈钢　　　　　C. 塑料　　　　　　D. 普通钢铁

70. 在电路工作正常后，通以全电压、全电流（　　），以考核电路元件的发热情况和整流电路的稳定性。

　　A. 0.5~1h　　　　　B. 1~2h　　　　　C. 2~3h　　　　　D. 3~4h

71. 起动电容器 C_S 上所充的电加到由炉子 L 和补偿电容 C 组成的并联谐振电路两端，产生（　　）电压和电流。

　　A. 正弦振荡　　　　　B. 中频振荡　　　　C. 衰减振荡　　　　D. 振荡

72. SP100-C3 型高频设备半高压接通后阳极有电流。产生此故障的原因有（　　）。

　　A. 阳极槽路电容器

　　B. 栅极电路上旁路电容器

　　C. 栅极回馈线圈到栅极这一段有断路的地方

　　D. 以上都是

73. 根据（　　）分析和判断故障是诊断所控制设备故障的基本方法。

　　A. 原理图　　　　　B. 逻辑功能图　　　　C. 指令图　　　　　D. 梯形图

74. 弱磁调速是从 n_0 向上调速，调速特性为（　　）输出。

　　A. 恒电流　　　　　B. 恒效率　　　　　C. 恒转矩　　　　　D. 恒功率

75. （　　）不是调节异步电动机转速的方法。

　　A. 变极调速　　　　B. 开环调速　　　　C. 转差率调速　　　　D. 变频调速

76. 从控制或扰动作用于系统开始，到被控制量 n 进入偏离稳定值（　　）区间为止的时间称为过渡时间。

　　A. ±2%　　　　　　B. ±5%　　　　　　C. ±10%　　　　　　D. ±15%

77. 可用交磁电机扩大机作为 G-M 系统中直流发电机的励磁，从而构成（　　）。

　　A. G-M 系统　　　B. AG-M 系统　　　C. AG-G-M 系统　　　D. CNC-M 系统

78. 在系统中加入了（　　）环节以后，不仅能使系统得到下垂的机械特性，而且也能加快过渡过程，改善系统的动态特性。

　　A. 电压负反馈　　　　　　　　　　　　B. 电流负反馈

　　C. 电压截止负反馈　　　　　　　　　　D. 电流截止负反馈

79. 非独立励磁控制系统在（　　）的调速是用提高电枢电压来提升速度的，电动机的反电动势随转速的上升而增加，在励磁回路由励磁调节器维持励磁电流为最大值不变。

　　A. 低速时　　　　　　B. 高速时　　　　　　C. 基速以上　　　　D. 基速以下

80. 反电枢可逆电路由于电枢回路（　　），适用于要求频繁起动而过渡过程时间短的生产机械，如可逆轧钢机、龙门刨等。

　　A. 电容小　　　　　　B. 电容大　　　　　　C. 电感小　　　　　　D. 电感大

81. 由一组逻辑电路判断控制整流器触发脉冲通道的开放和封锁，这就构成了（　　）可逆调速系统。

　　A. 逻辑环流　　　　　B. 逻辑无环流　　　　C. 可控环流　　　　D. 可控无环流

82. 转矩极性鉴别器常常采用运算放大器经（　　）组成的施密特电路检测速度调节器的输出电压 u_n。

　　A. 负反馈　　　　　　B. 正反馈　　　　　　C. 串联负反馈　　　D. 串联正反馈

83. 逻辑保护电路一旦出现（　　）的情况，"与非"门立即输出低电平，使 u'_n 和 u'_F 均被钳位于 "0"，将两组触发器同时封锁。

　　A. $u_R=1$、$u_F=0$　　B. $u_R=0$、$u_F=0$　　C. $u_R=0$、$u_F=1$　　D. $u_R=1$、$u_F=1$

84. 环流抑制回路中的电容 C_1，对环流控制起（　　）作用。

　　A. 抑制　　　　　　　B. 平衡　　　　　　　C. 减慢　　　　　　D. 加快

85. 数控机床按驱动和定位方式可划分的是（　　）。

　　A. 闭环连续控制式　　　　　　　　B. 交流点位式

　　C. 半闭环连续控制式　　　　　　　D. 步进电动机式

86. 经济型数控系统常用的有后备电池法和采用非易失性存储器，如电可改写只读存储器（　　）。

　　A. EEPROM　　　　B. NVRAM　　　　C. FLASHROM　　　D. EPROM

87. MPU 与外设之间进行数据传输有（　　）方式。

　　A. 程序控制　　　　　　　　　　　B. 控制中断控制

　　C. 选择直接存储器存取（DMA）　　D. 以上都是

88. 非编码键盘接口一般通过（　　）或 8255、8155 等并行 I/O 接口和 MPU 相连。

　　A. "与"门　　　　　B. "与非"门　　　　C. "或非"门　　　D. 三态缓冲器

89. 各位的段驱动及其位驱动可分别共用一个锁存器。每秒扫描次数大于（　　）次，靠人眼的视觉暂留现象，便不会感觉到闪烁。

　　A. 20　　　　　　　　B. 30　　　　　　　　C. 40　　　　　　　D. 50

90. 不属于传统步进电动机的驱动电源的是（　　）。

　　A. 单电源驱动电路　　　　　　　　B. 双电源驱动电路

　　C. 低压电流斩波电源　　　　　　　D. 高压电流斩波电源

91. 高压电流斩波电源电路的基本原理是在电动机绕组回路中（　　）回路。

　　A. 并联一个电流检测　　　　　　　B. 并联一个电压检测

　　C. 串联一个电流检测　　　　　　　D. 串联一个电压检测

92. 在 CNC 中，数字地、模拟地、交流地、直流地、屏蔽地、小信号地和大信号地要合理分布。数字地和（　　）应分别接地，然后仅在一点将两种地连起来。

A. 模拟地　　　　　B. 屏蔽地　　　　　C. 直流地　　　　　D. 交流地

93. 晶闸管中频电源可能对电网 50Hz 工频电压波形产生影响，必须在电源进线中采取（　　）措施来减小影响。

A. 耦合　　　　　B. 隔离　　　　　C. 整流　　　　　D. 滤波

94. 设备四周应铺一层宽 1m、耐压（　　）kV 的绝缘橡胶板。

A. 6.6　　　　　B. 10　　　　　C. 22　　　　　D. 35

95. 备用的闸流管每月应以额定的灯丝电压加热（　　）h。

A. 1　　　　　B. 2　　　　　C. 2.5　　　　　D. 3

96. 为使振荡管真空度保持正常，可以将备用管子定期在设备上轮换使用。经验证明，每隔（　　）个月轮换使用一次管子，对于延长其工作寿命是有益的。

A. 一二　　　　　B. 三四　　　　　C. 四五　　　　　D. 五六

97. 更换电池之前，从电池支架上取下旧电池，装上新电池，从取下旧电池到装上新电池的时间要尽量短，一般不允许超过（　　）min。

A. 3　　　　　B. 5　　　　　C. 10　　　　　D. 15

98. 可编程序控制器自检结果首先反映在各单元面板上的（　　）上。

A. 七段码指示灯　　B. LED 指示灯　　C. 信号灯　　　　D. 指针

99. 正常时每个输出端口对应的指示灯应随该端口有输出或无输出而亮或熄，否则就是有故障，其原因可能是（　　）。

A. 输出元器件短路　B. 开路　　　　　C. 烧毁　　　　　D. 以上都是

100. 外部环境检查时，当湿度过大时应考虑装（　　）。

A. 风扇　　　　　B. 加热器　　　　　C. 空调　　　　　D. 除尘器

101. 可编程序控制器简称是（　　）。

A. PLC　　　　　B. PC　　　　　C. CNC　　　　　D. F-20MF

102. （　　）回路的管线尽量避免与可编程序控制器输出、输入回路平行，且线路不在同一根管路内。

A. 弱供电　　　　B. 强供电　　　　C. 控制　　　　　D. 照明

103. 根据加工完成控制梯形图，下列指令正确的是（　　）。

A. LD10　　　　　B. LDI10　　　　　C. OR10　　　　　D. AND10

104. 为避免程序和（　　）丢失，可编程序控制器装有锂电池，当锂电池电压降至相应的信号灯亮时，要及时更换电池。

A. 地址　　　　　B. 程序　　　　　C. 指令　　　　　D. 数据

105. 线路检查键操作中代码（　　）表示 LD. LDI 和 ANB. ORB 使用不正确。

A. 2-1　　　　　B. 2-2　　　　　C. 2-3　　　　　D. 2-4

106. 可编程序控制器是一种专门在（　　）环境下应用而设计的数字运算操作的电子

装置。

  A. 工业   B. 军事   C. 商业   D. 农业

  107. 可编程序控制器不需要大量的（ ）和电子元器件，接线大大减少，维修简单，维修时间缩短，性能可靠。

  A. 活动部件 B. 固定部件   C. 电器部件   D. 部分部件

  108. 可编程序控制器编程灵活，编程语言有布尔助记符、功能表图、（ ）和语句描述。

  A. 安装图   B. 逻辑图   C. 原理图   D. 功能模块图

  109. （ ）阶段把逻辑解读的结果，通过输出部件输出给现场的受控元件。

  A. 输出采样 B. 输入采样   C. 程序执行   D. 输出刷新

  110. 可编程序控制器采用大规模集成电路构成的微处理器和（ ）来组成逻辑部分。

  A. 运算器   B. 控制器   C. 存储器   D. 累加器

  111. F-40MR 可编程序控制器中 E 表示（ ）。

  A. 基本单元 B. 扩展单元   C. 单元类型   D. 输出类型

  112. F 系列可编程序控制器系统是由基本单元、（ ）、编程器、用户程序、写入器和程序存入器等组成的。

  A. 键盘   B. 鼠标   C. 扩展单元   D. 外围设备

  113. F 系列可编程序控制器输出继电器用（ ）表示。

  A. X   B. Y   C. T   D. C

  114. F-20MR 可编程序控制器定时器的地址是（ ）。

  A. 00~13   B. 30~37   C. 50~57   D. 60~67

  115. F-20MR 可编程序控制器输出继电器的点数是（ ）。

  A. 5   B. 8   C. 12   D. 16

  116. 定时器相当于继电控制系统中的延时继电器。F-40 系列可编程序控制器可设定（ ）。

  A. 0.1~9.9s B. 0.1~99s   C. 0.1~999s   D. 0.1~9999s

  117. 当程序需要（ ）接通时，全部输出继电器的输出自动断开，而其他继电器仍继续工作。

  A. M70   B. M71   C. M72   D. M77

  118. F 系列可编程序控制器梯形图规定串联和并联的触点数是（ ）。

  A. 有限的   B. 无限的   C. 最多 4 个   D. 最多 7 个

  119. F 系列可编程序控制器常闭触点用（ ）指令。

  A. LD   B. LDI   C. OR   D. ORI

  120. F 系列可编程序控制器常闭触点的并联用（ ）指令。

  A. AND   B. ORI   C. ANB   D. ORB

  121. F 系列可编程序控制器中回路并联连接用（ ）指令。

  A. AND   B. ANI   C. ANB   D. ORB

  122. F 系列可编程序控制器中回路串联连接用（ ）指令。

  A. AND   B. ANI   C. ORB   D. ANB

  123. RST 指令用于移位寄存器和（ ）的复位。

A. 特殊继电器　　　B. 计数器　　　　　C. 辅助继电器　　　D. 定时器

124. （　　）指令为复位指令。

A. NOP　　　　　　B. END　　　　　　C. S　　　　　　　D. R

125. 主控指令 MC 后面任何指令都应以（　　）指令开头，即公共线移到另一根新的母线上。

A. LD 或 OR　　　B. LD 或 ORI　　　C. LD 或 LDI　　　D. LD 或 AND

126. 如果只有 EJP 而无 CJP 指令，则作为（　　）指令处理。

A. NOP　　　　　　B. END　　　　　　C. OUT　　　　　　D. AND

127. 编程器的显示内容包括地址、数据、（　　）、指令执行情况和系统工作状态等。

A. 程序　　　　　　B. 参数　　　　　　C. 工作方式　　　　D. 位移储存器

128. 编程器的数字键由 0~9 共 10 个键组成，用以设置（　　）、计数器、定时器的设定值等。

A. 顺序控制　　　　B. 地址号　　　　　C. 工作方式　　　　D. 参数控制

129. 先利用程序查找功能确定并读出要删除的某条指令，然后按下 DEL 键，随删除指令之后步序将自动加（　　）。

A. 1　　　　　　　　B. 2　　　　　　　　C. 5　　　　　　　D. 10

130. 为确保安全生产，采用了多重的检出元件和联锁系统。这些元件和系统的（　　）都由可编程序控制器来实现。

A. 逻辑运算　　　　B. 算术运算　　　　C. 控制运算　　　　D. A-D 转换

131. 检查电源电压波动范围是否在数控系统允许的范围内，否则要加（　　）。

A. 直流稳压器　　　B. 交流稳压器　　　C. UPS 电源　　　　D. 交流调压器

132. 短路棒用来设定短路设定点，短路设定点由（　　）完成设定。

A. 维修人员　　　　B. 机床制造厂　　　C. 用户　　　　　　D. 操作人员

133. 对液压系统进行手控检查时，应检查各个（　　）部件运动是否正常。

A. 电气　　　　　　B. 液压驱动　　　　C. 气动　　　　　　D. 限位保护

134. 将波段开关指向（　　），显示将运行的加工程序号。

A. 编辑　　　　　　B. 自动　　　　　　C. 空运行　　　　　D. 回零

135. 高频电源设备的直流高压不宜直接由（　　）整流器提供。

A. 晶闸管　　　　　B. 晶体管　　　　　C. 硅高压管　　　　D. 电子管

136. 直流快速开关的动作时间仅 2ms，全部分断电弧也不超过（　　）ms，适用于中、大容量整流电路的严重过载保护和直流侧短路保护。

A. 15~20　　　　　B. 10~15　　　　　C. 20~25　　　　　D. 25~30

137. JWK 系列经济型数控机床通电试车已包含（　　）内容。

A. 数控系统参数核对　　　　　　　　B. 手动操作

C. 接通强电柜交流电源　　　　　　　D. 以上都是

138. 检查供电电源时，在电源端子处测量的电压在标准范围内上限不超过供电电压的（　　）。

A. 110%　　　　　　B. 85%　　　　　　C. 75%　　　　　　D. 60%

139. JWK 系列经济型数控机床通电前检查不包括（　　）。

A. 输入电源电压和频率的确认　　　　B. 直流电源的检查

C. 确认电源相序　　　　D. 检查各熔断器

140. 车床电气大修应对控制箱损坏元件进行更换，（　　），配电盘全面更新。

A. 整理线路　　　B. 清扫线路　　　C. 局部更新　　　D. 重新敷线

141. 从机械设备电器修理质量标准方面判断下列（　　）不属于电器仪表标准。

A. 表盘玻璃干净、完整　　　　B. 盘面刻度、字码清楚

C. 表针动作灵活，计量正确　　　　D. 垂直安装

142. 振荡回路中的电容器要定期检查，检测时应采用（　　）进行。

A. 万用表　　　　B. 绝缘电阻表

C. 接地电阻测量仪　　　　D. 电桥

143. 数控单元是由双 8031（　　）组成的 MCS-51 系统。

A. PLC　　　B. 单片机　　　C. 微型机　　　D. 单板机

144. JWK 经济型数控机床通过编程指令可实现的功能有（　　）。

A. 返回参考点　　　B. 快速点定位　　　C. 程序延时　　　D. 以上都是

145. 数控系统的辅助功能又叫（　　）功能。

A. T　　　B. M　　　C. S　　　D. G

146. 使接口发出信号后自动撤除，信号持续时间可由程序设定；如果程序未设定，系统默认持续时间为（　　）s。

A. 1　　　B. 0.8　　　C. 0.6　　　D. 0.4

147. 检查、确认变压器的（　　）是否能满足控制单元和伺服系统的电能消耗。

A. 功率　　　B. 效率　　　C. 容量　　　D. 电压

148. 导线的绝缘强度必须符合国家、部、局规定的耐压试验标准。绝缘电阻应不低于（　　）MΩ。

A. 0.25　　　B. 0.5　　　C. 1　　　D. 4

149. 数控系统的主轴变速又称为（　　）功能。

A. T　　　B. M　　　C. S　　　D. G

150. JWK 型经济型数控机床接通电源时首先检查（　　）运行情况。

A. 各种功能　　　B. 程序　　　C. 轴流风机　　　D. 电机

151. 在主轴（　　）调速范围内选一适当转速，调整切削用量使之达到最大功率，机床工作正常，无颤振现象。

A. 恒转矩　　　B. 恒功率　　　C. 恒电流　　　D. 恒电流

152. 电源相序可用相序表或（　　）来测量。

A. 示波器　　　B. 图形仪　　　C. 万用表　　　D. 绝缘电阻表

153. JWK 型经济型数控机床系统电源切断后，必须等待（　　）s 以上方可再次接通电源。不允许连续开、关电源。

A. 10　　　B. 20　　　C. 30　　　D. 40

154. 为了保护零件加工程序，数控系统有专用电池作为存储器 RAM 芯片的备用电源。当电池电压小于（　　）V 时，需要换电池，更换时应按有关说明书的方法进行。

A. 1.5　　　B. 3　　　C. 4.5　　　D. 6

155. 电阻器的阻值及精度等级一般用文字或数字直接印于电阻器上。允许偏差为±5%，用（　　）表示。

    A. 无色   B. 银色   C. 金色   D. 白色

156. 二极管"或"门电路、二极管"或"门逻辑关系中，下列正确的表达式是（　　）。

    A. $A=0$、$B=0$、$Z=1$ B. $A=0$、$B=1$、$Z=0$

    C. $A=1$、$B=0$、$Z=0$ D. $A=0$、$B=0$、$Z=0$

157. 逻辑代数的基本公式和常用公式中反演律（德·摩根定理）$\overline{A+B}=$（　　）。

    A. $\overline{A}$，$\overline{B}$ B. $\overline{A}$，B C. A，$\overline{B}$ D. A，B

158. RS 触发电路中，当 $R=1$，$S=0$ 时，触发器的状态（　　）。

    A. 置 1   B. 置 0   C. 不变   D. 不定

159. 计算机辅助制造为（　　）。

    A. CAM   B. CAD   C. CNC   D. MDI

160. CPU 通过总线来完成数控处理和实时控制任务。（　　）存放着 CNC 系统程序，其他程序或数据存放在 RAM 内，并由后备电池来保存。

    A. CPU   B. RAM   C. ROM   D. EPROM

二、判断题（第 161~200 题。将判断结果填入括号中。正确的填"√"，错误的填"×"。每题 0.5 分，满分 20 分。）

161. （　　）职业道德不倡导人们的牟利最大化观念。

162. （　　）企业活动中，师徒之间要平等和互相尊重。

163. （　　）创新既不能墨守成规，也不能标新立异。

164. （　　）一般规定正电荷移动的方向为电流的方向。

165. （　　）电压的方向规定由低电位点指向高电位点。

166. （　　）频率越高或电感越大，则感抗越大，对交流电的阻碍作用越大。

167. （　　）真空三极管的电子只能从阳极流到阴极，因此真空三极管具有单向导电性。

168. （　　）生态破坏是指由于环境污染和破坏，对多数人的健康、生命、财产造成的公共性危害。

169. （　　）发电机发出的"嗡嗡"声，属于气体动力噪声。

170. （　　）质量管理是企业经营管理的一个重要内容，是企业的生命线。

171. （　　）变压器是根据电磁感应原理而工作的，它能改变交流电压和直流电压。

172. （　　）数据存储器一般用随机存储器（RAM）。

173. （　　）三相六拍脉冲分配逻辑电路由 FF_1、FF_2、FF_3 三位 D 触发器组成，其脉冲分配顺序是 A→AB→B→BC→C→CA→A→……。

174. （　　）检查后备电池电压是否在正常范围内，可以检查电池状态指示，或用绝缘电阻表测量。

175. （　　）当可编程序控制器输出额定电压和额定电流值小于负载时，可加装中间继电器过渡。

176. （　　）F 系列可编程序控制器的输出继电器输出指令用 OUT38 表示。

177.（　　）F 系列可编程序控制器的输入继电器指令用 LD19 表示。

178.（　　）F 系列可编程序控制器的辅助继电器输入指令用 LD178 表示。

179.（　　）电伤伤害是造成触电死亡的主要原因，是最严重的触电事故。

180.（　　）在电气设备上工作，应填用工作票或按命令执行，其方式有两种。

181.（　　）检查变压器上有无多个插头，检查电路板上有无 50Hz/60Hz 电源转换开关供选择。

182.（　　）检查直流电源输出端为系统提供的 +5V、+6V、+40V、+120V 等电源电压有无通地和开路现象。

183.（　　）全导通时直流输出电压 $U_d = 1.1E$（E 为相电压有效值）。

184.（　　）移位寄存器每当时钟的前沿到达时，输入数码移入 C_0，同时每个触发器的状态也移给了下一个触发器。

185.（　　）电容量单位之间的换算关系是：$1F(法拉) = 10^6 \mu F(微法) = 10^{12} pF(皮法)$。

186.（　　）N 型硅材料稳压二极管用 2DW 表示。

187.（　　）RS 触发器有一个输入端 S 和 R；一个输出端 Q 和 $\overline{Q}$。

188.（　　）为了保护零件加工程序，数控系统有普通电池作为存储器 RAM 芯片的备用电源。当电池电压小于 4.5V 时，需要换电池，更换时应按有关说明书的方法进行。

189.（　　）在数字电路中，触发器是用得最多的器件，它可以组成计数器、分频器、寄存器、移位寄存器等多种电路。

190.（　　）四色环的电阻器，第三环表示倍率。

191.（　　）磁感应强度只取决于电流大小和线圈的几何形状，与磁介质无关。

192.（　　）低频小功率晶体管（PNP 型锗材料）用 3AX 表示。

193.（　　）JK 触发电路中，当 $J = 1$、$K = 1$、$Q_n = 1$ 时，触发器的状态为置 1。

194.（　　）移位寄存器每当时钟的前沿到达时，输入数码移入 C_0，同时每个触发器的状态也移给了下一个触发器。

195.（　　）TTL 逻辑门电路也称为晶体管-晶体管逻辑电路，它们的输入端和输出端都采用了晶体管的结构形式，因此也称为双极型数字集成电路。

196.（　　）在数字电路中，门电路是用得最多的器件，它可以组成计数器、分频器、寄存器、移位寄存器等多种电路。

197.（　　）设备已老化、腐蚀严重的管路线路、床身线路应进行大修更新敷设。

198.（　　）对交流电动机进行中修，应更换润滑脂和轴承，并进行绝缘测试。

199.（　　）大修工艺规程用于规定机床电器的修理程序，元器件的修理、测试方法，系统调试的方法及技术要求等，以保证达到电器大修的质量标准。

200.（　　）电器柜内配线横平竖直。成排成束的导线应用线夹可靠地固定，线夹与导线间应裹有绝缘。

高级维修电工考证试题答案

一、单项选择（第 1~160 题。选择一个正确的答案，将相应的字母填入题内的括号中。每题 0.5 分，满分 80 分。）

1. C　　2. A　　3. D　　4. D　　5. D　　6. C　　7. B　　8. C

9. D	10. C	11. D	12. D	13. B	14. D	15. C	16. D
17. D	18. D	19. D	20. C	21. B	22. D	23. B	24. D
25. B	26. C	27. D	28. C	29. B	30. B	31. B	32. A
33. A	34. A	35. B	36. D	37. A	38. D	39. A	40. B
41. D	42. C	43. D	44. D	45. C	46. D	47. B	48. D
49. B	50. D	51. D	52. A	53. B	54. D	55. C	56. B
57. C	58. A	59. C	60. D	61. D	62. B	63. C	64. D
65. C	66. C	67. D	68. B	69. D	70. A	71. C	72. D
73. D	74. D	75. B	76. B	77. C	78. D	79. D	80. C
81. B	82. B	83. D	84. D	85. A	86. A	87. D	88. D
89. D	90. C	91. C	92. A	93. D	94. D	95. A	96. B
97. A	98. B	99. D	100. C	101. A	102. B	103. A	104. D
105. B	106. A	107. A	108. D	109. D	110. C	111. B	112. C
113. B	114. C	115. B	116. C	117. D	118. B	119. B	120. B
121. D	122. D	123. B	124. D	125. C	126. B	127. C	128. D
129. A	130. A	131. B	132. B	133. B	134. C	135. A	136. D
137. D	138. A	139. C	140. D	141. D	142. B	143. B	144. D
145. B	146. D	147. C	148. C	149. C	150. C	151. B	152. A
153. C	154. A	155. C	156. D	157. A	158. B	159. A	160. D

二、判断题 （第 161~200 题。将判断结果填入括号中。正确的填 "√"，错误的填 "×"。每题 0.5 分，满分 20 分。）

161. × 162. √ 163. × 164. √ 165. × 166. √ 167. × 168. ×
169. × 170. √ 171. × 172. √ 173. √ 174. × 175. √ 176. ×
177. × 178. × 179. × 180. × 181. × 182. × 183. × 184. √
185. √ 186. × 187. × 188. × 189. √ 190. √ 191. × 192. √
193. × 194. √ 195. √ 196. × 197. √ 198. √ 199. × 200. √

参 考 文 献

[1] 牛海霞. 电子电路的组装与调试 [M]. 北京：化学工业出版社，2014.

[2] 仇超. 电工实训 [M]. 3 版. 北京：北京理工大学出版社，2015.

[3] 姚素芬. 电子电路实训与课程设计 [M]. 北京：清华大学出版社，2013.

[4] 张琳. 电工电子技术项目教程 [M]. 北京：机械工业出版社，2014.

[5] 严金云. 电工基础及应用信息化教程 [M]. 北京：化学工业出版社，2016.

[6] 王建，赵金周. 维修电工（基础知识）[M]. 北京：机械工业出版社，2016.

[7] 刘蕴陶. 电工电子技术 [M]. 3 版. 北京：高等教育出版社，2009.

[8] 申凤琴. 电工电子技术基础 [M]. 3 版. 北京：机械工业出版社，2018.

[9] 晏明军，姚卫华. 电工与电子技术项目化教程 [M]. 北京：中国建材工业出版社，2012.

[10] 叶水春. 电工电子实训教程 [M]. 2 版. 北京：清华大学出版社，2011.

[11] 王桂琴，王幼林. 电工电子技术 [M]. 2 版. 北京：机械工业出版社，2013.

[12] 温淑萍，王金旺. 电工电子技术基础 [M]. 北京：北京交通大学出版社，2010.